U0323004

基础教育课程
与教学基本问题

何善亮 / 著

物理教学基本问题研究

Research on the
Basic Problems
of Physics
Teaching

南京师范大学出版社
NANJING NORMAL UNIVERSITY PRESS

图书在版编目(CIP)数据

物理教学基本问题研究 / 何善亮著. —南京：南京师范大学出版社，2019.12

（基础教育课程与教学基本问题）

ISBN 978 - 7 - 5651 - 1430 - 4

Ⅰ．①物…　Ⅱ．①何…　Ⅲ．①物理学－教学研究　Ⅳ．①O4－42

中国版本图书馆 CIP 数据核字(2019)第 187402 号

丛 书 名	基础教育课程与教学基本问题
书 名	物理教学基本问题研究
作 者	何善亮
策划编辑	王　艳
责任编辑	孙　沁
出版发行	南京师范大学出版社
地 址	江苏省南京市玄武区后宰门西村 9 号(邮编：210016)
电 话	(025)83598919(总编办)　83598412(营销部)　83373872(邮购部)
网 址	http://press.njnu.edu.cn
电子信箱	nspzbb@njnu.edu.cn
照 排	南京理工大学资产经营有限公司
印 刷	江苏凤凰通达印刷有限公司
开 本	787 毫米×1 092 毫米　1/16
印 张	15.75
字 数	369 千
版 次	2019 年 12 月第 1 版　2019 年 12 月第 1 次印刷
书 号	ISBN 978 - 7 - 5651 - 1430 - 4
定 价	49.00 元

出 版 人　彭志斌

目 录

绪论 ··· 1

    一、物理教学就是要帮助学生"悟理" ································· 1

    二、物理教学要带给学生"好的学习体验" ····················· 6

    三、《物理教学基本问题研究》的主要内容 ················· 13

第一章　物理概念教学研究 ····································· 15

    一、物理概念实质及其认识维度 ································· 15

    二、物理概念学习的内在机制 ···································· 21

    三、物理概念教学的有效策略 ···································· 27

    四、物理概念教学的实例分析 ···································· 33

第二章　物理规律教学研究 ····································· 40

    一、物理规律的实质及其要素 ···································· 40

    二、物理规律学习的内在机制 ···································· 42

    三、物理规律教学的有效策略 ···································· 46

    四、物理规律教学的实例分析 ···································· 53

第三章　物理问题解决教学研究 ························· 63

    一、物理问题解决的一般过程 ···································· 63

    二、物理问题解决中的"懂而不会"现象 ················· 68

    三、物理问题解决教学的有效策略 ························· 75

    四、物理问题解决教学的实例分析 ························· 80

第四章　物理实验教学研究 ····································· 91

    一、增强物理实验教学的意识 ···································· 91

    二、在探究中学习和理解探究 ···································· 95

    三、演示实验的教学创新设计 ································· 104

    四、运用自制教具改进物理教学 ····························· 108

第五章 科学方法教学及其应用 113
　　一、对称方法在物理教学中的应用 113
　　二、虚设方法在物理教学中的应用 116
　　三、数学方法在物理教学中的应用 119
　　四、比较方法在物理教学中的应用 126

第六章 不同课型物理教学研究 130
　　一、作为先行组织者的序言课教学 130
　　二、基于物理问题解决的教学探索 138
　　三、物理复习教学的问题及改进 143
　　四、以研究性学习开展物理教学 152

第七章 物理教学变革实践探索 164
　　一、超越知识传授的物理教学——以牛顿第一定律教学为例 164
　　二、培养学生创新能力的物理教学 172
　　三、渗透学科前沿的物理习题教学 188
　　四、物理问题解决自我提示卡的教学实践 194

第八章 物理教师成长与教师学习 201
　　一、教师专业发展的意义蕴含 201
　　二、教师专业发展的基本特征 209
　　三、教师专业发展的内在机制 213
　　四、以专家型学习促进教师专业发展 217

结语： 养育科学精神,欣赏物理之美 226
　　一、科学精神养育策略 226
　　二、欣赏物理学中的美 235

参考文献 245

后　记 249

绪　论

　　物理教学是一个由教师、学生、教学内容、教学环境等多种要素构成的复杂系统,也是一个包括教学目标、教学设计(教学计划)、教学实施、教学评价与反馈等活动的物理教学活动体系。这样一个复杂系统和活动体系,不仅涉及各个要素和各个活动自身(内部)的问题,也涉及各个要素之间以及各个活动之间相互关系的问题。例如,学生如何学习物理更科学合理? 学生的学习经验究竟对其物理学习有着怎样的影响? 教师如何开展物理教学才更加有效? 如何才能"教得巧妙、教得有效、教出美感、教出特点"。[①] 如何选择和组织物理教学内容? 物理实验教学的价值究竟何在? 如何确立物理教学目标? 如何安排教学活动才能更有利于学生的学习? 如何发挥教学评价和反馈的作用以更好地促进学生学习? 为了回答这些问题,不仅需要我们对这些问题逐一地进行思考,更需要我们从综合的视角多维度探究物理教学问题。下面,我们从"物理教学究竟要做什么?""物理教学究竟要带给学生什么?"问题开始物理教学问题的探索之旅。

一、物理教学就是要帮助学生"悟理"

　　看到"wùlǐ"这个拼音,你的第一反应是什么呢? 是"物理"两个汉字吗? 是像牛顿、爱因斯坦一样的物理学家,还是从初二开始上的那门物理课,或者是 $F=ma$ 这样的物理公式? ……林林总总,因人而异。无论如何,"物理"经常出现在我们的生活中:每天我们能正常地行走于地球之上是因为重力的作用,美丽的日出、日落是地球自西向东转动的结果,我们的眼睛能看见形形色色的事物是光反射造成的现象……作为一个物理老师,我们必须回答:中学物理课程究竟要带给学生什么? 换言之,物理教学究竟要帮助学生"悟"什么理? 物理教学究竟怎样帮助学生"悟理"?

(一)物理教学帮助学生"悟"什么理?

　　"物理悟理,悟物穷理,理在物中,理在悟中""学物之理,悟人之理",这是物理学之道,也是物理教学之道和为学为人之道。

　　1. 物理教学帮助学生"悟"科学知识之理

　　物理教学帮助学生"悟"科学知识之理,这是由物理学科本质或者说是知识的意义性所决定的。物理学,原词出于希腊文 physica,原意即自然,引申为"自然哲学"的意思。在现代,物理学是自然科学中的一个基础学科,研究物质运动最一般的规律和物质的基本结构。

---

① 李如密.教学艺术的内涵及四个"一点"追求[J].上海教育科研,2011(7).

物理学是我们理解各种自然知识的核心,是许多科学学科的基础。

物理学科知识浩瀚无边,并具有较为鲜明的"基于客观、终于理性"的知识属性;它是对物理学科现象及其具有的现象特征、现象属性以及现象所遵循的规律或现象成因等进行的概括性表征,其形成大都经历了从学科现象、学科问题、到学科假设再学科知识的过程。

物理学科知识通常以物理概念或物理规律(定理)等形式来描述物理学科问题。其中,物理概念主要是对物理学科现象及其具有的属性或特征所进行的概括性表述;物理规律(定理)主要用于表述学科现象所遵循的规律或学科现象的成因。比如,物理学中用时间、位置或位移等物理量,指出"物体的位置随时间而改变"的现象为机械运动;用欧姆定律表述了电路当中电流与电压、电阻之间遵循的规律。

2. 物理教学帮助学生"悟"方法创造之理

在帮助学生"悟"得科学知识的意义性之外,体悟物理学的研究方法及知识创造之理,构成了物理教学的又一任务。

物理学是一门以实验为基础的自然科学。它是通过实验的方法去研究物理现象的:通过实验去观察现象、发现问题;根据实验结果去归纳、猜想物理现象所遵从的规律;再以猜想的规律为指针,通过逻辑推理去对进一步的物理现象做出预言,然后还是通过实验去对预言进行验证,根据验证的结果去肯定或完善或否定猜想。此后,又是通过实验去发现新的问题,展开新的探索。实验—猜想—得到假说—做出预言—实验验证—再猜想……这就是物理学研究问题的基本思想方法。实验探索和实验验证的过程,犹如蚕蛹化蝶、凤凰涅槃,使物理学在一次次脱胎换骨后成熟、壮大,浴火重生。

物理学理论需要以物理实验为基础,物理实验也需要物理学理论为指导。物理实验和物理理论之间从来就不是割裂的,正是实验探索和理性批判的共同作用保证了物理学永远充满青春活力。一个理想的例子是牛顿第一定律,亦即惯性定律,这是一个纯由理性思考得来的重要定律。它来自实验,又不是完全来自实验。

在微观层面,图形/图象/图解法、极限思维方法、平均思想方法、等效转换(化)法、猜想与假设法、整体法和隔离法、临界问题分析法、对称法、寻找守恒量法、构建物理模型法等,也是物理教学需要给予关注的内容。

3. 物理教学帮助学生"悟"学习认知之理

随着世界经济正迅速向知识经济转变,人类将进入一个全新的知识经济时代。知识经济给人类带来的变化是全方位的和整体性的,使得学会学习成为人们不可或缺的生存能力。因此,物理教学也应该帮助学生"悟"学习认知之理。

历史上,人们对学习理论的探讨源远流长。20世纪以来,学习理论开辟了一个崭新的天地。人们开始通过实验探索学习现象和学习机制的原理,从而创立了各种学习理论。行为主义学习理论可以用刺激-反应-强化来概括,认为学习的起因在于对外部刺激的反应,不去关心刺激引起的内部心理过程,认为学习与内部心理过程无关。认知主义学习理论认为,人的认识不是由外界刺激直接给予的,而是外界刺激和认知主体内部心理过程相互作用的结果。建构主义源自关于儿童认知发展的理论,由于个体的认知发展与学习过程密切相关,因此利用建构主义可以比较好地说明人类学习过程的认知规律,即能较好地说明学习如何发生、意义如何建构、概念如何形成,以及理想的学习环境应包含哪些主要因素等等。当行为主义步入极端机械论的后期,人本主义理论逐渐受到人们的重视,提倡真正的学习应以"人的整体性"为核心,强调"以学生为中心"的教育原则,学习的本质是促进学生成为全面发展的人。这些学习理论在一定的范围内都有其合理性,但又不足以解释与课程目标相匹配的全部学习。因此,需要用不同的学习理论来解释不同类型的学习。[①]

随着学习科学对情境认知、分布式认知和具身认知等人类学习规律的进一步揭示,人们对学习认知之理的研究更加深入。对于学习认知之理的体悟,还需要学生在物理学习中知晓学习类型(learning style,也称为学习风格或学习方式等)的基础知识。唯有了解学习类型,学生才能更好地认识自身的学习类型或学习风格。

4. 物理教学帮助学生"悟"人生社会之理

物理学"悟物穷理",研究世间万物的"大小、多少、轻重、缓急、得失"等物理学基本问题,并以发现上述矛盾中的内在联系和作用规律、实现矛盾的和谐与统一为目的。人类社会是世间万物的一部分,因此,用物理这个放大镜、显微镜去透视人生、解析生活,有助于诠释复杂的人生和社会问题,并能够给我们带来独到的启示。

例如楞次定律,它是一条电磁学定律,可简练地表述为:感应电流的效果,总是阻碍引起感应电流的原因。另外在化学上有一个勒夏特列原理,它是关于可逆反应平衡移动的经典理论。与楞次定律一样,二者都有阻止变化的意思。牛顿第一定律、楞次定律、勒夏特列原理在本质上是一样的,同属惯性定律。社会领域也存在惯性定理。生活中,人一旦想有所改变,总会遇到很多阻力,尽管如此,但是不会抵消新事物的产生,也只有在阻力面前才会显示出新事物的生命力。

世界上的万物其实有其相通的道理,也就是有很多相似性,这是我们能够靠着自己的感悟能力,在不同学科门类领域之间进行一些概念、原理和方法移植与利用的基础。当然,在这里我只说"相通"而不说"相同",也是有原因的。如果说"相同",就不免会有想偷懒的人拿一些原理和方法去直接地、生硬地推广应用,这种应用难免会产生"邯郸学步、东施效颦"的效果。如果明了其间的"相通"之处,又清醒地认识到"通而不同",才能让人更用心地观察,敏锐地洞悉不同事物之间的相似性和差异性,这样思考的结果才更符合实际情况,而且能够让我们变得更有想象力。

(二)物理教学怎样帮助学生"悟理"?

学习知识需要人们努力认真地感受和理解知识产生和发展的过程,在感受知识形成、产生、发展和应用的过程中学习基础知识,培养思维能力,构建真正的知识结构,培养健全的学生人格。

1. 在知识的形成过程中引导学生"悟理"

知识是人对客观世界的反映,其形成和发展的基础是主体和客体的相互作用。这种相互作用是通过主体动作于客体(环境)而实现的。在物理教学活动中,学生是学习的主体,物

---

① 吴红耘,皮连生.试论与课程目标分类相匹配的学习理论[J].课程·教材·教法,2005(6).

理世界(有时也指知识世界,即波普尔的世界 3)是教学活动的客体。根据认知科学研究,一切经验都发源于动作,观察、分类、测量、假设、推理等实际上都是动作,思维本质上也是一种动作。物理学家基本上是通过动作实现与物理世界的相互作用,从而发展和认识这种规律性的。

学生学习的物理知识虽然是人类已经认识的成果,但想要学会这些知识必须通过一个"再生产科学"的活动,重新感受知识的产生过程和领悟科学知识的真谛。物理概念和规律是人们对事物的理性认识,学习物理概念和规律应该以感性认识为基础。为此,我们倡导"瓶瓶罐罐做仪器、拼拼凑凑做实验"的做法。在让学生形成物理概念、理解物理规律(定律、定理)的过程中不一定要高、精、尖的实验器材,只要物理教师真正深刻地理解物理规律,用简陋的器材演示实验,会让学生更加容易接受,感受到物理不再神秘,从而更加热爱物理。[①]例如,在光的干涉实验中,使用鸡毛代替光栅,使用市场上的激光笔代替激光器,可以达到同样的教学效果。这比教师在课堂上天花乱坠地讲一通或代入公式计算去比较数值来得更深刻、更有说服力和更具真实感。

2. 在知识的应用过程中促进学生"悟理"

在物理教学过程中,处处都有我们训练和培养学生思维能力的场合和机会。求解一定数量的物理习题是物理教学必不可少的功课。通过解题教学才能进一步促进学生理解物理知识,体会它的作用,熟悉它的用法,掌握运用技能,发展物理思维能力。

物理解题的目的,一是检查对物理概念和物理规律是否理解透彻,能否在实际问题中灵活地运用;二是通过做习题,锻炼并提高理解能力、推理能力、分析综合能力、运用数学解决物理问题的能力。所以,解题教学要引导学生每做完一道习题后进行简单总结,看看通过做这道题,对物理概念和物理规律有哪些新的体会。例如,在讲授力的分解的习题时,笔者就让学生模拟,一个学生站起来叉着腰,让同桌同学拉一下该学生的手肘,通过肩和腰的感觉去体会力的分解效果等等。在教学活动中,无论是教师还是学生,对通过实验去学习物理都有一种误解,以为做了实验就是学习物理,将自己当成一个看客,并没有真正意义上的主体参与。实际上,恩格斯在《自然辩证法》中就指出"我们连同我们的血和肉都是属于自然界,存在于自然界的"——我们也是自然物,只要对自己没有伤害,像上面那样自己做一下"人体试验"又如何,这样最大的好处是学生能够真正地亲身体会,细加揣摩。

相对于一般的解题教学,联系生活的物理知识应用更有助于学生"悟理"。例如,水的比热值与地球温度的关系。我们知道,水的比热比较大,它能吸收大量的热而温度改变不多,这就是夏天在水边感觉更凉快而冬天在水上感觉更加冰冷的原因。也正是由于水的调节作用,地球的海洋地区温度变化范围在 -2℃到 35℃之间,陆地干燥地区如沙漠里的温度可以在 -70℃到 57℃之间变化,而在没有水的月球上其温度则可以在 -155℃到 135℃之间变化。也正是水对地球气温的调节作用,为相对脆弱的生命形式的存在提供了一个重要的保证。

---

① 冯家明. "物理就是悟理"——论物理知识的可感受性在教学中的应用[J]. 成都教育学院学报,2006(6).

3. 在知识的总结过程中巩固学生"悟理"

在物理教学过程中,学生的知识增长以及从未知到已知的过程,必须通过学生的自我调节作用,别人只能引发、维持和促进,但永远不能代替。因此,教师要引导学生对在课堂上学到的知识要进行整理,细心琢磨和理解重要的概念、方法以及它和以往知识的联系与区别,演示的例题所蕴含的典型意义。对于一个单元的知识也要小结,考虑这部分内容知识结构的特点、思想脉络以及新旧知识的关联性。有些重要的关系和结论要在平时的作业和练习中加以提炼,形成"知识模块"或"问题图式",它是在知识和经验长期积累的基础上逐步形成的,是解决问题的"强方法",我们的头脑中贮存的知识模块和物理情景越多,快速反应的思维能力就越强,对于知识的理解也更加深刻和全面。

事实上,人们对专家与新手之间差异的研究也反映了知识结构化的价值。专家能够识别新手注意不到的信息特征和有意义的信息模式,首先是因为专家获得了大量的内容知识,这些知识的组织方式反映专家对学科的理解深度。专家的知识不仅仅是对相关领域的事实和公式的罗列,相反它是围绕核心概念或"大的观点"组织的,这些概念和观点引导他们去思考自己的领域。这就是说,专家思考问题时往往是从全局出发的,抓住核心概念,也就抓住了一个问题的本质。另一方面,专家的知识不能简化为一些孤立的事实或命题,而应反映应用的情景。专家之所以解决问题的速度和准确度那么高,一部分是因为他们的知识是建立在条件化的基础之上的,即对有用的知识的具体要求。再者,专家能够毫不费力地从自己的知识中灵活地提取重要内容。顺畅提取并不是意味着专家总是比新手更快地完成任务,因为专家试图理解问题,在理解问题上花了更多时间。[①] 这启发我们,教学过程中教师不能只孤立地给学生讲解概念和原理,而是要讲述具体的原理和概念的具体应用情景和条件,这样才能保证学生知识有效的迁移;教学环境的设计应该有利于培养学生顺畅提取信息的能力,这是成功地完成任务必不可少的。

4. 在知识的反思过程中深化学生"悟理"

元认知是美国儿童心理学家弗拉维尔(Flavell)于 1976 年在《认知发展》一书中提出的一个概念,意指个人"为完成某一具体目标或任务,依据认知对象对认知过程进行主动的监测以及连续的调节和协调"。研究表明,学生元认知水平和他们所拥有的元认知知识有极大的关系,因此教师在教学中要自觉地提高学生对自我认知的认识、提高学生对认知任务的认识、提高学生对认知策略的认识,引导学生把这些知识应用到物理学习中去,并在学习活动中不断强化这些知识的应用。

与元认知知识相比较,元认知体验与学生元认知水平更为相关。实践中,教师可以从认知体验和情感体验两个方面丰富学生的元认知体验。认知体验主要是体验认知的过程,学生可以在教师的示范下体验解决某个新问题的思维过程,以及遇到的问题和解决问题的方法等。与认知体验不同,情感体验对学生的学习情绪和学习状态都起着重要作用。学习上的成功会使学生感到心情愉快,兴趣倍增,从而增强学习的动机,变"要我学"为"我要学",从

① [美]约翰·D. 布兰思福特,安·L. 布朗,罗德尼·R. 科金. 人是如何学习的:大脑、心理、经验及学校(扩展版)[M]. 程可拉,等译. 上海:华东师范大学出版社,2013:39.

而取得更好的成绩,获得更大的进步,形成良性循环。例如,在物理习题教学过程中,教师可以先就如何读题、如何复述题目中的要点、理解题目意义等做出示范,然后指导学生进行审题之后的求解过程以及问题解决之后的反思与总结。这是学习困难的学生容易忽视并难于做到的,又是学习困难学生能力提高的关键。

在物理学习中培养学生的元认知监控能力,主要是提高学生的自我检测能力,自我反思能力,自我总结能力。而自我反思是其中的核心因素,是认识过程中强化自我意识、进行自我监控和自我调节的重要形式。在这里,反思不仅仅是"回忆"或"回顾"已有的"心理活动",而且要找到其中的"问题"以及"答案";反思不仅仅对自己的学习内容有一个更深、更全面的理解,而且也能促进自己的学习策略,形成正确的学习归因。正是在知识的反思过程中深化了对物理知识的理解。

"理"是物理教学的关键,物理教学不能忽视"悟理"。如何基于学生的经验开展教学,如何体现物理学科的实验特色,如何帮助学生理解知识的意义,如何在应用中促进学生的理解,如何加强物理学科与生活的联系……这是物理教学不得不思考的问题。在教学过程中,讲理、明理、说理、论理、用理,都是帮助学生悟得规律、悟得道理、悟得学理、悟得意义。当然,我们也必须对"理"有一个更为宽泛的理解,即从培养学生科学素养的高度去理解帮助学生"悟理",唯此,物理教学才能达到一个更为理想的境界和高度。

二、物理教学要带给学生"好的学习体验"

优质的教学必须得让学生得到好的学习体验,这是教育要"以人为本"的必然要求。没有好的学习体验的教育是失败的,不能给学生提供好的学习体验的教师是不称职的。物理教学也需要带给学生"好的学习体验"。

(一)"好的学习体验"是怎样的体验?

教育"以人为本"的要求促使人们更为关注学生获得"好的学习体验"问题。那么,"好的学习体验"究竟是怎样的"体验"? 在物理教学活动中,尽管个体对于"好的学习体验"有不同的标准和答案,但无论如何,人们对"好的学习体验"还是存在着一些基本的共识。

1."好的学习体验"是拥有被爱、信任、尊重以及自尊的存在感觉

"爱"是教育的最重要的主题。从孔子的"仁爱"到墨子的"兼爱",说明了爱的教育的重要性。陶行知先生的"爱满天下"的思想更把爱的教育发扬光大。从学生的视角来看,拥有被爱的感觉构成了"好的学习体验"特征之一。

"爱"是师生之间的一种信任,一种尊重,一种关心,一种宽容,一种要求,更是师生之间一种彼此的真诚和真情,是一种能触及灵魂、动人心魄的教育过程。因此,教师应当有爱的情感、爱的行为,更要有爱的艺术,这似乎依然还不够。除了拥有被爱、被信任、被尊重之外,享有自尊,更是学生拥有存在感的核心与根本。

自尊是个体生命存在状态的机源,它构成个体人格的核心,具有本体论的意义。个体的自尊水平直接影响人现实的社会生活。在关系世界中生成的自尊才是真正的自尊,只有在自尊的调节下才会生成和谐的关系世界。自尊的教育引导人去反思自我保护,自尊的教育

调节人去学会适应,自尊的教育关爱人去形成健全人格。① 让学生享有"自尊",这不仅是教育的至善②,更是学生拥有"好的学习体验"的最为基本的要素。因为说到底,"自尊"既表现为个体对自我行为价值与能力被他人与社会承认或认可的一种主观需要(人类需要的核心),也是引起人保持积极的、健康的、向上的自我想象的原始动机(该动机的机制在于防止与避免生存环境带给人的不同伤害与压力,以保持一种心理上的平衡,即减少焦虑),同时还表现为个体相信自身存在价值的能力。"自尊"在一定程度上起着维系社会正常运转、润滑人际关系并保护自我的重要作用,使人能够在适应社会和他人要求的前提下保持自己的完整,保持良好的心理状态,保持自己的生命和谐。

就教师而言,对学生真挚的爱是感染学生、教育学生的情感魅力,是情动于中而形之于外。在教书育人的实践中,师爱有时该如春雨润物,有时又应该如当头棒喝,振聋发聩,令人幡然悔悟,痛改前非。师爱施于优秀生,应是锦上添花,百尺竿头更进一步;师爱惠及后进生,应是雪中送炭,暖人心扉,催人奋进。教师对学生的爱,目的专一而形式多样,它渗透于学校工作每一个环节,贯穿于教书育人的全过程。

2. "好的学习体验"是学习过程挑战适度和应对自如的愉悦感觉

过程导向的人重过程而不重结果,用大家都熟悉的话说就是重在参与。他们去做事一般只考虑一个问题:这件事是否有意义和有价值。他们很少去考虑做这件事能得到什么,自己想从这件事里得到什么。他们考虑的是如何让自己的价值在这件事里得到体现,如何让自己的人生更有意义。就学习过程而言,挑战适度和应对自如构成了"好的学习体验"的重要维度。

在论述学习过程挑战适度和应对自如的愉悦感觉构成"好的学习体验"特征之前,一起学习汤因比的人类文明发展的动力理论③具有重要的启示意义。汤因比是 20 世纪最负盛名的历史学家,对全球历史上出现过的所有文明进行了数十载深入广泛研究,认定决定文明起源生长兴旺衰亡僵化的原因存在于人群对外部挑战的应战。汤因比认为,在挑战程度和应战努力的动态关系之中,体现出以创造性为特征的文明发展规律。要使挑战能够激起成功的应战,挑战必须适度,挑战超出了人们应战的能力,人们会被压垮;挑战不足则不能刺激人们积极的应战。挑战是外因,应战成功才是文明发展的决定性因素。挑战与应战的相互作用不断将文明向前推进。最适度的挑战不仅必须激起受到挑战的一方进行成功的应战,而且刺激对方获得一种将自己推向前进的动力。挑战是文明发展的外因,应战的是文明发展内因,文明兴衰的根源在于人类自身的选择和行动,只要挑战的强度适当就能激发人类的创造性,成为文明发展的动力。个体的发展与人类文明的发展具有很大的相似性。"好的学习体验"既需要学习过程的挑战适度任务,又需要个体的应对自如(应战)能力。最适度的挑战性任务(本质上是学生最近发展区的任务)不仅必须激起受到挑战的一方进行成功的应战。

---

① 张向葵,丛晓波.自尊的本质探寻与教育关怀[J].教育研究,2006(6).

② 何善亮.教育的至善:让学生享有"自尊"——"自尊"的教育价值、生成机制与顺畅实现[J].教育理论与实践,2007(1).

③ 李爱琴.文明演进的挑战与应战模式及其启示——汤因比文明发展动力理论解读[J].学术交流,2009(8).

与汤因比的挑战与应战理论类似,美国人诺埃尔·蒂奇(Noel Tichy)提出的"走出自己的舒适区"理论也可以解释因学习过程挑战适度和应对自如的平衡所带来的愉悦感。在蒂奇看来,"舒适区"是没有学习难度的知识或者习以为常的事务,自己可以处于舒适心理状态;"学习区"则具有一定的挑战,虽然感到不适但是不至于太难受;"恐慌区"则是超出自己能力范围太多的事务或知识,心理感觉会严重不适甚至崩溃。一个人的最理想的状态是,在"学习区"学习具有适当挑战性的东西。

在物理教学实践中,教师的教学方式各不相同。有的老师采用高压政策,强迫学生记忆、理解,对达不到教学目标的学生采取批评等措施,让学生在紧张、畏惧的心理状态下完成教师的教学目标,进而在考试中取得好的成绩。另一种教师寓教于乐,在轻松、和谐、愉悦的氛围中集中学生的注意力,让学生主动地记忆、理解知识,学生在一种祥和的氛围中完成目标。我们为什么不追求后者呢?随着脑科学研究的不断深入,我们知道好的体验可以让学生在脑中产生有益于健康的物质,这些物质可以帮助学生提高学习能力、增强体质。相反,长期的压抑、沮丧、郁闷会产生不利于身体健康的物质,可能会导致学生身体、心理的疾病。让学生带着很大的压力和恐惧去学习,虽然可以取得短期的效果,但是不利于学生长远发展,而轻松、愉悦的体验要优于紧张、畏惧的体验。

3."好的学习体验"是学习结果理想并拥有自我成长的满足感

对于学习结果的关注不仅源于一定时段(可以是一个学段、一个学期、一个单元甚至一节课等)的学习结果对于个体发展的重要价值及其高利害性,还源于教育管理学中的结果导向原则,亦即强调经营、管理和工作的结果(经济与社会效益和客户满意度)。于是,学习结果理想并感受到自我成长构成"好的学习体验"的重要特征之一。

人(作为个体)是目的性动物,对于结果的关注指引人活动的方向。相对于事物的发展过程,结果则是个体实施一系列行动之后产生的影响,它既可能达到预期目的,也可能是超出预期或与预期相差甚远,可能是正面的也可能是负面的。在结果导向中,结果往往会被视为过程的总结,它完全代表了过程,使过程不再有实际的意义。结果导向的人就是重结果不重过程的人,他们做一件事在乎的是能得到什么结果,能有什么收益,对自己有什么好处,他们不在乎过程是否完美,是否合理,是否合乎伦理,有时候甚至不在乎是否合法,只在乎他们梦想的那一个完美的结果。对于东方人而言更是这样,因为在东方人看来,过程不是很重要的,结果是最重要的。过程不仅仅不重要,有时候还是不可捉摸的,或者是不愿提及的。

作为"好的学习体验"的重要特征之一,学习结果并不仅仅是外在的评价,更需要在乎学生的自我感受,只有学生真正感受到自我的成长,才使得学习结果理想成为"好的学习体验"的重要特征之一。毕竟,所有的生命体内心深处都有一颗渴望自我成长和自我完善的心。我们知道,很多学生喜欢打游戏,在游戏中积累财富,获取经验,体验成功。其实,在学习中积累知识,应用知识,取得好的成绩,体验成绩优秀的快乐,更是学生所向往的。现在一些学校提倡分层次教学、分层次布置作业,就是让能力不同的学生都能得到获取知识、取得成功的体验,也是让学生获得自我成长的感觉。

4. "好的学习体验"是身心舒适并感受到内在价值的幸福感

幸福感是个体的一种主观感受,它至少要具备以下三种积极的情绪:其一,个体的生理愉悦感;其二,心理满足感;其三,内在价值感。

人的生理愉悦感是神经化学递质分泌的结果,其中多巴胺、内啡肽、血清素、乙酰胆碱等是能够引起人们生理愉悦感的化学递质。人际关系之间的亲密、拥抱行为会刺激多巴胺的分泌,能让人产生一种欢欣的感觉,使人处于一种积极向上的心态中。适度的紧张、大笑、疼痛等情绪出现时,或者是长时间、连续性的、中量至重的运动、深呼吸,以及饮食、旅游、听音乐等一切激发人兴趣的事物都能刺激内啡肽的分泌,它让人觉得愉悦。血清素会使身体的代谢加快,影响人的胃口、食欲、睡眠以及情绪。乙酰胆碱是中枢胆碱能系统中重要的神经递质之一,其主要功能是维持意识的清醒,在学习记忆中起着重要作用。神经递质显然是没有理性的,所以一个人的身体会对快乐上瘾,也会对痛苦上瘾。

幸福的另一种体验就是心理满足感。期望与目标之间存在这样一种关系:当目标大于期望时,我们就会体验到成功和满足,当目标小于期望时,我们就会体验到挫败和失落。但这个期望值要建立在自己的实际水平之上,若期望值低于自身的实际水平,就是一种自卑,若期望值高于自身的实际水平,则是一种自负。无论自卑还是自负,都无法给我们带来心理满足感。自卑者在达到目标后体验不到充实感,自负者在达到目标后体验到的是更大的压力感。前者是压力不足,后者是压力过大,显然两者都是不利于心理健康的,只有在适当的压力下,有困难、有克服,在战胜困难和挫折的过程中不断发展自己的潜能,让自己成为自己。这样我们的人生才会充实、丰富,才有幸福可言。

满足感是人类等生命体内在大脑中枢所反映出的精神感受,是一种可以令人感到获得愉悦、幸福、满足的强烈积极感受,也是个体对于自己存在状态的满意程度的一种标示。满足感来源于欲望获得后的奖赏,亦即个体通过自我满足达到某种精神或物质层面的需求后,大脑所给予的类似奖赏的终极美好感受。既然是一种心理感受,满足感就必然会根据个体需求程度种类的不同而不同。例如,饥寒交迫中获得温饱的满足感数值就要远远高于正常值,而"成就感"的获得则是个体满足感数值处于较高层次的表现。人的本能需求既然有高低之分,那么所反馈的满足感也会随之不同。可以说,人类都在本能的追求着更高等级的满足感。从更深层面来看,作为个体的一种精神感觉,满足感不仅具有心理学意义,还具有社会学等多方面的意义,因而也就必然折射出人类的一种特殊需求——我们必须为自己的行为找到某种意义。这样也就自然地涉及幸福的第三种体验问题。

幸福的第三种体验就是内在价值。所谓内在价值感是指一个人能够发自内心地感受到自我存在感,感受到自己的独一无二,体验到自己的生命力量。换句话说,当你一个人独处时,你能感觉到自由,能把孤独当成是一种享受。在这种状态下,你依然能够怡然自得地做着自己感兴趣的事。你依然能够对他人保持兴趣,对人生充满向往,对世界充满希望。这种力量更多的是一种内源性的,它有点像婴儿期的我们,它来自于一种创生的欲望,类似于《道德经》描述的:未知牝牡之合而脧作,精之至也。这种感觉使得我们充满了力量,感觉自己沉浸在自己的世界里。在心理学上,有一个专门的术语来表示,叫作"心流体验"。

（二）怎样帮助学生获得"好的学习体验"？

理想的教育是培养真正的人，让从自己手里培养出来的每一个人都有存在感、愉悦感、满足感和幸福感，都能幸福地度过一生。这是教育应该追求的恒久性、终极性价值。在实践领域，怎样帮助学生获得"好的学习体验"则是一个更为具体的问题。

1. 关注学生当下情感需要帮助学生获得"好的学习体验"

活在当下（存在于当下）或不活在当下（不存在于当下），是一个基本的人类经验。活在当下的英文是 Live in the present，其真正含义是指最重要的事情就是现在你做的事情，最重要的人就是现在和你一起做事情的人，最重要的时间就是现在。活在当下，是直接可以操作的。我们大多数人都曾经有过坐在海边或者山顶的经验，单纯地享受自然之美，放松、满足地活在当下。活在当下就要对自己当前的现状满意，要相信每一个时刻发生在你身上的事情都是最好的，要相信自己的生命正以最好的方式展开。

关注当下，关注学生什么呢？当然我们首先想到的是学生个体。从体验的视角看，我们更应该关注学生当下的情感需要及其体验。我们知道，人类具有基本的恐惧、愤怒、喜悦、悲伤四种情绪。在恐惧、愤怒、喜悦、悲伤这四种情绪中，并不是只有喜悦才是好的体验，适当的恐惧、愤怒和悲伤同样可以提高成绩和能力，有益于身体健康。教学所要达到的目的也绝不是仅仅让学生高兴、喜悦那么简单，适当地给学生压力、适当地让学生遭遇挫折、适当地点燃学生愤怒的情绪，同样可以达到良好的教育效果。在教学过程中，教师应该成为一个情绪的有效控制者，应该既能激起学生的情绪，又能及时化解学生的情绪。让情绪能为教师所用，让情绪作为一种驱动力驱动学生的学习。为此，我们提倡的是"乐学"精神，而不是"学海无涯苦作舟"。

再者，我们提倡师生之间真实的情感交流。美好的情感交流是幸福的基本元素。教师是通过交流把自己对真的理解、对美的体验、对善的认知传达给学生的，所以注重交流的美感，是提升学生幸福感的关键所在。作为教育工作者，时时处处都要关注学生的情感体验。师生之间的平等与信赖，同学之间的友善与互助，亲子之间的温馨与关切，都是我们要全力去促进和达成的。我们要经常地、不失时机地创设情感交流的情境，无论是在学校还是在家庭，无论是在课堂上还是在活动中，我们都提倡心与心的交流，情与情的沟通，让学生浸润在情感里，关爱中，他们得到的幸福才是真实的，积极的。

2. 在情知交融一体中帮助学生获得"好的学习体验"

著名教育家波利亚曾指出，"获取知识的最佳途径是自己体验，因为自身体验最清楚也最容易得出其中的内在规律、性质和联系"。物理教学要带给学生好的学习体验，与前一节物理教学要帮助学生"悟理"之间并不矛盾，相反，二者相得益彰，具有内在的统一性。一方面，好的物理学习体验能在情感上为学生"悟理"提供更为充足的学习动力，促使学生更愿意在物理学习上付出更多的努力；另一方面，深刻的"悟理"也有助于学生获得好的学习物理体验，让学生觉得物理学习不仅很有趣很愉快，也很有用很充实，在心灵上获得更多的满足感和幸福感。

为帮助学生获得"好的学习体验"，教师在课前就要努力地创设课堂活动情景，根据教学内容创造各种不同的教育情景，使学生获得丰富的体验，满足学生与生俱来的探究需要和获得新的体验的需要。教师应该反复、深入地研究教材,分析出要让学生经历什么过程,有哪些体验,会得到怎样的发展。充分挖掘教材中的探究因素、创造因素、创新因素、科学方法因素、科学态度因素、情感态度兴趣因素、操作技能因素、习惯能力培养因素等,然后针对所教学生的智能水平、心理特点,换位思考并分析学生可能会出现的问题。作为教师,只要肯努力,在执教几年之后,对于教材、课程标准、考试大纲、解题方法、命题规律等会非常熟悉。这时候,教师再想有较大进步,必须在学生学习体验下功夫,尽可能地让学生得到好的学习体验。现在优质课的获奖者,几乎都是赢在学生的学习体验上。课堂环节的设计、问题的呈现方式、多媒体的使用,甚至是教师的声音质量,与学生沟通的态度都是教师应该注意的。

3. 鼓励学生自我表现帮助学生获得"好的学习体验"

在我们的日常谈话中,约有40%的内容用来向他人表达我们的感受和想法。通过五个大脑成像及行为实验,哈佛大学的神经学科学家发现了其中的缘由——与他人分享想法时,脑细胞和脑突触层面的活动会让我们产生非常强烈的满足感,让我们情不自禁地去这么做。科学家们在相关测试中使用了功能性磁共振成像扫描仪跟踪与心理活动相关的神经元之间的血液流动的变化,以此观察人们在谈论自己的信念和选择而不是思考有关他人的事情时,哪些大脑区域的反应最强烈。总体而言,在自我表现行为发生的同时,隶属中脑边缘多巴胺神经系统的大脑区域的活动往往会突然增强。该系统与性、食物或金钱带来的成就感和满足感存在关联。这也启发我们,鼓励学生自我表现能够帮助学生获得"好的学习体验"。

自我表现格外让人满足。这也是我们非常喜欢别人倾听我们说话的原因。因为在某种程度上说,我们说话就是在以言语的方式展示自我。在鼓励学生自我表现和展示自我的过程中,我们必须注意到学生之间的能力差异性。有的学生稍作努力就成功了,有的学生经过艰苦的努力才取得成功,有的学生怎么努力也成功不了,这种差异来自于学生的大脑。大脑决定着一个人的行为、习惯、思维模式,是决定人能否成功的至关重要的器官。那么,对于脑子笨的学生我们能否让他的脑子变得更聪明呢?答案是肯定的。我们可以通过优化现在的教学方式和评价方式来重塑学生的大脑。学生思维方式的改变就是这重塑大脑,学生创造力的改变也是在重塑大脑。从这一层面来说,鼓励学生自我表现帮助学生获得"好的学习体验",本质上就是让学生获得基于大脑重塑的好的学习体验。

教学实践中,评价过程是最容易让学生获得体验的过程,如何让教学评价带给学生好的学习体验,也就成为一个值得人们深入探究的课题。为此,我们不仅需要深入研究和改进纸笔测验技术,更需要超越把纸笔测验作为唯一评价方式的传统理解,在教学中灵活采用档案袋评价、表现性评价、真实性评价、动态评价、概念图评价、对话式评价、适应性评价、差异性评价等技术,真正实现评价和教学的一体化,以此带给学生更多更好的物理学习体验。

4. 在因材施教和因材施评中帮助学生获得"好的学习体验"

一个基础很好、思维敏捷、能力很强的学生,与一个基础薄弱、思维迟钝、能力较弱的学生,我们对他们的教学要求和评价标准不应该是一样的。我们对好学生的期望值更高、教学要求更高,评级标准也更高,这更有益于好学生的成长与进步。而对于后进生,我们要多发掘他们的优点和长处,及时地给予肯定和表扬,让他们体验成功的快乐,这有益于后进生的成长和进步。教学过程与评价过程不能搞一刀切,要有人文关怀精神,要注意学生个体之间的差异,让所有学生都能感受到好的教学与评价,这才是以人为本的教育,也唯有这样才能让学生获得更多"好的学习体验"。

在因材施教和因材施评中让学生获得"好的学习体验",有一个具体问题需要给予特别关注,那就是评价必须要做到公平和公开吗? 回答这一问题需要从评价的目的进行分析。如果是从选拔人才的角度,例如高考,评价必须要做到公平、公正、公开;而如果是日常的教学活动,评价的目的是促进学生的学习,评价没有必要做得到公开和公平。

5. 在物理知识应用中让学生获得"好的学习体验"

积累日常生活体验,铺就物理学习之路,也可以成就学生"好的学习体验"。在教学实践中,让物理教学具有生活气息,让学生觉得所学知识在生活中随处可用,这样更能激发学生的学习兴趣和求知欲,努力学好物理,真正实现"从物理走向社会"。例如,利用寒暑假的大量空闲时间,有计划、有指导地进行生活中的物理知识感知。特别是七年级升八年级的暑假中,物理教师要根据八年级的物理教学内容,有针对性地对学生在假期中的感受生活作指导。利用双休日的有限时间,有针对性地对下周教学内容进行感知"预习"。每周的教学内容都有其教学重点,针对这些重点有目的地安排一些预习,必会让学生对课上的内容理解得更好,效率更高。再如:物态变化中的"白气"现象,同学们刚开始学习时都认为是气体,哪怕在这之后教师一再强调是液体都没用,而只要在学习之前让学生在自家浴室里对着灯光观察"白气",就能很直观地看到"白气"是一个一个的小液珠。这比设计的再好的实验,拍得再好的视频都有效果。

其实只要我们在生活中,时刻做有心人,善于观察、善于思考、善于实践,发挥聪明才智,常见的生活资源便可变废为宝,让生活资源成为课程资源。其方法是:① 看见一个生活物品,就立即想,这个物品能做什么实验,它有什么特殊的功能,联想它在自己教学实验中的用处;② 课本中或是探究过程中的实验,思考要用什么日常生活资源,能否可使实验效果明显、可见度大、具有奇异性、成功率高或能否设计出另一个巧妙的方案等。

物理知识和社会生活息息相关,关注生活,关注社会,能使学生真正了解到物理知识的实用价值,使物理教学过程成为学生愉悦的情感体验过程,让学生感悟到实际生活中的物理的奇妙和规律,从而激发学生勇于探索科学知识的最大潜能,真正实现从生活走向物理,从物理走向社会。特别是在新课结束后利用开发的"体验性实验",要求学生根据所学知识,在应用中体验实验规律,分析实验现象,不但能起到巩固知识的作用,更能使学生在生活中体验到物理知识,体验到学习物理的趣味,使他们自己真正投入到物理的大世界中去。

当然,好的学习体验并不意味着我们对学生的所有教育活动都是积极地、正面的、肯定的,一味地表扬、肯定、鼓励,哪怕效果的确比批评和挫折的效果好,也不能只让学生体验表扬、肯定、鼓励,适当的批评、打击、挫折也应该让学生体验。我们要警惕所谓"好的学习体验"带来的负面影响,因为长期的"好的学习体验"让学生滋生惰性,让学生难以应对挫折和考验,这也是应该避免的。所以在教育教学中,让学生体验成功、体验快乐、体验知识的获取,让学生在好的学习体验中不断进步、健康成长,是我们教师的责任与使命。同时,让学生体验挫折与失败,给学生一个完整的人生。我们的教育以好的积极体验为主,辅助于一些困难和挫折,这才能算是完整的教育和完美的教育。

三、《物理教学基本问题研究》的主要内容

"理"是物理教学的关键,帮助学生"悟理"是物理教师最为重要也是最为基础的教学任务。如何基于学生的经验开展教学,如何体现物理学科的实验特色,如何帮助学生理解知识的意义,如何在应用中促进学生对知识的理解,如何加强物理学科与生活的联系……这是一些物理教学不得不思考的问题。在物理教学过程中,讲理、明理、说理、论理、用理,都是为了帮助学生悟得规律,悟得道理,悟得学理,悟得意义。当然,我们也必须对"理"有一个更为宽泛的理解,即从培养学生科学素养的高度去理解帮助学生"悟理",唯此,物理教学才能达到一个更为理想的境界和高度。

相对于帮助学生"悟理",让学生获得"好的学习体验",也是物理教师义不容辞的教学任务。就物理教学而言,我们必须思考让学生获得"好的学习体验"的学科特殊性问题。物理课程与社会生产和科学研究的联系十分紧密,与学生的生活也密切相关。学生学习物理应该具有"先天"的优势,很多学生也的确是伴随着对"飞机投弹""龟兔赛跑"等问题的浓厚兴趣开始学习物理的。但是,中学物理教育所存在的重智育轻德育、重教材轻实践、重课堂轻课外、重知识轻方法的教学模式,很快就使许多同学失去了兴趣,丧失了信心,进而对物理产生了恐惧感。为了解决这一问题,注重学生学习知识的过程与方法,重视学生在认知过程中对物理知识的真切体验,强调学生直接经验的价值与意义,要求学生进行积极的深层次的体验性学习,以获得丰富的体验性认识和积极的情感体验,便成为一条可取的思路。

帮助学生"悟理"与让学生获得"好的学习体验",二者是相得益彰的。为了实现新课程所倡导的改变课程实施过于强调接受学习、死记硬背、机械训练的现状,倡导学生主动参与、乐于探究、勤于动手,培养学生搜集和处理信息的能力、获取新知识的能力、分析和解决问题的能力以及交流与合作的能力的目标,也为了学生更好的"悟理"——感受和领悟物理,物理教师需要根据学生的认知最近发展区,创设物理情景,逐步引导学生有物讲理、有物说理、有物论理、有物明理、有物用理的物理学习习惯。这样,通过课堂教学,不仅能让学生明白所学的知识是什么,怎么样学习,更能培养学生深层次地追问"为什么要学它、为什么要这么做"的学习习惯,培养学生善于思考的本领,真正明白每天学习的内容,从而使学生变得更聪明、变得更有思想,变得更有能力,同时也变得更有活力,变得更加自信和更有成就感……

物理教学就是帮助学生"悟理",同时帮助学生获得"好的学习体验"。真要完成这一教学任务,对于物理教师而言确实是一个挑战。正是基于带给学生更多更好的"物理学习体验"和帮助学生更好实现"悟物穷理"的学习目标,笔者尝试完成《物理教学基本问题研究》的写作任务。

除了绪论和结语之外,《物理教学基本问题研究》全书共计 8 章。在"绪论"部分,作者提出了物理教学就是要帮助学生"悟理"和物理教学要带给学生"好的学习体验"的物理教育教

学主张。接着,本书讨论了"物理概念教学研究"(第一章)、"物理规律教学研究"(第二章)、"物理问题解决教学研究"(第三章)、"物理实验教学研究"(第四章)和"科学方法教学及其应用"(第五章)等物理教学的重要主题;"不同课型物理教学研究"(第六章)主要探讨了序言课教学、物理复习课教学、基于物理问题的教学和以研究性学习开展物理学科教学问题;"物理教学变革实践探索"(第七章)主要分析了如何超越物理学科知识教学、学生创新能力培养、物理学科前沿渗透教学、元认知能力培养等教学内容;"物理教师成长与教师学习"(第八章)则着力于教师专业发展的意义蕴涵、基本特征、内在机制和教师学习。在"结语"部分,作者主要探究物理教学养育学生科学精神的教学策略,以及物理教学需要带着学生欣赏物理学之美的做法,同时也是对本书"绪论"部分的一种呼应。

需要说明的是,《物理教学基本问题研究》尽管涉及物理概念教学、物理规律教学、物理问题解决教学、物理实验教学、科学方法教学等诸多研究主题,但它只是对物理教学部分问题的尝试性回答。要全面而深入地研究物理教学问题,可能需要众多研究者的潜心思考与通力合作。再者,《物理教学基本问题研究》部分章节内容看上去与物理课堂教学相距稍远,但它们与物理课堂教学都有着直接或间接的关系。这些研究主题彼此联系,同时有一定的独立性,读者既可以按着本书顺序阅读,也可以根据自己的兴趣选择性地阅读。

第一章　物理概念教学研究

物理学的基础知识包括物理基本概念和物理基本定律以及相关的定理、原理、法则、模型、假说、方程等。其中,物理概念构成了整个物理学知识体系的基础,同时也成为物理教学的核心与关键。物理概念的教学效果直接关系到学生对于物理知识的认知程度,进而影响到学生整体知识网络的构建与拓展。从某种程度上说,弄懂物理概念也就懂得了物理学。

一、物理概念实质及其认识维度

物理概念教学的首要问题是"物理概念"这一概念问题。"物理概念"是"概念"的子集,因此,我们需要从"概念"这一基本概念说起。

(一)物理概念的基本内涵

概念是反映事物本质属性的思维形式,是思维的基础。概念是代表了一类具有共同属性的事物、事件、行动或关系,而且可以用一个特定的名称或符号来表示。与此相应,物理概念是物理现象、物理过程的概括化和抽象化的思维形式,同时也是物理学习和物理思维的基本单位,它反映的不再是个别的物理现象和具体的物理过程,而是物理世界中具有相同本质属性的一类事物现象和物理过程。

物理概念反映着人类认识物理世界漫长而艰难的智力活动历程,它是人类对物理世界进行分析、综合、分化、整合的精细化、准确化产物。物理概念既是物理思维的产物,又是更高层次的物理思维的工具。物理思维只有借助于概念,才能提高推理和判断能力,才能深刻揭露物理现象和物理过程的本质和规律。当然,物理概念不同于物理定律,它既是物理学大厦的砖石或物理学的细胞,又是把物理世界的数学描述、物理现象本质特征的表达以及实验测量联系起来的纽带,从这个意义上说,可以将物理概念比拟为物理学的精髓。

物理概念在物理科学中的意义和地位是带有根本性的。物理概念既是物理思维的产物,又是物理思维的工具;既是理解世界的方法,又是对相互关系的认识;既是物理思想交流的形式,又是物理对话或交流的一种技术。但是,物理概念的本质是什么? 是物理客体、物理实体,还是仅仅为一个词语、一组语言表达?

物理概念(实体概念与属性概念等)属于一种"概念实体"。所谓概念实体,它既不同于物理客体、物理实体,也不同于词语或语言文字符号组成的人为抽象物,它代表或指称的却是一个实实在在的物理世界。物理概念既是一种物理现象、物理过程的抽象,又是人们对某些现象到底是什么而形成的观念现实。当然,观念的现实是指它的"可以获得、可以察觉、可以操作",仿佛是一种独立的存在物。这种"仿佛是一种独立的存在物"亦即意味着,物理概念终究是一种基于客观的"人工建构物"。这也是物理概念的心理本质。

（二）物理概念的多维理解

为了对物理概念（以及一般概念）这一具有一定客观基础的"心理建构"有更好的理解，我们必须关注与物理概念相关的情境、意义、表达、要素及历史等五个维度[①]，换言之，也就是从概念的情境维度、概念的逻辑维度、概念的语词维度、概念的系统维度（要素维度）、概念的历史维度等方面全面地把握概念。

1. 物理概念的情境维度

物理概念的情境维度既指概念的产生背景——与概念相关的、具体的物理现象和物理过程（包括物理概念的正例、反例与特例，物理概念的原型），以及由此产生的心理表象，更是指物理概念引入的必要性背景。

物理概念的情境维度首先意指使学生明白原有概念的局限性，从而知道为什么要引入新的物理概念。例如"密度"概念的引入：给学生一些体积相同、材料不同的长方体块，让他们用手掂轻重，比较其质量；再取几个试管，放入质量相同的不同液体，比较其体积的大小，使学生从中悟出物质的一个特殊性质，即"体积相同时，不同物质的质量不同；质量相同时，不同物质的体积不同"。接着问学生："我们能根据物质的颜色、气味、硬度来辨认物质，但如果两种物质的颜色、气味、硬度都相同时，还有什么方法可以区分它们呢？"于是，学生感到还有必要来寻找物质的新的特性，从而领会用单位体积的质量来表征物质的一种特性的方法，由此便引入了密度这个概念。

物理学是借"物"求"理"，物理概念是物理现象的本质在人们头脑中的反映，所以，为了形成概念，必须给学生提供足够的感性材料，例，列举生活中熟悉的实例，或观察模型、实物、示意图，或进行实验等，然后启发诱导，让学生观察、思维、分析、比较"现象"的共同属性，概括、抽象出其本质，得出物理概念的定义，进而导出物理概念的定义式和单位（如果这个物理概念是物理量的话）。这是物理概念的情境维度的又一意义。例如，匀变速直线运动的"加速度"这个概念的形成可以通过列举实例的方式展开，例如火车开动时，它的速度从零增加到几十米每秒，需要几分钟；汽车开动时，它的速度从零增加到几十米每秒，只需几秒钟；步枪射击时，子弹的速度从零增加到几百米每秒，仅用千分之几秒；高速行驶的火车要停下来，需要几十秒钟；高速行驶的汽车要停下来，几秒钟就够了；子弹射入墙壁中，千分之几秒钟就可停止等。由此可知，常见的许多变速运动，其速度变化的快慢不同，而且差别较大。物体运动速度改变的快慢有重要的现实意义：百米赛跑，起跑时速度增加得快，可以缩短运动时间，提高成绩；汽车在紧急刹车时，速度改变得快，则可避免发生事故。为了表示速度改变的快慢，有必要引入一个新的物理概念"加速度"。

2. 物理概念的逻辑维度

与物理概念的情境维度强调背景不同，物理概念的逻辑维度揭示了物理现象和物理过程的本质特征。这一维度可以进一步细化为物理概念的内涵和物理概念的外延两个方面。概念的内涵即概念的本质，既反映了物理对象某种属性的"质"，又反映了物理对象某种属性

[①] 李高峰，唐艳婷. 科学概念教学五要素[J]. 生物学教学，2010(2).

的"量"（即"量度方式"和"量度单位"），这样的物理概念也叫物理量。概念的外延即概念的适用范围，是指概念所反映的具有某一属性的一个个、一类类现象或事物。

概念教学的关键是使学生了解概念的内涵和外延。概念的内涵"就是概念所反映的事物的特有属性"[①]，又称概念的含义；内涵是概念的质的规定性，它表明概念所反映的对象"是什么"。任何一个概念都是有内涵的。在科学教学中，科学概念常常是通过对"事物的本质特征"或其内涵的"确切而简要的说明"[②]来界定的，也就是概念的定义。而概念的外延就是具有概念所反映的特有属性的事物，即具有概念所反映的本质属性的全部对象。外延是概念的量的规定性，它表明概念所反映的对象"有哪些"。要使概念的外延明确，特别是一个概念的外延有很多甚至无穷的事物的时候，我们不能一一列举这个概念所表示的事物；概念的外延，是用划分的方法确定的，即"把一个概念的外延分为几个小类的逻辑方法"[②]——根据属性的不同，分成许多小类。

定义是明确概念内涵和外延的依据。所以，为了找出概念的内涵和外延，必须从分析概念的定义入手。例如，力的定义是"物体对物体的作用"，力的概念所反映的事物的特有属性是"物体对物体的作用"，此即力的内涵。力的概念所反映的特有属性的事物是具有这特有属性的所有的力，如万有引力、电磁力、核等，而具体的力，此即力的概念的外延。同样，惯性概念的内涵是"物体有保持原来运动状态的性质"，外延是"一切物体"。

3. 物理概念的语词维度

语言与思维有着天然的同存共进关系。物理概念的语词维度是从语言学的视角对于物理概念的把握。这一维度与物理概念的逻辑维度有着紧密的联系，这在根本上源于语言和思维的关系。物理概念的语词维度可以从文字语言描述和数学语言描述两个层面来分析。

概念是人们认识的结果，它反映客观事物的思想；语词是一些表示事物或表达概念的声音与笔画；概念是语词的思想内容，语词是概念的语言形式，概念与语词是密切联系的。在某种意义上说，概念的存在必须依附于语词，不依附于语词的赤裸裸的概念是不存在的。语词的学习属于表征学习的范畴，即学习单个符号或一组符号的意义，因而使表征学习成为概念学习的基础和前提。但是，语词和概念之间并不是严格的一一对应的关系。其一，同一概念可以用不同的语词来表达。语词是民族习惯的产物，不同的民族用来表示同一事物的语词可以是不同的，如中文和英文对同一概念就用不同的语词来表达的，像"反射"和"reflex"都表达相同的概念。有时，在同一民族语言中，也常常用不同的语词来表达同一概念。其二，同一语词也可以表达不同的概念，即一词多义，必须结合具体语境加以理解。例如，"白头翁"既可以表达一种鸟，也可以表达一个老头。另外，许多科学概念都有狭义和广义之分。如"新陈代谢"，狭义指生物体活细胞中全部有序的化学变化，广义则是指生物体与外界环境之间的物质和能量的交换，以及生物体内的物质和能量的转变过程。

物理概念的语词维度还有另一层含义，那就是数学语言的描述，包括术语、符号、公式

---

① 金岳霖. 形式逻辑［M］. 北京：人民出版社，1979：20－59.
② 中国社会科学院语言研究所词典编辑室. 现代汉语词典（2002 年增补本）［Z］. 北京：商务印书馆，2002：404.298.345.

等。例如,速度、加速度概念,其数学语言描述更为严密、规范、简明,书写方便,而且有助运算,便于思考。图形作为一种数学语言,在物理概念表述上表现直观,有助于记忆、思维,也有益于问题解决。

4. 物理概念的系统维度

为了更好地理解"物理概念"这一概念,同时也为了在"物理概念"教学中的目标拟定、过程实施、结果评价等方面更具可操作性、可测量性、可评价性,我们可以从系统论的角度分析"物理概念"的要素(因素)与结构,它不仅决定了物理概念的描述与解释功能,同时也构成了物理概念的系统维度。物理概念的系统维度不仅有概念内部系统——物理概念的图式——的考量,例如物理概念的构成要素及其关系、概念的定义方法、概念的测量方法,概念的关键特性(例如物质状态属性、过程属性、关系属性,方向特性,类别属性等),更需要从物理概念的外部系统,亦即知识结构体系中的概念,或者概念框架中的概念这一概念的外部生态来考察和理解概念。

概念的结构指构成概念的要素及其相互关系。例如,"速度"的构成要素是位移与时间,是二者之比;"冲量"的构成要素是力与时间,是二者之积。概念教学要把概念与构成它的要素区分清楚。速度 v 既不是位移 s,不是时间 t,也不是简单的 s/t(s/t 只是描述了速度的量度,在数值上等于速度的大小)。当然,我们也可能进一步追问:位移的构成要素呢? 时间的构成要素呢? 这或者涉及概念的一步步地还原,直到还原为一些最基本的概念,其构成元素可以类似的理解为大量具体的物理现象、物理状态、物理过程的正例、反例及特例,正是对这些大量具体的物理现象、物理状态、物理过程的正例、反例及特例的抽象、概括和限定,才逐渐形成了人类物理学知识大厦的一些最为基本的概念。

物理概念到底怎样描述了某一物理现象、物理状态、物理过程的本质? 它是怎样形成或建立起来的? 这不仅涉及概念形成等最为基本的问题,还涉及物理概念的具体定义方法问题。作为揭示事物的特有属性(固有属性或本质属性)的逻辑方法,定义的方法主要有"属加种差定义"以及"语词定义"两种。属加种差的定义就是定义项是由属与种差组成的定义。例如,科学概念"基因"的定义是"基因是有遗传效应的 DNA 片段",被定义项是"基因",定义项是"有遗传效应的 DNA 片段",即被定义项(基因)=属(DNA 片段)+种差(有遗传效应的)。科学概念的定义还常用事物发生或形成过程中的情况作为种差,这种定义方法称为发生定义。如"转录"的定义:"RNA 是在细胞核中,以 DNA 的一条链为模板合成的,这一过程称为转录。"发生定义中还有一些以事物发生的原因作为种差,称为因果定义。例如,"光合作用第一个阶段中的化学反应,必须有光才能进行,这个阶段叫作光反应阶段"。语词定义是概念定义的另一种方式,它是"规定或说明语词的意义的定义"。例如,"出生率是指在单位时间内新产生的个体数目占该种群个体总数的比率"。

需要说明的是,有些物理概念反映了物质或物体本身固有的属性,这些属性不随外界条件的改变而改变,只由物质或物体本身所决定,但是,深入揭示和具体描述这些物质固有属性的物理概念还是要用或者借助于外界因素通过比值的方法去定义或量度(量度这些属性的"量"的大小或强弱程度)。例如,电阻的大小就是用电压与电流强度之比来定义或量度的。在导体两端加上电压是显示导体有电阻的外部条件,不加电压,导体的电阻仍然存在,但人们却无法感知物质的"电阻"属性,因为物质的固有属性只能在它与周围其他事物的相互联系、相互作用中显示出来,所以物质的固有属性要用外界因素来描述、定义或量度。

物理概念的特色还在于其测量和操作定义,这在很大程度上区别于一般的科学概念。物理概念建立在实验和测量的基础上。也就是说,几乎每个物理概念都可以由某种实验和测量方法或者用操作定义来做出严格的规定。例如,规定单位正电荷所受的力为该电荷所在处的电场强度;规定单位时间内通过导线横截面的电荷为电流强度等。

物理概念的系统维度自然包括因物理概念的要素及结构所决定的物理概念特征,并因其在物理学中的地位和作用不同而表现出各自的特殊性质。一般而言,物理概念可能具有或部分具有以下一些特征。(1)固有特征:有些物理概念反映了物质或物体本身固有的属性,这些属性不随外界条件的改变而改变,只由物质或物体本身所决定。例如,质量是物体本身的属性,同一物体质量不变,物体不同质量不同;比热容是物质本身的属性,每种物质都有比热容且互不相同。又如,惯性是物体本身的属性。重力加速度、电场强度、磁感应强度是"场"物质本身的属性。密度、电荷、电阻、折射率等是实物物质本身的属性。(2)方向特征:有些物理现象的本质在量的方面既有大小、又有方向,那么描述这种现象的物理概念也具有方向特征。如力、动量等。(3)状态特征:有些概念是描述物理对象的状态的,物理对象所处的状态不变,描述状态的概念物理量就有确定的值。例如,压强、体积、温度是描述气体状态的概念;机械能是描述物体机械运动状态的概念等。(4)过程特征:有些概念是描述物理对象变化过程的,这些概念(物理量)的值与物理对象的变化过程有关。例如,功的概念、热量的概念、冲量的概念等。(5)相对特征:有的物理现象是相对于某个事物而言的,描述它的本质的概念就具有"相对"特征。例如,物体的运动与参照物有关,参照物不同就会得出不同的结论。例如,位移就是一个具有相对特征的概念。此外,速度、功、动量、动能、势能等也是具有相对特征的概念。(6)统计特征:描述大量微观粒子遵循统计规律运动所产生的宏观现象的本质的概念,具有统计特征。例如,气体"压强"概念是描述大量气体分子频繁地碰撞器壁产生的效果;安培力是磁场对大量运动电荷作用力的宏观表现。此外,"物质波"、"电子云"等概念也是描述大量微观粒子运动遵循统计规律所产生的宏观现象的本质的。

为了深入理解概念,除了要理解其物理意义外,还应找出物理概念与它相近的(上位概念、下位概念、并列概念等)概念的异同点及相互联系,帮助学生掌握概念体系,亦即概念的外部生态,从全方位来认识概念、理解概念。所谓概念体系是指由相邻概念(如静电场与重力场,电力线与磁力线,库仑定律与万有引力定律等)、相似概念(如质量与重量、动量与动能,电场强度与电场力,电压与电动势等)、相反概念(如力的合成与力的分解,正功与负功等)、并列概念(如电场强度与电势)、从属概念(如电场强度与点电荷电场强度等)组成的系列概念。只有当学生弄清了这些易混概念的区别与联系,才能正确理解概念,防止错用概念,提高运用概念的能力。

5. 物理概念的历史维度

对于物理概念,只有了解了它们在历史上如何产生、形成和发展的过程,才能更深刻地理解它们的本质。这正是物理概念的历史维度所要考察的内容。例如,"动量"和"动能"是物理学中两个极为重要的概念,它们都和质量、速度这两个概念有关。如果只讲述定义,即使详细罗列两者的区别,学生仍旧不能深刻领会这两个概念的物理本质,在分析具体问题时,经常会混淆不清。究竟是动量还是动能才真正是机械运动的量度呢?这个问题在物理学史上曾经有过长期的争论。从17世纪笛卡尔和莱布尼茨等人作为量度运动量的物理量提出这两个概念后,经过一个多世纪的争论,直到19世纪中期,恩格斯根据当时自然科学的最新成就,特别是能量转化与守恒定律的发现,从运动转化的观点,精辟地论述了动量和动能这两个概念。恩格斯指出,如果运动的变化只局限于机械运动范围,不发生运动形式的转化,那么作为机械运动的量度,动量是适用的,当物体发生相互作用时,动量可以传递,系统动量的变化遵循动量守恒定律。如果机械运动消失,而以等量的其他形式的能量(势能、热能、电磁能、化学能等)出现,动量在这里就不能正确地反映运动的量的变化,机械运动的量度必须用动能来表示,系统机械能的变化遵循机械能守恒定律。到了1905年,爱因斯坦创立了狭义相对论,进一步指出动量和动能原来是一个统一的"能量—动量矢量"的不同分量,揭示了两种量度的统一,从而在一个新的水平上平息了两种量度的旷日持久的争论。再比如,力的概念的发展,从亚里士多德时代到牛顿时代就经历了两千多年;爱因斯坦创立了相对论物理,完全从另一个观点研究物理,彻底抛弃了牛顿物理中力的概念。"光"这个物理概念,就经历了牛顿的"粒子说"、惠更斯的"波动说"、麦克斯韦的"电磁说"、爱因斯坦的"量子说",直到揭示了光的波粒二象性的本质特征,时间长达四个世纪。

物理概念的历史维度是从历史的视角丰富人们对于物理概念的理解,既涉及物理概念的人类认识进化历程,也关系到个体认识发展中的日常概念(前科学概念,也叫错误概念、相异概念、迷思概念等)向科学概念转变(科学前概念的转变),换言之,这也是对于个体认识发展中的日常概念正视乃至尊重。由于人们是在有限时空范围内认识无限变化发展的物理现象,所以人们对物理概念的认识也经历一个由浅入深、由简到繁、由表及里的过程。前科学概念指的是个体拥有的概念的内涵、外延及其例证与科学概念不尽一致的概念。学习者是带着各种各样的前科学概念来到科学教育中的,所以其科学概念的建构并不是从零开始的。科学概念教学就是要将学生的前科学概念转变为科学概念。前科学概念是科学概念教学以至科学教育的重要课程资源,科学教育工作者要充分挖掘和利用学生在进入科学课堂之前和之后所形成的前科学概念。事实上,对于任何人,任何一个物理概念的形成都经历了一个动态的、历史的阶段,都有一个从感性到理性、从低级到高级、从粗糙到严格的产生、发展和演变的过程。换句话说,一个完整的概念往往是不能一次性了解清楚的,讲概念就要有一个发展过程。讲物理概念,应从历史发展过程来讲,讲怎样反复纠正错误的概念,现在的概念是什么,使学生懂得所学的东西将来是要有发展的,不是固定不变的。这样就把概念讲活了。否则,学生就以为物理概念是天经地义的、绝对不能破坏的,从而形成一种僵化的思想。事实不是这样,物理学永远是在不断前进、不断发展的。比如,我们学习物体的导电性能时,把物体分为绝缘体和导体,后来出现了半导体,它应该属于哪一类呢?一种僵化的思想就不能适应这些问题。而历史上物理学家对某一物理现象、概念或规律的发现,其思维过程与今天学生认识这一问题的思路往往有类似之处,所以概念教学有时可借助于物理学史料来启发学生思维。教学实践表明,学习物理学史,可以激发学生的学习兴趣,加深对物理概念的理解。

从人类认识进化历程来看,物理概念的历史维度根源于文化的历史继承性,从个体认识发展来看,物理概念的历史维度与人的生长的积累性有关。事实上,没有任何一个物理概念、定律可以被视为终极真理,人们在有限时空范围内获得的物理知识只能是近似的、相对的真理、物理学大厦只能完善,却永远不会封顶。用变化的、发展的观点,结合物理概念发展史讲解物理概念,既符合人类认识规律,又有着故事趣味性,自然会加深学生对物理概念的理解,同时还有助于消除学生对物理概念来源的"神秘感"。当然,讲解物理概念发展史要与物理概念教学水乳交融、恰到好处,而不能牵强附会。

当然,把物理概念分为上述五个维度,只是为了在思维中更全面地理解和把握概念,这也是大脑的加工容量限制及其工作机制所决定的,但在本质上,物理概念的情境维度、逻辑维度、语词维度、历史维度及系统维度是有机联系的整体。事实上,语词是概念的符号,语词和概念之间并不是一一对应的;内涵是概念的含义,是通过定义的方法来界定的,而外延是概念的全部对象,是通过划分的方法来明确,二者共同构成概念的逻辑特征;概念的例证是形成科学概念的必要支持;作为历史维度的前科学概念是科学概念教学的重要课程资源。

二、物理概念学习的内在机制

学生物理概念学习(这里与物理概念获得、物理概念掌握、物理概念习得的意义不再区分)过程离不开个体的主动加工活动。换言之,学生掌握物理概念不是简单、被动地接受知识,而是一种主动、积极的智力活动过程,其中包括对物理概念的发现过程。学生掌握物理概念的过程与个体掌握一般概念的过程具有很大的相似性,所以,物理概念学习的内在机制蕴含于个体掌握概念的微观过程分析之中。为此,梳理和分析认知心理学从各个不同角度对概念形成的研究成果便具有重要的价值。

(一)基于概念同化的概念学习

个体的概念学习包括概念同化和概念形成两种基本形式。同类事物的关键特征可以由学习者从大量的同类事物的不同例证中独立发现,这种获得概念的方式叫概念形成。也可以用定义的方式直接向学习者呈现,学习者利用认知结构中原有的有关概念理解新概念,这种获得概念的方式叫概念同化。

概念同化就是通过学习前人已经形成的概念来掌握概念。此时,概念的关键特征通过定义或上下文直接呈现给学习者。这是一种接受式的概念学习,但它并不是完全被动的,新的概念只有与认知结构中的观念建立一定的联系才能获得意义,所以概念同化同样是一种积极主动的过程。

概念同化主要有以下三种具体方式:类属学习、概括学习和并列结合学习。类属学习是指把新概念归入认知结构中的有关部分,并使新概念与这些部分相互联系的过程。认知心理学假定,认知结构本身是按层次组织的,新概念的出现最典型地反映在新材料与原有认知结构的一种从属关系上,这也将导致认知结构进一步按层次组织。类属学习有两种情况:派生类属和相关类属。派生类属是指认知结构中的原有概念是一个总概念(上位概念),新概念只是它的一个特例或样例(下位概念)。例如,原有的概念是椅子,现在要掌握的概念是折椅,把折椅纳入原来的椅子概念之中,就扩充了椅子的概念,又使折椅获得了意义。相关类属是指认知结构中原有的概念是一个总概念,新概念只是它的加深、修饰或限定。通过同化,总概念的本质特征要发生变化,新的内容也获得了意义。本质上这也是上位、下位概念关系。一般来说,以这种方式学习新的概念,效率很高,因为一旦在认知结构中形成比较固定的较为广泛的一般的总概念后,就能用它解释与此相关的概念,有利于理解新概念的意义。

概念同化的第二种方式是概括学习,是指在若干已有的从属概念的基础上归纳出一个总概念。例如掌握了铅笔、橡皮、笔记本等概念后,再学习更高一级的概念"文具"时,原有的从属概念可为总概念服务。归纳、推理、综合及知识重组都需要这种学习。与第一种概念同化方式相反,概括学习从下位概念推出上位概念,从特殊推出一般。

概念同化的第三种方式是并列结合学习。并列结合学习是指新概念不能纳入原有的概念之中,又不能概括原有的若干概念,它只与原有认知结构中的整个内容有一般性的关系,例如中学生在学习了钠、镁、铝等元素的性质和特征之后,再学习铜、铁、锌等概念就比较容易,这是因为它们是同样性质的概念,学生可以在已有概念的基础上获得新概念的意义。事实上,课堂教学中的许多同类性质的概念都是通过这种并列结合的形式获得的。

相对于概念同化学习,概念形成更具有发展的价值,对于已有概念相对贫乏的低年级学生来说,更是一种概念学习的主导方式。概念形成是个体形成概念的过程,它是人们通过大量接触事例从而抽取共同特征(获得同类事物或现象的共同特征),并通过肯定或否定的例子来加以证实(检验)的过程。在这里,"肯定或否定的例子"意思是抽取共同特征可能要通过几步,每一步或对或错,逐渐达到正确抽取。这一逐渐达到正确抽取的过程本质上就是假设检验的过程。

人类庞大知识体系的所有概念都是祖先们"形成"的,所用的方法是完全归纳法或不完全归纳法。但现在的每个个体不可能仅仅通过"形成法"来学习这么多概念,否则几辈子也学不完,绝大多数概念只能用另一个方法即"概念同化法"来学。但"概念形成法"很重要,因为儿童已知的上位概念太少,缺乏资源来同化诸多下位概念,而"形成法"就是归纳的合情推理,是探究世界和科学创造的根本方法之一。因为,"年龄越小,概念形成的方式就用得越多",而"随着年龄的增加,概念同化也逐渐成为他们获得概念的主要形式。"[①]

(二)基于概念形成的概念学习

"概念形成法"也可以从人类的心智活动过程进一步分析。事实上,个体的概念学习包括"感觉—知觉—表象—概念"等复杂的认知加工活动,唯此方能实现由感性认识向理性认识的飞跃[②]。中学生对物理概念的学习通常是从生动的物理事实出发,通过认识这些物理事实所反映的物理本质而形成概念的,其心理活动一般经历以下过程:

从物理感觉到物理知觉:由于物理概念具有丰富的内涵和外延,每个概念都包含着大量

---

① 曹才翰,章建跃. 数学教育心理学[M]. 北京:北京师范大学出版社,2006:106.

② 长时期以来,在分析学生形成物理概念时,是以"感知—理解—巩固—应用"的公式加以描绘的,这固然不够具体与细致,甚至带有经验论性质(传统认识论方法),但是,它特别强调知识的感觉和知觉来源,实质上也就是在强调知识来源于主体与客体之间发挥积极效用的活动,因而是有其合理性的。对此,笔者可能与一些研究者持有不同的看法,读者可以参见:乔际平、邢红军. 物理教育心理学[M]. 南宁:广西教育出版社,2002,64-66.

的具体的物理事实,因此,对概念的形成必须有一个感性的认识。学习通过看、听、触等感觉器官对物理现象、物理实验所反映的物理过程有整体认识,从中了解物理现象、物理事实的主要特征和发生发展的条件,认识物理事实的某些属性和特点。这是感性认识的初级阶段,是学生由形象思维向抽象思维过渡的基础,是形成物理概念不可忽视的重要环节。

从物理感知到物理表象:通过感知大量的物理事实,在学生已有感性知识基础上对物理事实的某些属性和特点有了初步认识,有可能建立起物理现象之间的联系,但这种联系仍然是非本质的,是感性认识。它与物理感知的区别在于,表象已具有了一定概括性,在语言的调节控制下,就可以逐步由以感知为主的感性认识发展为以概括思维为主的理性认识,这是质的飞跃。因此说表象不管有多大的概括性,它总是事物的直观特点反映。物理表象是从具体的物理感知到抽象的物理思维形成物理概念的过渡和桥梁。当然,在物理感知的过程中,个体的兴趣及认知结构对信息的选择发挥着重要的影响。

从概括性表象到抽象思维:概括性表象是以物理感觉和知觉为基础,是物理事物非本质属性与外界的联系,属于最简单的一种概括。多数物理概念,由于内涵和外延因素的隐蔽性仅靠概括性表象是不能形成物理概念的,必须在概括表象基础上,抓住反映物理事实的本质因素,摒弃非本质因素,把所取得的感性材料实现由感性认识上升到理性认识的飞跃,这是形成概念的关键环节。这一关键环节的内部机制(亦即认知关于概念形成的观点)大致可分为两种:一是通过假设验证来形成概念,二是由典型例证学习概念。

认知心理学家罗斯认为,记忆中的种种概念,是以这些概念的具体例子来表示的,而不是以某些抽象的规则或一系列相关特征来表示的。换言之,概念是一组对以往遇到过的、存在记忆中的该概念的一些范例构成的。这就是典型例证学习概念的解释,而假设检验理论是把学生看作是一个积极的信息加工者。学生是通过提出和检验各种假设来解决种种问题的,包括概念问题。换句话说,学生始终不断地对解决办法提出各种假设,并对之加以检验。进一步深入研究这两种观点发现,这两种观点并不矛盾,恰恰是假设验证和典型例证的二者有机结合,才可能为概念形成提供了现实的契机与空间。例如,"力的初步概念"的形成心理过程大致如下:

物理感知觉:手提水桶;脚踢足球;马拉车;比较分析;磁铁吸引铁块。

概括性表现:物体作用;物体综合。

概念的定义:力是物体对物体的相互作用概括。

在物理概念的学习过程中,学生的"感觉—知觉—表象—概念"等复杂的认知加工活动表现出一些共同的心理特点。

观察的特点:中学生在学习物理概念过程中,要经常地观察大量物理现象和实验,观察的目的性、理解性、条理性和敏锐性反映了观察的品质,同时也反映了观察的特点。好奇心和求知欲有利于观察能力品质形成,但这种好奇心驱使他们希望看到生动、鲜明、不寻常的物理现象和实验,这种出于好奇的观察往往是看热闹,不是有目的、有计划、自觉地去观察,而是停留在物理现象的个别特征上,不利于概念的形成。因此教师应注意把好奇心引导到善于观察物理事实方面来,不仅要发现物理现象的个别特征,而且要发现特征之间的联系。

抽象和概括的特点：中学生在物理概念的学习中，往往抓住的是不同物理现象的个别特征和非本质的属性，而不能把物理现象的共同属性抽象出来，把不同物理现象的本质属性联结起来加以概括。如在学习速度的概念时，列举大量生活中的物理现象：飞机在空中飞、汽车在公路上行驶、人在地上行走等，让学生分析这些物理现象有什么共同属性。学生往往只注意其非本质属性——运动，而忽略了飞机比汽车快，汽车又比人快这一本质属性。教师引导学生去抽象出它们运动的快慢不同，然后对本质属性加以联结概括，概括出速度概念的本质。所以说抽象和概括是在比较与归纳、分析与综合的基础上进行的。

记忆的特点：中学生在物理概念学习中的记忆特点是由学生的好奇心、强烈的求知欲等心理因素所决定的。它表现为对于有兴趣的物理问题和概念愿意去记，对枯燥的物理问题和概念不愿去记。这种记忆只是侧重于机械记忆和形象记忆，而缺乏理解记忆和抽象记忆。如在记忆"力的概念"时，不仅要记住力的定义，而且要记住力的内涵、外延及产生条件，否则遇到问题就容易死套定义，得出错误结论。例如，一物体沿斜面滑下，问在滑下过程中受哪几个力作用？如果对力的概念不清或死套定义就容易多出下滑力。原因是没有理解力的产生条件必须是两物体相互作用，受力者必须有施力者施力，而且要作用在该物体上，不能作用在其他物体上，所谓下滑力不过是重力沿斜面的分力而已。可见，能否顺利地掌握和运用物理概念与良好的记忆习惯有关。

当学生初步形成概念后，必须及时给他们提供运用概念的机会，让他们将抽象的概念"返回"到具体的物理现实中去，使他们在运用概念联系实际或解决具体问题的过程中，巩固、深化和活化概念，看到自己在学习中的收获，会更激起进一步学习的兴趣和主动性。同时，时刻要注意逐步教给学生正确运用概念去分析、处理和解决物理问题的思路和方法，引导他们在运用已有的概念去面对新物理现象时，勇于提出问题，勤于思考，扩大认识范围，逐步提高他们分析和解决物理问题的实际能力。所以，运用是学生把知识转化为能力的关键。

（三）基于图式理论的概念学习

概念同化和概念形成这两种基本的概念学习形式，也可以统一用图式理论加以解释。从图式理论来看，个体的概念学习也是认识主体借助于已有图式，通过同化、顺应，使主体结构适应客体环境，并使认识最终达到新的平衡、新的组织的过程。这一认识源于皮亚杰引进的生物发生学的方法，同时也是对认识主体在学习任何新知识时个体已有认知结构效用的承认。当然，我们也需要明确，图式理论是一个具有更广实用性的理论，它不仅适用于物理概念的学习，也适用于物理规律及物理问题解决、认知方式的学习，乃至社会生活的适应。

图式是皮亚杰认知理论中一个特别重要的概念，有时也译作格式、范型，或者基模等。图式就是动作的结构或组织，这些动作在相同或类似环境中由于不断重复而得到迁移或概括（这就是说，并不是所有的图式都是天生的）；图式也指个体对世界的知觉理解和思考的方式，或者可以把它看作是心理活动的框架或组织结构。图式是认知结构的起点和核心，或者说是人类认识事物的基础。因此，图式的形成和变化是认知发展的实质。

图式这一概念最初是由康德提出的，在康德的认识学说中占有重要的地位，他把图式看作是"潜藏在人类心灵深处的"一种技术，一种技巧。因此，在康德那里，图式是一种先验的范畴。当代知名的瑞士心理学家皮亚杰通过实验研究,赋予图式概念新的含义,成为他的认知发展理论的核心概念。他把图式看作是包括动作结构和运算结构在内的从经验到概念的中介,在皮亚杰看来,图式是主体内部的一种动态的、可变的认知结构。

帕斯科尔·里欧发展了皮亚杰的理论,并进一步就图式的分类、图式的独立自主作用、图式的相互作用、图式的"生物"本质等提出了富有创造性的见解。[①] 图式既可以分为个人图式(Person schemas)、自我图式(Self-schema)、团体图式、角色图式(Role schema)、事件团式(Event schema),也可以分为动作图式、形象图式、运算图式、执行图式等。图式一旦形成便具有相当的稳定性;图式决定着人做信息选择时相应的内容和倾向偏好,可引起新信息的加工;可以预测事件的发展;图式一旦被启动,就会像程序一样被严格执行下去。特别是图式还具有生物机体的某些特征,似乎具有生命,能存活、生长和死亡,也可能相互合作、抑制、斗争和协调,乃至分化,但是不能随意地储存和排除。

皮亚杰认为,所有的生物(包括人)在与周围环境的作用中都有适应和建构的倾向。一方面,由于环境的影响,生物有机体的行为会产生适应性的变化;另一方面,这种适应性的变化不是被动的过程,而是一种内部结构的积极的建构过程。皮亚杰用适应的观点解释个体发展,并指出图式虽然最初来自先天遗传,但一经和外界接触,在适应环境的过程中,图式就不断变化、丰富和发展起来,永远不会停留在一个水平上。他用图式、同化、顺应、平衡四个基本概念阐述个体认知结构的活动过程,形成他具有自己特色的建构理论。

同化原本是一个生物的概念,指有机体在摄取食物后,经过消化和吸收把食物变为自己本身的一部分的过程。皮亚杰把这一名词借鉴到心理学中,用于描述"把外界元素整合到一个正在形成或已经形成的结构中"。在皮亚杰看来,心理同生理一样,也有吸收外界刺激并使之成为自身的一部分的过程。所不同的只是涉及的变化不是生理性的,而是机能性的。随着个体认识的发展,同化经历以下三种形式:再现性同化,即基于儿童对出现的某一刺激作相同的重复反应;再认性同化,即基于儿童辨别物体之间差异借以做出不同反应的能力,它在再生性同化基础上出现,并有助于向更复杂的同化形式发展;概括性同化,即基于儿童知觉物体之间的相似性并把它们归于不同类别的能力。

顺应(Accommodation)是指"同化性的图式或结构受到它所同化的元素的影响而发生的改变",也就是改变主体动作以适应客观变化,也可以说改变认知结构以处理新的信息。顺应是与同化伴随而行的。当个体遇到不能用原有图式来同化新的刺激时,便要对原有图式加以修改或重建,以适应环境,这就是顺应的过程。可见就本质而言,同化主要是指个体对环境的作用;顺应主要是指环境对个体的作用。在对同化和顺应概念的理解上,也可以把同化看作一个量变的过程,是个体知识结构的重复和再认;顺应更类似一个质变的过程,有对于知识结构的扩展和修正,会形成一个新的认知图式。

事实上,皮亚杰应用同化与顺应的过程,也是对行为主义公式S→R进行的改造,即由公式S→R改进为S(A)R公式。S→R的含义是指一个刺激可以引起一个特定的反应,其最大缺陷在于它没有表现出人在认识过程中的能动作用。当外部刺激S作用于机体时,机体并

---

① 乔际平,邢红军.物理教育心理学[M].南宁:广西教育出版社,2002:64-66.

不是消极地接受这一刺激,而是首先利用自己现有的图式进行过滤改造,使之变为组织所能吸收的形式。刺激这样被同化,就是客体作用于机体、机体改造客体的结果。毕竟,一个刺激要引起一个特定的反应,主体及其机体就必须有反应刺激的能力。因此,我们首先关心的是这种能力。

皮亚杰认为,客体被机体所同化就是被机体所改造,因此 S(A)R 不是一种直观的、机械的反应,而是机体改造环境的过程。皮亚杰指出,S(A)R 在各个水平上都存在。在生物水平上,有生理同化,它的作用是对机体摄入的物质进行改造,使之变成机体组织的营养;在感知运动水平上,有心理同化,它表现为把外部信息同化到动作结构中,使动作获得协调;在理性水平上有认识同化,它把外部信息变为概念推理的形式,以丰富主体的认识图式。皮亚杰把 S(A)R 从生物水平一直扩展到认识水平,充分说明在环境面前,机体以及认识主体从来都不是被动的接受者。在各个认识水平上都存在着机体和主体对外部世界的改造过程。这种改造随着生物水平→心理水平→认识水平的发展而日益加强。越是在高级阶段,改造越充分,主体的能动性就越大。所以皮亚杰对 S→R 公式提出的这种修改绝不只是出于单纯追求准确性,也不是为了理论上的概念化,依我们看来这种修改提出了认识发展的中心问题。

但是,S(A)R 仅仅说明认识过程的一个方面,亦即主体对客体的改造,而不能说明另外一个方面,亦即客体对主体的改造,这样主体和客体的相互作用还不能充分体现出来。为此,还需要加入与同化过程相对应的另一个过程——顺应。顺应是当客体作用于主体而主体现有图式不适应客体时,认识主体调整和改变已有图式使之适应客体的过程。与同化作用相应,顺应也存在于从生物水平起到认识水平止的各个水平上。由于同化表明了主体改造客体的过程,而顺应表明了客体改造主体的过程,所以,同化和顺应这一对机能代表了主客体的相互作用。①

平衡(Equilibration)是指个体通过自我调节机制使认知发展从一个平衡状态向另外一个较高平衡状态过渡的过程,也是个体的认知图式通过同化和顺应而不断发展,以适应新的环境的过程。平衡有三种表现形式或水平:第一,同化和顺应之间的平衡,亦即新的刺激使个体的认知发生顺应,然后再将它同化到个体的认知图式中去,以达到一种新的平衡;第二,个体图式中子系统的平衡,例如大小比较系统中,长度、数量等都是子系统,如果子系统之间没有平衡就不可能有新图式产生;第三,调节个体知识与整体知识之间的平衡,亦即新的图式被整合进一个新的整体知识框架中,这一平衡才算完成。

按照皮亚杰的理论,儿童的心理结构或认知结构,正是在与环境的不断适应过程中,在这种动态的平衡过程中形成和发展。因此,他提出主体与客体的相互作用的活动是认知结构产生的源泉,让儿童获得充分活动的活动机会,对他们的认知发展是极为必要的,是不可缺少的条件。

当然,个体掌握人类已有的任何概念也不是一次性完成的,而是随着经验的丰富和理解的加深日臻精确和完善的。国内的有关研究揭示了人工概念和真实的科学概念形成的总趋

---

① 雷永生,王至元,杜丽燕,等.皮亚杰发生认识论述评[M].北京:人民出版社,1987:137.

势。杨治良教授发现人工概念形成的总趋势是渐进—突变,无明显高原现象,而母小勇、张莉华、樊琪等人证实了真实的自然科学概念是一个渐进—高原—突变的过程,宋广文、王平等研究的社会科学概念形成则是一个逐渐上升的过程。

三、物理概念教学的有效策略

物理概念是物理学中最基本的内容,教师在进行概念教学时要重视教学方法的合理性和教学的有效性。在物理概念教学中引入支架式教学,有助于促进学生对物理概念全面深入的理解、提高学生学习物理概念的兴趣和能力。

(一)搭建支架开展物理概念教学

支架式教学来源于维果茨基的"最近发展区"这一概念和他的社会建构主义理论。维果茨基认为:学生的学习状态有两种水平,一种是学生现有的发展水平,表现为学生能够独立解决问题的智力水平;一种是潜在的发展水平,表现为借助外界的帮助可以达到解决问题的发展水平,这两种发展水平之间的距离就是最近发展区。最近发展区的状态由教学决定,即教学不能只着眼于学生现有的状态和水平,而应走在发展之前,关注那些正处于形成的状态或正在发展的状态,促进学生向更高的水平发展。教师要介入学生的发展,就要找到合适的介入点,最近发展区为教师合理选择介入点提供了理想的空间,即在学生现有的知识水平和学习目标之间建立起能够帮助学生理解的概念框架。

作为一种学习的哲学,建构主义至少可以追溯到 18 世纪的哲学家维柯。他曾经指出,人们只能清晰地理解他们自己建构的一切。从这以后许多人从事过与这一思想有关的研究。20 世纪以来,对建构主义思想的发展做出重要贡献并将其应用于教学之中的主要有皮亚杰、布鲁纳、奥苏贝尔、维果茨基等人。作为一种认识论,建构主义着重阐释了知识的建构性原则,有力地揭示了认识的能动性。建构主义从根本上反对传统的机械反映论,坚持人的认识不是对事物本身的直接反映,而是通过人的实践,以原有知识为基础,在主客体的相互作用中建构而成的,对事物的认识依赖于主体指向事物的活动,依赖于主体对自身活动的反思。建构性是认识能动性的具体表现。

概念在建构主义理论中居于核心的地位。从建构的角度看,要对某一物理概念说得上理解,这不仅意味着学生"知道"它,而且意味着"相信"它,相信这一说法的合理性和有效性,使新知识真正与已有的知识经验一体化,成为自己的经验。这就是说,学习不仅是新知识经验的获得,同时又意味着既有知识经验的改造。在物理概念的建构过程中,一方面学生需要充分调动有关的知识经验,分析、组织当前的新信息,生成对信息的理解、解释;另一方面,学生要反省新知识和旧知识的一致性,鉴别、评判它们的合理性,调整它们之间的冲突,从而形成自己对事物的观点,形成自己的"思想"。支架式教学正是在促进学生物理概念的意义建构上发挥促进作用的。

如果说,支架式教学是物理概念教学的基本思想和原则的话,注重从逻辑层面开展物理概念教学,关注学生对于物理概念内涵与外延的理解并逐渐形成物理概念这一范畴的典型图式则具有更为根本的意义。

（二）从逻辑层面开展物理概念教学

从逻辑层面开展物理概念教学，首先是要在学生的物理概念习得过程中借助于逻辑方法的力量。在物理概念教学中，除了一些最基本的概念（例如质量、长度、时间等物理概念），很多概念都是通过运用特定的逻辑推理方式由已有概念的组合或联系建立起来的，即使是一些最基本的概念（例如力的概念），也是通过抽象、概括、假设、检验等途径，并借助于归纳推理而得出的。

逻辑推理的形式有很多种，比如归纳推理、演绎推理、类比推理以及概率推理等。归纳是种由表及里，由此及彼，由现象到本质的高度复合思维过程。物理学中常依事物的因果关系，推断该类事物中所有对象都具有某一共同本质属性，称为归纳推理。英国逻辑学家穆勒提出探求因果联系时使用的五种归纳推理方法，在逻辑学中称为穆勒五法（求同法、求异法、共变法、并用法、剩余法）。例如，被拉长或者被压缩的弹簧对跟它接触的小车产生力的作用，可以使小车运动起来；被压弯的细木棍或者细竹竿对跟它接触的圆木产生力的作用，可以把圆木推开；发生弯曲的跳板对跟它接触的运动员产生力的作用，可以把运动员弹起来。物体的伸长、缩短、弯曲等说明物体发生了形变。三个例子中说明发生形变的物体由于要恢复原来的形状，对与它接触的物体产生力的作用，这个力叫弹力。那么弹力的概念中就蕴藏着弹力产生的条件：发生形变和直接接触。这一利用求同法的归纳推理过程可以表格方式呈现如下：

表1-1　弹力产生条件的分析

场　合	结　果	条　件
1	弹簧对小车产生了力（弹力）	直接接触，有形变
2	细木棍或竹竿对圆木产生了力（弹力）	直接接触，有形变
3	跳板对运动员产生了力（弹力）	直接接触，有形变
……	……	……

与归纳推理不同，演绎推理是由反映一般性知识的前提得出有关特殊性知识的结论的一种推理，其最基本的形式是三段论，也是我们日常生活及教学中最常运用的。三段论由三个命题构成，这三个命题分别称为大前提、小前提、结论。由于物理学中所涉及的概念以及定律（理）、规则均可用假言命题给出，因而在物理教学中所遇到的演绎推理大多数为假言推理。

从逻辑层面开展物理概念教学，更需要帮助学生习得物理概念所表达的物理现象、物理过程、物理属性的具体意义（亦即理解物理概念的内涵与本质）以及物理概念这一范畴的一般图式。也就是说，在学习物理概念之后学习者内部应该出现一些变化，或者产生相关概念的命题网络，或者表现为具体意义乃至概念图式的获得。

在心理学中，命题是从事物的知觉信息中抽取出主要意义而忽略其细节特征的一种有用的表征方式。命题这一术语来自逻辑学，指表达判断的语言形式。心理学借用这一术语作为心理表征的一种形式，主要强调如下研究事实：人是用命题而非句子将言语信息存储的,也就是说,人一般记住的是句子表达的意义,而不是具体的词句。如果两个或两个以上的命题有共同成分或关系项,这些命题就可通过这些共同成分联系起来形成网状结构,即命题网络。例如,物体由于运动而具有的能量称为动能。这一概念由如下三个命题之间彼此联系而构成的:

(1)物体具有能量;

(2)(这部分)能量是物体运动引起的;

(3)(这部分)能量称为动能。

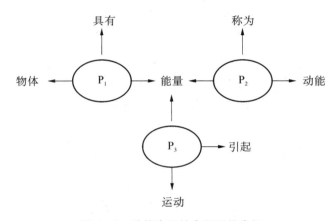

图 1-1　动能意义的命题网络表征

显然,如果学习后学习者内部出现命题网络表征,那么学习者就不会表现出"逐字逐句地、与原文呈现相同方式的陈述学习内容",而是能以相互关联的方式一个意义单元、一个意义单元地陈述学习内容,亦即"能用等值的语言陈述学习内容"。在布卢姆教育目标分类中,称这种用自己的语言正确陈述、说明、解释学习内容的行为,达到"领会"层次。

相对于具体命题和命题网络的习得,某一典型结构的表征方式亦即图式的习得更具有普遍性价值。与从事物的知觉信息中抽取出主要意义而忽略其细节特征的命题表征方式不同,图式是一些观念及其关系的集合,是对象具有共同属性构成结构的整体编码表征方式,就像是围绕某个主题组织起来的认知框架或认知结构。在物理概念和规律的学习中,同样存在物理概念的图式,例如,对物理量的理解可以从如下方面认识:

物理意义:＿＿＿＿＿＿＿＿＿＿

定义:＿＿＿＿＿＿＿＿＿＿

物理性质:＿＿＿＿＿＿＿＿＿＿

定义式:＿＿＿＿＿＿＿＿＿＿

数学表达式:＿＿＿＿＿＿＿＿＿＿

单位:＿＿＿＿＿＿＿＿＿＿

典型实例:＿＿＿＿＿＿＿＿＿＿

......

如果学习者具有物理概念图式,那么在学习新的物理概念时,学习者就可以有针对性地挑选新概念的上述性质,填充进去,从而可以减少学习的盲目性,一定程度上提高了学习的效率。

表 1－2　动能概念图式[①]

物理意义		描述物体运动具有的能量大小
定义		物体由于运动而具有的能叫动能
物理性质	定性	动能的大小与物体运动速度有关 动能的大小与物体质量有关
	定量	动能的大小与物体运动速度的平方成正比 动能的大小与物体质量成正比
定义式		它的大小定义为物体质量与速度平方乘积的二分之一
数学表达式		$\frac{1}{2}mv^2$
符号		E_k
单位		焦耳(J)
量的性质		动能是标量,无方向,只有大小
状态量/过程量		状态量
与其他物理量的关系		$F \cdot s = E_{k_2} - E_{k_1} = \frac{1}{2}mv_2^2 - \frac{1}{2}mv_1^2$

显然,学习者学习物理概念和规律,其最终的内部表征应是特定概念和规律的图式,教师按图式结构梳理出所学物理概念和规律的图式,就能够对该学习内容有较为完整的认识,对具体学段所需学习的具体内容有清晰的把握。

从逻辑层面开展物理概念教学,关注学生对于物理概念的理解,需要讲清物理概念的关键意义。对每个具体的物理概念,要注意从物理现象中抽象出共同属性的东西,所谓某个概念的关键意义就是指这个。例如,静摩擦力这个概念是从大量的"相互接触的两个物体在外力作用下有相对运动趋势(各以对方为参照物)而又保持相对静止"这样的运动形式抽象出"静摩擦力总是阻碍物体发生相对运动"这一共同属性的,此即静摩擦力的关键意义。

讲清物理概念的关键意义,要咬文嚼字,对概念定义中的关键"字""词"要进行逐字逐句的讲解,重要的"字""词"要认真推敲,使学生对概念有明确的认识。再如楞次定律:"感生电流的方向,总是要使感生电流的磁场,阻碍引起感生电流的磁通量的变化。"第一句话指出定

---

① 陈刚.论物理概念和规律意义学习的教学设计:学习心理学的视角[J].全球教育展望,2014(12).

律的用途是判断"感生电流方向";第二句中的"总是",其含义是"一定如此";第三句中的"阻碍",既不是"阻止",也不是"产生相反方向的磁通量",而是"引起感生电流的磁通量减少时,感生电流的磁场方向与原磁场方向相同,阻碍它减少;引起感生电流的磁通量增加时,感生电流的磁场方向与原磁场方向相反,阻碍它增加"。同时要注意"引起感生电流的磁通量是变化的,感生电流的磁场总是阻碍这个变化的"。

(三)丰富知识呈现方式促进物理概念教学

物理概念是具体物理现象的概括、抽象,概念教学必须通过实际材料或列举实例来进行。即使是抽象的物理概念,教学时也应当将有关的现象展示出来。切忌从定义出发讲概念,要防止"说文解字式"的就物理概念讲概念,让学生背物理概念和默写物理概念的机械教学。这种概念教学往往是简单地引入概念,然后把大量时间用于举例说明以及练习巩固上,带有明显的"灌输"倾向,使得学生缺少了独立思考,学生学习物理就像背文史,物理概念的定义背得很熟,但是提及此概念的来源和用法就不怎么清楚了,它忽略了学生的认知规律,忽略了学习的情境性和知识的动态性,使得学生缺乏必要的物理表象,影响学生的形象思维和抽象思维,最终导致学生对物理课程失去了原有的兴趣。

在关注物理概念意义理解(从逻辑层面关注物理概念的内涵与外延)的具体方式上,丰富知识呈现方式,有利于促进物理概念的教学。随着人类社会的不断发展,特别是信息技术与媒体技术的发展,人类进入了一个读图的时代,这个时代的学生主要是通过图像、动画等视觉媒体来获取知识。这个时代的教师因此也希望通过图像、动画等可视化的知识呈现方式提高学生学习物理概念的效果。有研究发现:演示实验比动画更有吸引力、动画比图像更有吸引力,板图能有效吸引学生的注意力;在知识回忆层面,演示实验、动画和图像对学生学习物理概念产生的效果没有什么差别;在知识理解层面,演示实验和动画比图像有一定的优势,同时板图在教学中的作用不可忽视;在知识应用层面,演示实验比动画有优势,动画比挂图有优势,同时板图的作用不可忽视。[①] 从这一发现可以看出,在物理概念教学中,给学生提供丰富的、具体的、形象生动的、真实的感性材料(物理概念形成的具体情境),对于物理概念的形成及其意义建构有着重要的作用。

丰富知识呈现方式促进物理概念教学源于学者佩维奥(A. Paivio)提出的双重编码理论(Dual-Coding theory)。1956年,佩维奥根据先前学者对图形与语言在学习成效上的研究,进而发现人类对图形与语言有不同的处理系统。佩维奥指出[②],人类拥有两套相互联系但又相互独立处理不同类别信息的系统:语言系统(Logogens)与图像系统(Imagens),此两套系统同时处理不同的信息,并各有其组织、架构。语言与非语言间存在关联性,亦即"参照链接"。语言系统在接收语言方面的刺激后,将这些语言方面的信息具体化,并将其编码后储存在文字记忆区中;而图像系统则专门处理可视化信息,将图形具像化后将其编码储存在图像记忆区中,也在所对应的语文记忆区中留下一个文字性对照版本。当人类在学习时,人的工作记忆区中(working memory)对以语言或非语言呈现方式的材料有三种处理的过程,如

① 方建文.知识呈现方式对中学物理概念教学影响的研究[D].华东师范大学,2007.
② A. Paivio. Mental representations:a dual coding approach, Oxford, England:Oxford University Press.

图 1-2 左上部,当有语言的刺激时(如口语的叙述),在工作记忆区中,学习者会建构一个以语言为描述的意象。这个由外而内的认知处理过程称之为建构一个语言具象的联结(building a verbal representational connection)或语言编码。如图 1-2 的右上部,当有非语言的刺激时(如一个动画或图形),在工作记忆区中,学习者会建构一个以图形为描述的意象,这个由外而内的认知处理过程称之为建构一个图像的联结(building a visual representational connection)或图像编码(visual coding)。参照联接(referential connection)则是将两种呈现的信息联结在一起。

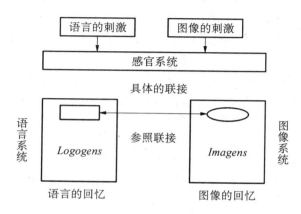

图 1-2 双重编码理论概念图

丰富知识呈现方式,促进物理概念教学有很多现实的途径,例如演示实验、动画、图像、板图等,都不仅能有效吸引学生的注意力,而且能帮助学生实现意义建构。其中,维恩图、鱼骨图、认识论"V"图,都是实现概念知识可视化的具体方式。

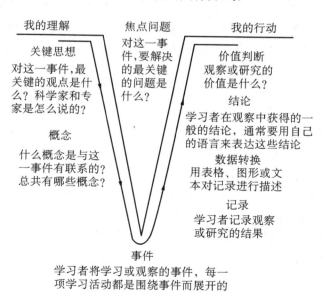

图 1-3 认识论"V"形图的构成

物理概念的形成可以从两个层面上来考虑，其一是在物理概念最初建立时的人类认识过程，其二是学生个体在学习该物理概念时的形成过程。如果从教学的角度来看，似乎可以忽略掉第一个层面，其实这两个层面都是对物理世界的认识过程，如果善于在教学中应用科学家建立物理概念时的探究过程，将这些在思维或者实践上的事实以学习支架的形式呈现给学生，让学生重演科学家的探索之路，那么学生对物理概念的理解就会是最深入和全面的。这种"科学探究重演"构成了物理概念教学的又一个策略。

（四）"科学探究重演"开展物理概念教学

具体来讲，"科学探究重演"的物理概念教学就是指教师对某一物理概念进行解构，其根据是按照物理学历史上此概念形成的几个关键特征进行分析，探索学生在学习此概念时可能存在的障碍；然后对这几个特征进行重构，其标准是按照每一个特征的难易程度进行序列化，重新组织概念教学进程；在重构的基础上实施教学，让学生经历物理学家探究该物理概念时经历的关键活动，同时教师进行诱导和点拨，从而使学生完成自组织突变的一种物理概念教学。

"科学探究重演"的物理概念教学源于个体发展的"文化重演理论"。法国伟大的启蒙思想家卢梭(J. J. Rousseau,1712—1778)认为，儿童从出生到成年的发展就是人类种族进化过程的重复，即所谓的"文化重演理论"。德国胚胎学家海克尔(E. Haeckel, 1834—1919)在1866年提出的"生物重演律"，其内容是"个体发生就是种系发生的短暂而迅速的重演"。对物理学发展进程与人类科学概念学习进程初步比较研究发现，物理学本身的演进历程与探讨人类物理概念的学习过程有着内在的相似性，总体上都历经了"渐进期"、"高原期"和"突变期"，可以说物理概念学习的过程是人类研究物理学过程的复演，亦即作为个体的人在学习物理的过程中重演着人类探索物理的过程。

物理概念教学的有效策略当然不限于前面的分析，我们还可以基于物理概念的五个维度（概念的情境维度、概念的逻辑维度、概念的语词维度、概念的系统维度、概念的历史维度等）以及概念转变理论、概念学习进阶理论、概念学习评价等视角，进一步探讨物理概念教学的其他策略。

四、物理概念教学的实例分析

从认识论的角度出发，物理概念大致可以分为具体概念、抽象概念和特殊概念三种类型。具体概念的建立最初是源于人类对事物的观察，后来又经过大量的物理实验，由此对具有相同本质属性的物理现象进行抽象的概括，再通过人类的思维活动而形成的，例如重力、质量、速度等；抽象概念的建立体现出人类对物理世界的认识由感性向理性的飞跃，例如质点、能量等概念都是在对物理现象或物理过程理性认识的基础上才建立起来的，这些物理概念所对应的客体不容易被肉眼观察到，它更多的来源于人类抽象的思维过程；特殊概念更是建立在高度抽象的科学推理基础之上的，这些概念的变革往往会带动整个物理科学的革命，例如时间、空间这样的概念，牛顿时期的绝对时空观为经典力学的建立提供了坚实的基础,而爱因斯坦的相对时空观又带动了相对论理论的建立。无论是具体概念、抽象概念还是特殊概念,它们在物理学科中都处于重要的基础地位,物理概念教学的效果如何,也直接关系到学生对于物理知识的认知程度,进而影响到学生整体知识网络的构建与拓展。于是,我们不禁要问,就一般情况而言,怎样的物理概念教学过程更有益于学生习得?

(一)物理概念教学的基本步骤

对于上述问题,有研究者借鉴知识习得的"领会、巩固和应用"三个阶段理论,提出物理概念教学过程也可分为三个阶段,即概念的领会、概念的理解和概念的应用。① 也有研究者结合物理概念教学实践,将其总结为物理概念的引入(在物理概念教学中首先要使学生明白原有概念的局限并进而知道为什么要引入新的物理概念)、物理概念的形成(使学生知道概念是怎样形成或建立起来的)、物理概念的剖析(使学生理解这个概念到底是怎样描述某一物理现象的本质,明确概念的内涵与外延、概念的结构、概念的特征、概念与其他概念的关系等)、物理概念的历史、物理概念的巩固。② 其中涉及物理概念的历史维度和物理概念的系统维度,拓展了我们对于物理概念教学的理解。《高中物理概念教学五步曲》更为具体呈现了物理概念的教学过程。

高中物理概念教学五步曲③

第一步曲:创设情景,营造概念氛围

创设概念教学的情境是物理概念教学的必需环节。物理概念一般比较抽象,对于缺乏理性认识的中学生来说,接受起来有一定的难度,而如果教师在概念教学过程中去创设恰当的"境",激发学生的"情",让学生站在问题开始的地方,要面对原始的问题,不仅能帮助学生的认识比较容易地进入概念,而且能充分地调动学生对物理概念学习的积极性,使学生由好奇转变为兴趣爱好,由兴趣爱好转变为对物理概念知识的渴求。例如在高一物理教学中,加速度概念的教学是一难点。我在教学实践中创设这样的情景:磁悬浮列车以 432 km/h 高速匀速运行了 8 s 时间,蜗牛在 10 s 内速度从 0 加速到 0.1 cm/s,让学生体验速度大与速度变化大是两个不同的概念。接着给出下列案例:普通轿车 0→100 km/h 用时 20 s;旅客列车 0→100 km/h 用时 500 s,让学生建立速度变化相等时变化有快慢的初步概念。再给出变式练习(例 1—例 4,略)。通过这样的比较,学生在探究中逐渐形成速度变化快慢的基本概念,并掌握了如何比较的方法(控制变量法)。

第二步曲:鼓励学生,尝试定义概念

通过第一步的创设情境,让学生主观感受到的第一层是运动物体有速度,第二层是运动

① 周彩莺.利用认知心理学理论指导物理概念教学[J].物理教学,2000(3).
② 李春节.中学物理概念教学漫谈[J].课程.教材.教法,1993(3).
③ 罗生快.高中物理概念教学五步曲(略有删节改动).http://www.pep.com.cn/gzwl/jszx/jxyj/jfxf/201008/t20100827_789188.htm.

物体速度有变化,第三层是运动物体的速度变化有快有慢,学生对加速度有了具体的物理图景后,加速度方向的理解如何来突破呢? 我通过具体的例子来引导学生,A 车在 2 秒的时间内速度由 10 m/s 变为 15 m/s,则它的加速度是多大? B 车在 3 秒的时间内速度由 10 m/s 变为 2.5 m/s,则它的加速度是多大? 让学生感受,让他们自主认识到加速度只有大小还不能说明具体问题,要说明具体问题一定需要另一个因素,这一因素即为加速度的方向,学生们恍然大悟,豁然开朗。

第三步曲:讨论交流,正确规范概念

通过第一步和第二步后,学生回顾速度的概念:描述物体运动快慢的物理量,即物体位置变化快慢。定义式 $v=\Delta s/\Delta t$ 让学生猜测加速度的定义式是什么。由学生得出加速度 $a=\Delta v/\Delta t$。即加速度是速度变化量 Δv 与发生这一变化所用时间 Δt 的比,也可以说是单位时间内速度的变化。学生基本上可以从文字语言描述加速度和数学语言描述加速度;但由于学生所具有的物理知识不足和思维的局限性,所下的定义不一定完整,甚至下出错误的定义。这时,教师不必急于纠正,而是让学生展示自己的思维过程,引导学生进行讨论。在讨论中使学生相互启发,不断纠正错误,直至得出完整、准确的定义。同时,教师适当点拨,使学生抓住概念中的关键字、词、句,更准确地理解概念。所以在课堂教学中要尽量多地给予学生自己思考、讨论、分析的时间与机会,使他们逐步学会思考。这样逐步使学生懂得掌握概念靠"记"是不够的,理解才是掌握概念的关键,促使他们会思考、爱思考直至勤思考,最后归纳出准确的定义。

第四步曲:多种方法,科学记忆概念

解决物理问题就是运用记忆的物理知识去分析、综合、推理的过程,准确的记忆是正确应用的基础,理解是物理记忆的关键。"只有组织有序的知识才能在需要应用时成功的提取和检索。"心理学研究表明:多种分析器协同活动,可以使同一内容在大脑皮层建立多通道联系,从而提高记忆效果。当学生理解概念后,用多种科学的方法记忆概念也是很重要的一环。……在新的学习活动中,当学生需要某些知识时,则可随时取用,从而保证了新知识的学习和思考的迅速进行。

第五步曲:巧设问题,灵活运用概念

学习概念的目的在于应用。所以,在此环节,我从多角度提供概念的变式,让学生判断,或创设问题情境,设计阶梯式问题,让学生思考,引导学生由浅入深,逐步理解,深化提高,同时培养学生分析问题和解决问题的能力。……学生通过解决实际问题,巩固提高了对概念的理解,学生在解决问题的过程中对物理概念运用自如。

在物理概念教学过程中,"五步"的关系并不是固定不变的,应因概念的不同,而有所不同。我们只有把握不同概念的特点,选用不同的适用于该概念的教学方法,才能最大限度地让学生充分理解概念的内涵,把握概念的实质,为灵活运用概念打下坚实的基础。

借助于流程图方式,物理概念的一般教学过程可以大致描述如下:

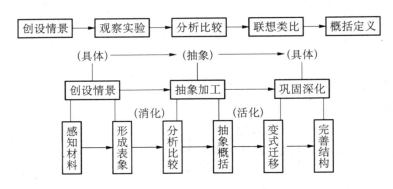

图 1－4　物理概念的一般教学过程①

与总体上把握物理概念的教学策略、教学流程不同,对具体物理概念教学的深入分析或许能促进我们对于物理概念的本质、维度、学习机制的进一步理解。为此,我们就初中物理"密度"概念和高中物理"电势差"概念的教学进行探讨。

(二)"密度"与"电势差"的概念教学

密度作为初中物理引入最早、抽象程度较高的概念,一直以来都是传统教学的重点和难点。就密度概念教学而言,由于它是将学生引入经典物理体系的一个"关键概念"和"节点概念",并且还要面对学生头脑中存在的大量关于密度的日常观念或直觉意识。所以,一旦不能恰当地处理,就很容易导致逻辑失序,并使学生的大量前概念裹挟、夹杂进来。由此就为后续的物理学习埋下隐患。

事实上,权衡、掂量不同的物体是人们对经典物理世界最朴素、最本原的感知,因此,在明确质量这一描述物体量化属性的物理量之后,密度概念教学就应立足于"比较"物体"谁轻"、"谁重"这种本原的、朴素的动机。所以我们提出,教材应该将长期以来用作引入密度的"鉴别物质"思路转变为"权衡轻重"的思路,并按照以下四个逻辑步骤展开密度概念的教学,逐渐使比值"$\frac{m}{V}$"更深层次的物理意义得以凸显出来,即比值是物质的疏密程度,它把物体量的差异进一步抽象到了致密度(density)这一更为深刻更为抽象的层次上。

---

① 梁旭. 模式·策略·艺术·观念——吴加澍教育思想研究. 浙江省教育厅教研室(310012). http://wenku. baidu. com/link? url＝ba1NBdnz3skcC3kvKk2XJG55t4XGjfgL0EjTVz＿ROS-zCq7HA6M0twJ67YX8mxMB2FXtwJHyo36P9yg HGoNC-18C4eKWlAvzO4JfdArUIuO. 上述两种模式有着内在联系,我认为:第一种模式是初步习得某个概念的教学模式(适用于概念课的新课教学),第二种模式是较为完整地习得某个概念的教学模式。这二种模式的并存既有利于指导教师进行一节课的教学设计,也有利于教师全面认识物理概念的学习全过程。

表1-3　密度概念"起、承、转、合"的教学逻辑①

序号	教学逻辑	教学环节	教学操作
1	起	有心栽花花不成	直接比较两不同物体的质量
2	承	栽花不成选标准	选取相同标准比较两不同物体的质量
3	转	无心插柳柳成荫	比值与质量无关,反映了物质的固有属性
4	合	世事洞明皆学问	联系学生的生活经验理解比值定义法

纵览密度概念的起、承、转、合四个教学逻辑环节可以看出,物理教学对逻辑性有着特殊的要求,只有厘清比值定义与密度之间的逻辑关系,才能使教学有序深入、渐入佳境,学生的思维发展才找到了有力的、系统化的逻辑通道。与此同时,因为面对初学物理的学生,所以特别需要关注学生的前概念和朴素认识,并由此确立学生的主体地位,进而使物理概念教学达到更理想的境界。

与初中物理"密度"概念相比,高中物理"电势差"概念更为抽象,也是高中物理继"电势能和电势"之后的又一重点和难点。② 由于电势和电势差概念的抽象性,现行人教版教材采取了"静电力做功特点—电势能—电势—电势差"的编写顺序,符合从具体到抽象的认知规律。基于物理概念教学的内在逻辑,"电势差"概念的主要教学脉络如图所示,这一教学脉络体现了一条环环相扣、一脉相承的逻辑路线。按照这种结构去组织教学,每一步推导都契合了学生的认知水平,为学生全面理解电势差设计了扎实有效的途径。更为重要的是,这一逻辑路线在呈现电势差概念教学过程的同时,还力求与学生的认知水平相符合,贯穿了演绎推理这一重要的科学方法。通过教学,学生既理解电势差的物理意义(描述电场能的性质的物理量),又获得了概念的两种定义方式:$U_{AB}=\varphi_A-\varphi_B$ 和 $U_{AB}=\dfrac{W_{AB}}{q}$,并且知道了这两种定义方式并不独立,而是可以互相推导得出的。

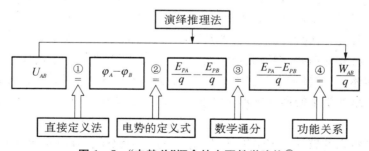

图1-5　"电势差"概念的主要教学脉络③

① 邢红军,胡扬洋,陈清梅. 密度概念教学的高端备课[J]. 教学月刊(中学版),2013(8).
② 王慧,宁成,邢红军. "电势差"教学的高端备课[J]. 物理教师,2013(7).
③ 我们遵从物理教学的逻辑和学生的认知规律,以显化科学法,注重逻辑思维训练为突破口.

(三)"质点"和"磁场"的概念教学

在深入探讨具体物理概念教学的过程中,多方面、多视角地分析中学生学习物理概念所遭遇的认知障碍有着重要意义。这些障碍有智力的因素,也有非智力的因素,有自身对物理学科没有兴趣的内在因素,也有教师讲授不清、训练手段单一等外在因素。从逻辑的角度看,学生将属性概念错误地理解成实体概念、将辩证逻辑的具体概念简单地理解为形式逻辑的抽象概念等,都不利于学生物理学科思维的培养。① 例如,下面讨论的"质点"和"磁场"的概念教学。

"质点"是中学物理中力学部分一个非常重要的概念。在教材中对质点这个概念是这样阐述的:在研究物体运动时,某些情况下可以不考虑物体的大小和形状,而把物体看作一个有质量的点,这个用来代替物体的有质量的点叫作质点。一个物体能不能看作质点,要看问题的具体情况而定。例如,研究列车在北京和天津之间运行时可以把列车看作质点,而如果研究整个列车通过某一标志所用的时间,显然要考虑列车的长度,这时就不能把列车看作质点了。通常教师都是按照上述这段话来讲述这个概念的,而学生在听到这种表述后,总有一些学生产生这样的疑问:列车一会儿是质点,一会儿又不是质点,那么列车到底是不是质点?进而还会问:哪些物体是质点,哪些物体不是质点? 学生产生这种疑虑的根源在哪里呢? 从逻辑学角度不难得出:学生的学习障碍就是把一个属性概念错误地理解成了实体概念,所以才会问哪些物体是质点,哪些物体不是质点。既然质点是一个属性概念,那么任何一个物体我们都可以说它既是质点,又不是质点,只要满足条件,这种属性就能表现出来,那它就是质点。那么在教学中,教师可以不提逻辑学,但可以说"质点是物体的属性,而不指具体事物",这样的解释学生应该能够认同,可以较好地解决这个学习障碍,并能较好理解点电荷、向心力、即时速度、电场强度、磁感应强度、密度、导体、绝缘体等物理概念。

如果我们用辩证逻辑来研究"质点",它又是一个具体概念。上面曾提到"列车既是质点,又不是质点",说列车是质点是因为列车满足"质点"这个具体概念的一般规律,即在研究列车从北京到天津的运行时间时,由于列车的长度比北京到天津的距离小得多,就可以不考虑列车的长度。当说它不是质点则体现了这个概念的个体性,即在研究列车的启动问题时就不能忽略它的长度,这时列车这个个体的特殊性就显现出来。在教学中,如果教师多用几个这样的事例来反复地强调"物体既是质点,又不是质点",使"是与不是"这一对矛盾辩证地统一在同一个物体上,使得学生在思考问题时,能够从不同角度,不同侧面来看待同一问题,就能潜移默化地培养学生的辩证逻辑思维能力。而这正是我们中学物理教学的一个重要的教学目标。

再如"磁场"概念的教学。中学生学习"磁场"这个物理概念时最先接触的是永久磁铁周围的磁场,教师在这个阶段教给学生的是"永久磁铁周围的磁感线是从 N 极出发指向 S 极"。当学到电流周围的磁场时,学生得到的结论是"电流周围也存在磁场,并且磁感线是闭合的"。磁现象的电本质学完后,学生获得的知识是"磁场是由运动的电荷产生的"。而在电

---

① 戴静岩.中学物理概念教学中的逻辑学问题及教法设计[D].长春:东北师范大学,2004.

磁场理论中又说"变化的电场产生磁场"。这些知识是分时间、分阶段地教授给学生的。在每一个阶段,学生似乎都能接受相应的知识点。但是在讲完电磁场理论后,让学生们阐述一下他们对磁场的认识,结果每个发言的学生都只能答出上述内容的一个或两个方面,并且还是没有逻辑联系的,只是简单地罗列而已。为了解决这一问题,教师在教学中就可以在学生将磁场的相关内容学完后,对"磁场"这个概念进行总结:

首先,磁场是一种客观存在,所以磁场有质量、能量;但是又与实物形态的物质不同,它是看不见、摸不着的一种特殊的物质,而且在同一空间区域可以有几个磁场共同占有。

其次,磁的本源是运动电荷。磁场与电场是统一的电磁场的两个方面,磁场既可以由电流激发,也可以由变化的电场(即位移电流)激发。永久磁铁的磁性本质上是由内部分子电流引起的,所以,其周围的磁场也是由电流产生的。

最后,磁场与电场不同,不论是静磁场还是变化磁场,都是涡旋场,所以其磁力线永远是闭合的,既没有起点,也没有终点。

经过这番归纳和总结,学生对磁场的认识更清晰、更完整、也更全面。在这个过程中,教师根本不用提什么形式逻辑和辩证逻辑,但这种教学方法的调整本身就在培养学生的辩证思维能力。

第二章　物理规律教学研究

物理规律在整个物理学中占有主干地位。学生只有掌握了物理规律,才能根据这些规律去分析和处理千变万化的物理问题。物理规律教学是物理教学的重要组成部分,它不仅要引导学生认识物理规律本身,了解它反映了哪些物理概念之间的联系和制约关系,而且要使学生了解它的研究方法和适用范围。物理规律教学直接影响学生物理学习的质量和进程,因而成为物理教学研究的一个基本问题。

一、物理规律的实质及其要素

为了把握物理规律的本质,我们需要讨论更为一般性的"规则"这一概念。规则是人类思维的基本形式,也是构成人类知识的基本成分。关于规则,加涅认为,规则是支配人的行为并使人能够证明某种关系的内在状态,规则远非只局限于一种言语陈述……规则是使人能够对一类刺激情境做出与一类操作相适应的举动而推论出来的能力。其实,我们也可以从静态与动态层面来理解规则。在静态层面,规则是对概念之间关系的描述性反映(程序性知识习得过程的陈述性表征状态);在动态层面,规则是根据原理、定律、公式等对整类的刺激做出反应(程序性知识习得过程的程序性表征状态,亦即程序性知识习得过程发挥作用的状态)。

(一)物理规律及其表现形式

物理规律是(一般)规则的下位概念,因而也具有规则的基本特点。物理规律是物理学理论体系中最核心的内容。例如,牛顿的三个定律、动能定理、能的转化和守恒定律、动量定理及动量守恒定律等物理规律在整个物理学中占主干地位。

物理规律反映了物理现象、物理过程在一定条件下必然发生、发展和变化的规律,它反映了物质运动变化的各个因素之间的本质联系,揭露了事物本质属性之间的内在联系。[①] 在一定意义上说,物理规律揭示了在一定条件下某些物理量间内在的、必然的联系。物理规律表现为物理定律、定理、原理、法则、公式等各种形式。例如,牛顿第二定律反映了在一定条件(① 宏观物体的低速运动;② 物体的平动;③ 在惯性系中运动)和一定的单位制下,物体的加速度、质量跟所受外力的关系,由公式 $F=ma$ 所表示。

物理定律是物理规律的最基本最直接的表现形式,它们多是建立在大量观察和实验基础上而后进一步经过实践检验而确立的,如焦耳定律、欧姆定律等。物理定律与实验大多有

---

① 阎金铎,田世昆.中学物理教学概论[M].北京:高等教育出版社,1991:200.

直接的联系。与物理定律略有不同,物理定理则是根据一些定律或理论运用数学方法推导出来的,它们的正确性取决于所依据的定律、理论的正确性以及所依据的数学推导过程的正确性,最后也要经过实践检验。如动能定理、动量定理等。有些情况下,物理定律与物理定理的界限并不明显,某些以实验为基础、基于实验数据得到的定律,也可以根据某些物理理论用数学工具推导出来。例如万有引力定律,并不是从实践中总结出来的,而是通过数学推导出来的,由于它的普适性及重要性,也叫作定律。有些物理规律,因其具有普遍性或者是较大范围的适用性而被称为物理原理:例如功的原理、光的可逆原理等,可以作为其他规律的基础,但无法用别的规律去证明,它们常以原理、方程、方程组来命名。还有一些法则和定则,例如力的合成平行四边形法则、安培定则、二力平衡条件、物体浮沉条件、光的直线传播、平面镜成像特点、晶体熔解与凝固的特点等,也都是物理规律的具体表现形式。

为了对物理规律这一"心理建构"有更好的理解,我们必须关注与物理规律相关的情境、意义、表达、要素及历史等五个维度,[①]换言之,也就是从规律的情境维度、规律的逻辑维度、规律的语词维度、规律的系统维度、规律的历史维度等方面全面地把握物理规律。鉴于前文比较详细地讨论了物理概念的情境、意义、语词、系统及历史等五个维度,物理规律的五个维度只是摘其要点加以阐释。

(二)物理规律的认识维度

物理规律的情境维度不仅涉及物理规律的具体背景及其建立的事实基础,也涉及物理规律的具体例证(正例、反例及特例)及其建立的必要性。物理规律的逻辑维度是最为重要的维度,不仅关涉物理规律的内涵与意义,亦即物理规律本身所表达的物质运动变化的各个因素之间的本质联系,而且包括物理规律的适用条件。物理规律的语词维度既指一般的文字描述,也指数学语言的公式表达。物理规律的系统维度丰富了我们对于物理规律内在意义的理解,它涉及物理规律的构成要素及其相互关系、物理规律的发现方法、物理规律的特征属性、物理规律与其他物理规律之间的相互关系等。与物理概念的历史维度一样,物理规律的历史维度也含有人类对这一问题的认识历程,也包括个体对这一问题的前概念。

就物理规律的系统维度而言,有必要专门讨论物理概念和物理规律的相互关系。一方面,物理概念是物理规律的构成要素和基础,物理规律往往是相关物理概念之间的必然关系的揭示;另一方面,也可以在一定程度上说,物理规律是物理概念的进一步发展和展开,甚至可以说,一个定义概念就是一个把对象和事件加以分类的规则。从这一层面来说,概念也可以看作是规则的特例或者说是特殊应用。

在物理规律的具体类型上,也可以根据物理规律的得出过程将其分为实验规律、理想规律和理论规律。实验规律是从对事物、现象的多次观察、实验出发,在取得大量资料的基础上进行归纳得到的,例如光的反射定律、欧姆定律等;理想规律虽然不能直接用实验来证明,但具有足够数量的经验事实,是把这些经验事实进行整理分析,去掉非主要因素,抓住主要因素,推理到理想情况下总结出来的物理规律,例如牛顿第一定律;理论规律则是以已知的

①　事实上,物理规律的维度分析与"规则的范畴"的讨论相近.参见卢家楣.学习心理与教学:理论与实践[M].上海教育出版社,2009:81－82.

事实或物理理论为根据,通过演绎、推理得到在一定范围内有关物理量之间的函数关系或新的论断,例如动能定理、动量定理等。

物理概念有其建构的方法,物理规律也有一个发现方法的问题(这与物理规律的习得方法是两个不同的概念,二者有交集,但是二者又有不同)。总体上,物理规律主要是运用实验归纳法和理论分析法,或者把两种方法有机地结合起来。实验归纳法可以是对实验的分析归纳,即由日常经验或物理现象的分析归纳得出结论,多用于定性结论,例如影响蒸发快慢的因素分析;也可以是对实验数据的数学处理,即由大量的实验数据经归纳和必要的数据处理得到定量实验定律,例如光的反射定律;或者是采用控制变量法,依次研究两个物理量的关系,然后加以综合得出几个物理量的关系。例如欧姆定律、焦耳定律的研究等。理论推导法既可以是先定性后定量的分析,即先从实验现象或对实例的分析中得出定性的结论再进一步推导得出定量结论,例如研究液体内部的压强、并联电路电阻的研究;或者是用理想实验的方法,即在观察实验或事实的基础上进行推理、提出假说,然后再运用实验或理论加以检验,修正假说,得出科学的结论,例如牛顿第一定律的建立。

物理规律的系统维度当然还包括物理规律的要素及其结构所决定的自身特点。[①] 物理规律反映的是概念物理量之间的必然联系,因此,任何一个规律,都是由概念组成的,而概念可以用数学和测量表示,物理规律在表述这些概念之间的关系时,可以用语言逻辑表述,也可以用数学表达出来。其次,物理规律是观察、实验、思维、想象和数学推理相结合的产物,亦即任何物理规律只能被"发现"而不能被"创生",而"发现"的过程必然与人们认识物理世界的途径有关,即都与观察、实验、抽象思维、数学推理等有着密不可分的联系;最后,物理规律具有近似性和局限性,这不仅源于物理学所研究的对象与物理过程往往不是处于自然状态的实际客体和实际现象,而是经过科学抽象方法适当简化之后建立的理想模型和理想过程,更是源于物理学是实验科学,在观察和实验中,限于当时仪器的精密程度、操作技术的准确程度,从而不可避免地出现测量误差,因此反映各物理量之间关系的物理规律,只能在一定范围内足够真实,但又近似地反映客观世界,加之规律是在一定范围内发现的或在一定条件下推理得到的,并只在有限的领域内检验,故规律还具有局限性。也就是说,物理规律总有它的适用和适用条件。这些特性,也决定了物理规律的学习与教学表现出一定的特殊性。

二、物理规律学习的内在机制

规则是办事的法则或原则,在教学活动中,规则学习的意义主要体现在两个方面。首先,学会一个规则,也就是学会按照规则内容做出合理行为的过程。受规则控制的行为与一般较简单的动作的区别,表现为学习者能用一类动作来反映一类刺激物的任何情境,也就是说,规则能使个人具有一类动作对一类刺激情境做出反应的推断能力。其次,规则的学习有助于促进个体认知策略的形成,因为认知策略是个体认识事物、解决问题时所采取的方法、技能,而方法和技能的掌握离不开知识技能的掌握,知识技能则是由多等级多层次的规则系统组成的,所以,个体每学会一个规则,就增加了个人的智力技能和智慧力量,这些学会的规

① 阎金铎,田世昆.中学物理教学概论[M].北京:高等教育出版社,1991:201-203.

则也就越来越具有综合的可利用性。[①] 与一般规则的学习相同,物理规律的学习对于学生发展也具有同样的教育价值,不仅可以使学生获得利用具体规则解决实际问题的行事能力,同时具有增长学生智慧力量的意义。

(一)知识分类学习阶段与模型

为了理解物理规律的内在学习过程,可以参考皮连生的知识分类学习理论所提出的知识学习的阶段与分类模型(图 2-1)。[②] 在这一模型中,知识学习可以分为三个阶段。第一阶段,新的信息进入原有命题知识网络,从而达到理解。三类知识都必须经过这一学习阶段。在新知识学习进入后期,知识一分为二,一部分继续以命题网络的形式通过复习,得到巩固;一部分(主要是概念和规则)经变式练习,转化为程序性知识。在知识应用阶段,知识一分为三:陈述性知识被提取出来,回答是什么的问题,其输入与输出相同;运用习得的规则对外办事,输入与输出的不同;应用规则对内调控,提高自己认知加工的效果。

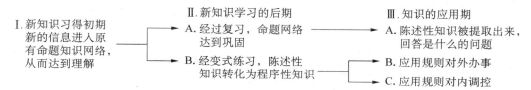

图 2-1 知识学习的阶段与分类模型

程序性知识(物理规律等)是由陈述性知识经过知识的编辑转化而来的。知识编辑就是将以命题网络表征的陈述性知识经过合成与程序化两个子过程转变成以产生式表征的程序性知识的过程。所谓合成指的是个别的产生式就被依次组合起来,其中一个产生式的激活,就会引起下一个产生式的激活,如此进行下去便会形成一个前后连贯的程序;所谓程序化指的是在执行程序时逐渐摆脱对陈述性知识提示的依赖。一旦程序性知识的习得达到这一阶段,在执行过程中就不需要停下来思考下一步该怎样做。整个产生式系统在执行时就会形成一个连贯流畅又不需要过多意识关注的程序,这就是技能的学习达到了自动化或熟练的程度。

教学实践中,学生的学习过程还包括学生的注意与预期、激活原有知识和选择性知觉等具体活动环节,教师可以据此展开进一步的教学。从图中可以看出,知识的学习由注意与预期开始,并由预期而激活原有知识。在原有知识的指导下,学习者有选择地知觉所接触到的新信息,新信息暂时贮存于短时记忆中,并得到进一步加工,要么它自身组合成大的组块,要么它与原有知识建立各种联系形成命题网络。随后知识开始出现分化,一部分知识通过复习达到巩固和清晰,使知识结构得以重建和改组,为日后提取之用。这部分知识仍然是陈述性的。另一部分以概念和概括性命题形式出现的知识经过变式条件下的练习、反馈和纠正,转化为"如果—则"产生式系统以表征和贮存的办事的技能。这部分知识就是程序性知识。

---

① 卢家楣. 学习心理与教学:理论与实践[M]. 上海:上海教育出版社,2009:94.
② 皮连生. 智育概论:一种新的智育论的探索[J]. 华东师范大学学报(教育科学版).1994(4).

知识学习的完整过程还包括它的应用阶段。

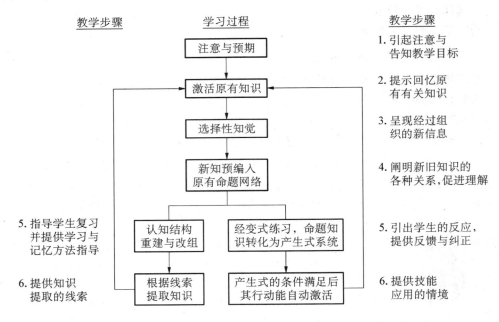

图 2-2　知识与技能教学的一般模型①

（二）物理规律的学习过程

物理规律是一般规则的具体例子,物理规律的学习过程或者阶段也遵循一般规则的习得过程规律。由于规则是由概念组成的,规则反映了概念之间的相互关系,所以,习得规则必须首先习得或复习构成规则的概念;其次,需要习得描述若干概念间关系的原理;最后,通过变式练习,原理转化为规则。② 这里的变式练习与概念学习的变式练习,性质是一样的,不过,概念学习的变式练习是概念例证的变化,规则学习的变式练习是规则应用情境的变化。也有学者认为,规则的学习需要增加规则的证明阶段,并把规则学习分为三个主要阶段:① 掌握规则的言语信息阶段(知道规则是什么);② 规则证明阶段(知道规则为什么);③ 规则的初步应用阶段(知道规则怎么用)。③ 如果从规则的具体构成和教学实践来看,习得或复习构成规则的概念可以是显性的,也可以是隐性的,但无论如何不能缺少,它是规则学习的必要环节;而增加一个规则应用的自动化阶段(规则应用的默会化阶段),它对于规则的习得来说可能并非必需,但是对于规则的熟练应用,这一阶段也必不可少。基于这一分析,我们可以得出物理规律学习的一般过程:① 习得或复习构成物理规律的物理概念;② 掌握物理规律的言语信息阶段(知道物理规律的物理意义);③ 物理规律的发现与证明阶段(知道物理规律是如何得来的);④ 物理规律的初步应用阶段(初步知道物理规律怎么用)。⑤ 物理

① http://blog. sina. com. cn/s/blog_c26865950102veju. html.
② 陈刚. 自然学科学习与教学设计[M]. 上海:上海教育出版社,2005:139-140.
③ 卢家楣. 学习心理与教学:理论与实践[M]. 上海:上海教育出版社,2009:82-83.

规律应用的自动化阶段(物理规律应用的默会化阶段)。其中,步骤②与步骤③在教学先后次序上可以根据实际情况变化和调整,但不能不强调对于学生学习和发展有重要价值的物理规律发现过程的教学。

物理规律的习得与掌握不仅意味着学习者能对物理规律做出言语陈述,而且意味着学习者还能调节个体的行为表现,形成一种按照物理规律行事(解决物理问题)的能力。如果从知识分类的视角看,物理规律的学习本质上是一种程序性知识的学习,因此,物理规律的学习也必然呈现为两个主要阶段:程序性知识的陈述性知识表征阶段和程序性知识的"如果-则"操作化实施阶段。当然,在实践中还需要相应增加程序性知识相关概念的习得或复习阶段、程序性知识的发现或建构阶段、程序性知识的熟练应用自动化阶段等。

物理规律的学习以相关物理概念的习得为基础,物理规律的学习同时也深化了相关物理概念的理解,这正如程序性知识的学习与陈述性知识的学习相互关系一样。换言之,陈述性知识与程序性知识是相互作用的,一方面需要坚持程序性知识是陈述性知识经由变式练习转化而来的观点,另一方面也要承认运用程序性知识可以获得一定的陈述性知识。例如,学生初步掌握了读、写、算的基本技能有助于他们掌握大量的地理、历史方面的陈述性知识。

在物理规律的具体学习形式上,我们同样可以借鉴一般规则的学习形式:例—规法以及规—例法。[①] 在规则学习中,例—规法是教师先呈现规则的例子,然后引导学生发现和概括出规则的一种学习形式;与例—规法不同,规—例法则是指把要学习的规则(例如物理规律)直接以结论的形式呈现给学习者,学生利用头脑中已有的知识理解规则的意义,然后用例子对其加以说明的学习方式。两种规则学习方式各有其优势与不足,并且有各自的最佳适用条件。物理规律的学习也存在例—规法和规—例法这两种不同的学习形式,换言之,物理规律学习过程中"物理规律的发现与证明阶段(知道物理规律是如何得来的)"也有两种基本的思维方式——归纳思维和演绎思维。但是,就中学物理教学而言,物理规律的习得过程更多的是采用例—规法,亦即通过科学探究学习以发现和确认物理规律。在这一学习过程中,学生经历了"提出问题—做出假设和猜想—设计实验—收集数据—得出结论—表达交流—归纳总结"的科学探究活动,不仅明晰了物理规律的发现和建构历程,而且体验了科学探究方法与实验技能,同时也养育了科学精神和人文精神。

规则是行为单位的基础,行为都要通过规则来表示。个体一旦获得某个规则,就尽可能地将它应用于所有的解题中,直到不能解决问题之前,才试着采用新的规则。人们在归类过程中首先选择的是规则策略,只有当潜在的规则难以掌握的时候,才转而采用样例策略。[②] 然而,规则的学习也受到学习者内、外条件的制约。[③] 就学习者个人而言,对规则相关概念的学习和理解、学习者个体的认知发展水平、学习者的语言表达能力、学习者的自我监控能力,都在一定程度上影响规则的学习(亦即构成了规则学习的内部条件);就学习者外部环境而

---

① 卢家楣. 学习心理与教学:理论与实践[M]. 上海:上海教育出版社,2009:86-87.
② 卢家楣. 学习心理与教学:理论与实践[M]. 上海:上海教育出版社,2009:83.
③ 卢家楣. 学习心理与教学:理论与实践[M]. 上海:上海教育出版社,2009:84-86.

言,在学习结束时所期望的动作的一般性的陈述、引起学习者对组成规则的那些概念的回忆、给整体的规则提供一些言语的提示、向学习者提出用以说明这个规则的言语问题并要求学习者用正确的词语回答、当规则得到完全的说明时就要提供强化,也有助于规则的习得和熟练(亦即构成了规则学习的外部条件)。基于这一分析框架,我们也不难发现物理规律学习的内部条件和外部条件,这一任务留给读者去完成和创造。

学生学习物理规律的认知障碍也是物理规律学习内在机制研究不允回避的问题。传统观点认为,学生在学习物理规律时主要有感性知识不足、日常生活中形成的错误观点干扰、思维定式带来的负迁移、不会用规律分析解决实际问题等几个方面的问题。基于当代认知科学的研究成果,以及物理学"以实验和科学思维相结合、严密理论、精确定量、并带有方法论性质"的学科特色,学生学习物理规律的认知障碍又表现出新的特点,例如学生的物理建模能力相对薄弱,对物理学习的元认知监控能力不强、认知策略迁移能力不够等,[①]这些问题需要人们给予更多的关注。

三、物理规律教学的有效策略

学生学习物理规律首先要在具体感知的基础上,通过抽象概括得出结论,然后将得出的结论运用于实际,使知识从弄懂到会用。物理规律教学过程就是帮助学生完成上述认识的过程,并大体上经过提出问题、探索规律、理解规律、运用规律和总结提升几个阶段。因此,物理教师也就需要在上述方面着力。

(一) 创设便于发现物理规律的教学情境

物理规律教学经常用到探究教学的方法,而探究教学是以发现问题、提出假设、设计实验、收集数据、分析数据、得出结论、发表交流来组织教学,围绕问题解决,实现学生的主动探究。为此,创设便于发现问题进而探究、发现物理规律的教学情境,[②]不仅能引起学生的注意,为新课的学习铺垫,更有利于学生进一步探索物理规律。

在中学物理教学实践中,创设便于发现问题而探究、发现物理规律的教学情境方法多种多样,最常用的方法是联系学生生活中最熟悉的物理现象或借助于演示实验,也可让学生亲自做实验等,用物理学领域的知识、实验对于学生的新奇感来引起学生的注意和疑问。例如,在光的折射教学中,学生原有的认识是"光在均匀介质中沿直线传播",新知识是"光线在两种媒质的界面处传播方向将改变"。折射现象是光的直线传播知识所解决不了的,给学生造成了一种表面上的矛盾,进而为教学制造了一种悬念。教学设计时可以利用这样一个表面矛盾的现象,制造认知冲突,引导学生找到条件。例如,引起冲突的"光的折射"情境设计:

实验装置:一个玻璃槽中装水,水中插上一个塑料泡沫片,在塑料泡沫片上粘贴一条用塑料纸剪成的鱼,让几个学生各用一根钢丝猛刺水中的鱼。(说明:由于学生总认为眼睛所看到的鱼的位置和实际一样,在这样错误的前科学概念的影响下,自然出现在日常生活实践

---

① 黄华玲,郑俊.物理学习认知障碍行为表现及纠正[J].湖北第二师范学院学报,2008(2).
② 卢家楣.学习心理与教学:理论与实践[M].上海:上海教育出版社,2009:95-99.

中对一些自然现象凭自己的经验或直觉形成错误的判断。)

教师把泡沫片从水中提起来,发现三根钢丝都落在鱼的上方。

如果不把鱼放在水里,而是放在空的玻璃槽中,再试试,能准确地扎到鱼吗?

学生活动。三根钢丝准确地落在鱼的位置上。

由于学生总认为眼睛所看到的鱼的位置和实际一样,在这样错误的前科学概念的影响下,形成事实与经验的冲突。这就为接下来用实验研究光的折射结论创造了良好的认知起点。

物理学中好多知识都是相互联系、互为因果的,教师通过引导学生追根溯源,让学生主动发现问题,解决问题。例如,在惯性概念教学环节中,原有的生活经验是对运动物体具有惯性的概念比较熟悉,而对静止物体是否具有惯性及静止也是物体的一种运动状态并不清楚。教师通过引导让学生演绎推理,主动发现问题,解决问题。

案例:利用"运动的物体总要保持其运动"演绎推理出"静止的物体总要保持其静止"的推论,并用实验来验证。

(演示小车实验)提出问题1:运动的汽车急刹车时,为什么车上的人会向前"冲去"?(引出惯性这个概念,尽管认识不够科学、全面)

问题2:你能举出生活中类似的例子吗?(引导学生寻找生活经验,归类,进一步强化运动物体具有的惯性这一概念)

问题3:静止的物体有惯性吗?依据你对惯性的理解,用什么事实现象说明"有"或"没有"?("有"或"没有"问题的提出是提醒学生再清晰化对惯性的认识,静止物体惯性的提出是学生生活经验中匮乏的,由教师补充)

演示从火柴盒下和从玻璃杯下抽出纸条的实验。

再讨论问题3。

结论:"物体保持运动状态不变的性质叫惯性。"(强调运动与静止都是物体的运动状态)

在信息时代的今天,由于多媒体技术和科学技术的飞速发展,多媒体教学已成为教学领域的热点,多媒体网络教学以其先进的技术,强大的功能,代表了现代教育教学技术的发展方向,在教学中也将会得到迅速开发和利用。在课堂上利用多媒体计算机能够实现问题从抽象到具体的转变。应用多媒体计算机动画模拟点的绝对运动、相对运动以及相对动参考系的运动,使这些难以分清的复杂运动形式能非常形象地呈现在学生面前。利用多媒体计算机的动态模拟功能,由表及里,揭示物理现象的本质。此外,在物理教学中适当地运用物理史话,不仅能使学生增长见识,而且能培养学生的综合素质,增强学生对物理的理解能力。无论应用哪一种方法,本质上都是为了让学生产生认知的不平衡,以形成科学探究的问题的意识,为发现物理规律找到思考的方向。

(二)帮助学生用科学方法探索物理规律

在物理规律教学中,教师应让学生了解建立这个规律的发现过程,引导和帮助学生进行思维加工,发现物理规律,并知道这个物理规律所起的作用,从而使自己的学习更有目的性。在中学阶段,探索并建立物理规律主要运用实验归纳法和理论分析法来进行。

中学物理实验规律的发现教学中,通常使用以下三种实验方法进行教学,即实验探究法、验证实验法以及演示实验法。实验探究法是根据某些物理规律的特点设计实验,让学生通过实验进行探究,总结有关的物理规律。这种方法不但能使学生将实验总结出来的规律深刻理解,牢固记忆,而且还能充分调动学生学习的主动性。更重要的是,通过这种方法可使学生掌握研究物理问题的基本方法;验证实验法是采用证明规律的方法进行教学,从而使学生理解和掌握物理规律。具体实验时,可先由教师和学生一起提出问题,再将物理规律直接告诉学生,然后教师指导学生并和学生一起通过观察分析有关现象和实验结论,验证物理规律;演示实验法就是教师通过精心设计的演示实验,引导学生观察。根据实验现象,师生共同分析归纳,总结出有关的物理规律。这种实验要求老师事先要精心准备实验,确保实验现象明显。

理想规律的教学是在物理事实的基础上,通过合理推理至理想情况,从而总结出物理规律。在物理教学中应注意使用"合理推理法"。例如,在牛顿第一定律的教学中,要引导学生通过在不同表面上做小车沿斜面下滑的实验,让学生发现"平面越光滑,摩擦阻力越小,小车滑得越远。"接着,教师顺水推舟,让学生想象出"如果推理得到平面光滑、没有摩擦阻力的情况下,小车则将永远运动下去,且速度保持不变,做匀速直线运动"的结论,从而总结出牛顿第一定律。

理论规律是指由已知的物理规律经过推导,得出的新的物理规律。因此,在理论规律教学中应采用常用的理论推导法和数学表达式法教学。例如,闭合电路欧姆定律涉及内阻和内压,而内阻和内压学生无法用仪器直接测量,所以教材安排学生通过理论探究闭合电路欧姆定律。理论推导过程中需要指导学生运用科学思维方法进行严密的数学推导。理论推导过程一般包括:建立模型—明确变量—依据相关规律进行数学推导。

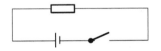

(1) 外电路为纯电阻电路,讨论回路电流与外电阻关系。
依据能量守恒:$Eq = EIt = I^2Rt + I^2rt \longrightarrow E = I(R+r)$

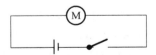

(2) 外电路为非纯电阻电路,讨论路端电压与回路电流关系
依据能量守恒:$Eq = EIt = IUt + I^2rt \longrightarrow E = U + Ir$
指导后交流,对比教材形成规律的表达式

图 2-3　闭合电路欧姆定律的理论探究

实验归纳得出的物理规律,教学时侧重于知识的探究过程;基于事实、经验、假设、尝试性验证得出的物理规律,教学时注重的是理想化模型(状态模型、过程模型等)的推导;理论推导得出的物理规律,教学时注重的是数学和逻辑推导。教师还可以通过各种生动形象的

事例、图片、演示实验以唤起学生已有的感性认识,教学重点在于解释概念、论证原理、阐明规律,系统地讲解物理知识,揭示事物的矛盾,讲解问题的关键,为学生创设信息加工的外部条件,以增进学生的理解和记忆。例:分子动理论的教学,既需要实验的证据(布朗运动、扩散现象、分子力演示及油膜实验介绍),更需要学生理性的思考。

(三)促进学生对物理规律的深入理解

物理规律反映了物理现象、物理过程在一定条件下必然发生、发展和变化的规律,它反映了物质运动变化的各个因素之间的本质联系。因此,对不同表述形式的物理规律,都要引导学生进行讨论,使学生真正理解它的物理意义。[①] 这是物理规律教学的核心内容。

对于文字语言表述的物理规律,不仅要对规律建立的事实基础进行分析和研究,更重要的是对文字表述的本质有一定认识,弄清文字表述中关键词语的含义。例如,在惯性定律"一切物体在没有受到外力作用的时候,总保持匀速直线运动状态或静止状态"中,关键词语"总保持"即"和原来一样"、"或"的含义不是"和"而是"非此即彼"的意思。再如,物体所受静摩擦力的方向与物体的相对运动趋势的方向相反。这里的"相对运动趋势"中的"相对"二字就十分重要。否则,学生会得出传送带上传送的物体所受的静摩擦力与物体运动方向不一致的错误结论。对于数学公式表述的物理规律,不仅要让学生了解它是怎样建立起来,更要理解公式所表示的物理意义。例如,欧姆定律 $I = U/R$ 的教学,首先应知道公式是怎样建立起来的,然后知道公式中各字母代表的物理量,特别是公式的物理意义:反映的是导体中流过的电流 I 与导体两端电压 U 之间存在的关系,其中 U 是条件,R 是属性,I 是结果。数学公式表述的物理规律教学还要注意物理量的单位,因为物理量都有单位和物理意义,不同的单位对应不同的数量。教师要在教学中强调它的重要性,让学生养成将物理量中数量与单位作为一个整体来处理的习惯。

由于物理规律都是在一定的使用条件下、一定范围内总结出来的,因此,如果不考虑公式的适用范围而胡乱套用,就会导致错误。例如,欧姆定律适用于金属导体,不适用于高压导电液体、高压导电气体、含电源电路、有非电阻元件的电路等。再如密度公式 $\rho = m/V$,由于同一物质的密度是不变的,因而对同一物质而言,不能直接套公式就得出密度跟质量成正比、跟体积成反比的结论,只能说均匀物体的质量与体积成正比。

教学实践中,促进学生对物理规律的深入理解有很多具体的方法。例如,在闭合电路欧姆定律理解教学中,教材中关于闭合电路欧姆定律理解主要是对规律表达式的理解,要真正理解闭合电路欧姆定律,还需要教师引导学生从物理规律的多样化表述、回归实验情境、抓住关键词语、应用反例教学等来加深对闭合电路欧姆定律的本质意义理解。

*物理规律的多样化表述策略。*闭合电路欧姆定律可以用文字语言、数学语言和图像语言来表述。综合运用这三种语言表述帮助学生全面理解闭合电路欧姆定律。语言表述:闭合电路的电流跟电源的电动势成正比,跟内、外电路的电阻之和成反比;公式表述:$E = IR + Ir$ 或 $E = U + Ir$;图像描述,如图 1:

---

① 阎金铎,田世昆.中学物理教学概论[M].北京:高等教育出版社,1991:215 - 217.

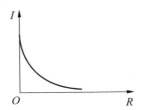 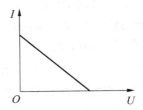

图 1 闭合电路欧姆定律的图像表达

教学中要指导学生用不同方式表述物理规律,为进一步理解规律打好基础。

回归实验情境促进学生理解的策略。闭合电路欧姆定律讨论对象是整个闭合回路,相比于部分电路欧姆定律在实际生活中应用更为广泛,意义更为深远。教学中可以引导学生回归到上课开始接触到的一些情境,并组织学生用闭合电路欧姆定律解释这些现象发生的原因。例如:解释室内使用大功率的电器时照明灯会变暗,电动车在启动时前大灯亮度比正常行驶时要暗,电池工作时间长了会有明显的发热现象等。

抓住关键词语掌握物理规律本质的策略。从表达式 $I=E/(R+r)$ 理解闭合电路欧姆定律时注意与部分电路欧姆定律的区别。闭合电路的电流跟电源的电动势成正比,而部分电路的电流跟导体两端电压成正比;闭合电路的电流跟内、外电路的电阻之和成反比。跟内、外电路的电阻之和成反比,部分电路的电流跟导体电阻成反比。显然闭合电路欧姆定律揭示的是整个回路的规律,"电源的电动势"、"内、外电路的电阻之和"是理解规律的关键。从表达式 $E=U+Ir$ 看需要学生从能量和回路电势变化角度真正理解电源电动势 E 和内压 Ir、外压 U 的关系。

应用反例法教学理解规律适用范围的策略。闭合电路欧姆定律可以用 $E=IR+Ir$ 或 $E=U+Ir$ 来表示,但教材中是通过纯电阻电路推导出来的。学生在理解和选择公式时很容易出现乱套公式的现象,因此教学过程中可以应用反例,[①]亦即穿插一些反例来说明 $E=IR+Ir$ 和 $E=U+Ir$ 区别和联系。

(四) 引导学生运用规律解决物理问题

学习物理规律的目的在于运用规律。在物理规律教学过程中,典型例题选讲和习题练习必不可少,它有助于学生进一步深刻理解规律,并且还能训练学生运用知识解决实际问题的能力。为此,首先要用典型的问题通过教师示范和师生共同讨论,深化、活化学生对物理规律的理解,逐渐领会分析、处理和解决问题的思路和方法;二是要精选练习题,使练习题具有明确的目的性、针对性、典型性、代表性、启发性和灵活性,组织学生进行运用规律的练习;三是鼓励学生运用学过的规律独立地进行观察和实验,自己动手、动脑进行小设计和小制作,创造性地解决一些简单的实际问题;四是要帮助和引导学生在练习的基础上逐步总结出一些带有规律性的思路和方法,逐步提高各种思维品质的水平。

---

① 陈刚. 自然学科学习与教学设计[M]. 上海:上海教育出版社,2005:140-144.

　　需要指出的是,物理规律教学一般具有阶段性,有一个逐步深化和提高的过程,某一阶段只要求学生掌握到一定的程度,对较难的习题要进行适当的拆分,以降低理解的难度,让学生在成功的愉悦中轻松学习。因此,教学中要根据学生具体的学习阶段,对学生提出适度的要求,切不可随意对知识加深和扩展,从而使学生难以理解和掌握,最终严重挫伤学生学习的积极性。再者,教师要注意使布置给学生的习题少而精,不搞题海战术,防止练习过程中让学生进行大量没有必要的重复练习。

　　例如,在闭合电路欧姆定律理解教学中,一方面,教材中应用闭合电路欧姆定律定性分析路端电压随负载变化关系给出的电路较为简单,也只要求分析路端电压变化情况,可是实际上学生遇到的问题经常是电路动态变化问题,涉及的电路较复杂,分析的变量也不仅仅是路端电压,因此教学过程中做好典型问题课堂示范同时指导学生总结方法;另一方面,教材中给出简单的定量计算问题,该例题既是规律应用的示范,又是实验测量电源电动势和内阻的理论准备,但是,实际上闭合电路欧姆定律应用涉及的问题较多,例如含容电路的分析、电源输出功率问题、设计多种方案测量电源电动势和内阻的方案等,而这些问题需要教师在接下来的训练中拓展和延伸,组织变式练习,高效训练提高学生解决问题的能力。为此,结合闭合电路欧姆定律的应用可以提出以下实施方案:

　　1. **典型问题课堂示范**

　　闭合电路欧姆定律的应用十分广泛,除了可以用来求解闭合电路的基本问题外,还涉及几个重要关系的讨论:电流与外电阻的关系、外压与外电阻的关系、输出功率与外电阻的关系等。本案教材问题处理的基础上以电路动态分析为例简述规律应用课堂示范。

　　电路动态分析是闭合电路欧姆定律应用常见的一类题型,应用时教师帮助学生厘清思路。通常我们可以利用流程图,从变化原因分析,直到变化结果,应用闭合电路欧姆定律联系原因和结果。

　　【例题1】如图电路,若滑动变阻器滑片向左移动试讨论 R_1 中电流如何变化?

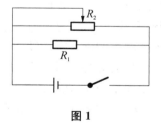

图1

R_2 增大—I 减小—内压减小—外压增大—R_1 电压增大—R_1 中电流增大

　　师生互动总结分析这类问题的一般思路并以流程图的形式展示:

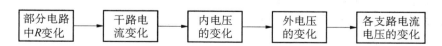

图2　闭合电路欧姆定律应用的动态分析

2. 变式练习的高效训练

高中阶段关于闭合电路欧姆定律应用问题类型很多,训练过程中不能盲目,注意分类、分阶段、分层次训练。另外要注重变式训练、发散思维训练,提高学生知识迁移、综合分析问题的能力。

【例题 2】 如图电路,电源电动势式 $E=6$ 伏,内阻 $r=2$ 欧,$R_1=1$ 欧,若滑动变阻器最大阻值 $R_2=10$ 欧,U、$U_内$、U_1、U_2 分别表示路端电压、内压、R_1、R_2 的电压,I 表示电流。

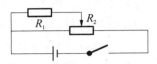

图 3　闭合电路欧姆定律
应用的变式练习

试讨论:滑动变阻器滑片从左向右移动时

(1) U、$U_内$、U_1、U_2、I 如何变化?

(2) $\Delta U/\Delta I$、$\Delta U_内/\Delta I$、$\Delta U_1/\Delta I$、$\Delta U_2/\Delta I$ 如何变化?

(3) 电源输出最大功率是多少?

(4) R_1、R_2 消耗的最大功率多少?

3. 将闭合电路欧姆定律应用到实际中

闭合电路欧姆定律的在实践或实验应用十分广泛。最典型的是应用闭合电路欧姆定律测一个未知电源的电动势和内阻。我们可以组织一次课外实践活动让学生分组运用不同的仪器和方法来测量。

第一组:提供电流表、电压表、滑动变阻器、未知电源、导线开关。

第二组:提供电流表、电阻箱、未知电源、导线开关。

第三组:提供电压表、电阻箱、未知电源、导线开关。

通过分组实验巩固闭合电路欧姆定律的同时激发学生学习物理规律的兴趣和主动性,提高学生的动手、动脑能力和灵活应用知识解决问题的能力。

(五)厘清物理规律与相关物理规律的联系

学生对某一物理规律的掌握,不能只停留在这一物理规律本身和其零星的运用上,而应将这一物理规律纳入已有的知识结构中去,这样才能说是对物理规律的全面掌握。[①] 所以说,对物理规律的整理是必不可少的教学阶段。在此阶段的教学要求有:一是教师做好整理示范,并长期坚持,教给学生知识整理的方法;二是要重视学生的整理,在教师指导下实现知识的系统化;三是要教给学生运用整理提纲进行结构性回忆的复习方法,让他们尝到整理知识的好处。单元知识结构的概括和总结,是厘清物理规律与相关物理概念和规律联系的常用方法。当然,跨单元的知识联系规律更有助于厘清物理规律与相关物理概念和规律的联系。例如,力的瞬时作用效果:$F=ma$;而力的作用对时间累积效果:$Ft=\Delta P$;力的作用对空间累积效果:$W=\Delta E_k$。再如:

功能关系:功是能力转化量度。

① 量度重力势能变化:$W_G=\Delta E_P$

② 量度弹性势能变化:$W_弹=-\Delta E_P$

---

① 阎金铎,田世昆. 中学物理教学概论[M]. 北京:高等教育出版社,1991:204-212.

③ 量度分子势能变化：$W_{分子} = -\Delta E_P$

④ 量度电势能变化：$W_{电} = -\Delta E_P$

⑤ 量度动能变化：$W_{总} = \Delta E_k$

⑥ 量度机械能变化：$W_{其他} = \Delta E$

前四式把整个中学物理涉及的势能与之对应的功总结到一起，找到了共同规律：某种势能的变化都对应着一种功，都是做正功时势能减少，做负功时势能增加，且所做功与对应势能变化在数值上是相等的。六个式子综合比较，使我们对功和能的关系理解得非常清楚了。

我们还可以在物理问题解决中加深对物理规律的认识，发现问题解决中的规律，并进而厘清物理规律与相关物理规律的联系。例如，加速度 $a = \Delta v/\Delta t$、$F = \Delta P/\Delta t$、$\varepsilon = \Delta\varphi/\Delta t$，加速度、合外力、感应电动势本来是三个不同的物理量，但也有一个共同点，即都对应着一种变化率，即对应变化的快慢，反映到图象上就对应着直线斜率。再看下面三道习题：

【习题1】一辆汽车在发动机的额定功率为 P，行驶中所受阻力恒为 f，求它由静止启动后能达到的最大速度。

【习题2】磁感应强度为 B 的匀强磁场中有一些直平行光滑导轨，串有电阻 R，两轨间距为 l，现有一条质量为 m 电阻不计的导体棒 AB，由静止开始沿导轨滑下，求 AB 棒的最大速度。

【习题3】气缸竖直放置，气缸内活塞面积 $S = 1$ 平方厘米，质量 $m = 200$ 克。缸内气体压强 $P_1 = 2 \times 10$ 帕，温度 $T_1 = 480$ 开，活塞到缸底距离 $H_2 = 12$ 厘米。拔出销钉，活塞向上无摩擦滑动，当它达到最大速度时缸内气体温度 $T_2 = 300$ 开，求此时活塞到缸底距离。（$P_0 = 1.0 \times 10^5$ 帕）

这三个题目一个是力学题，一个是电学题，一个是热学题。它们有一个共同点，即汽车、AB 棒、活塞都遵守这样同一个运动模式：都由静止开始做加速度减小的加速运动，当 $a = 0$ 时速度 v 达到最大。搞清这一物理情境正是解答这三个题的关键。

四、物理规律教学的实例分析

物理规律反映的是物理概念之间的联系，从这个意义说来，物理规律是压缩了的物理知识链——物理概念链。在物理教学实践中，教师要做的首要工作并不是直接把前人获得的结论直接告诉给学生，让学生尽快地占有它们，而是要引导学生积极参与物理规律的发现和推理过程，使探索真正成为物理规律教学的生命线。

（一）基于物理规律学习机制开展教学

事实上，学生学习物理时的认知活动与科学家研究物理的活动有着很多相同点，从教育与教学的角度，物理规律教学需要将科学家的原发现过程进行必要的剪辑和编制，把学生带至问题开始的地方，使教学过程真正成为学生主动参与的"再发现"和"准研究"过程。

基于人的认知过程的分析，并借助于流程图的方式，物理规律的一般教学过程可以大致描述如下：

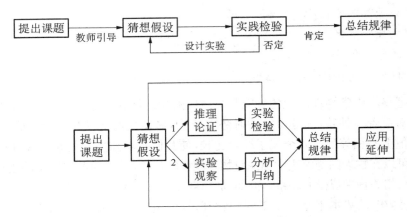

图 2-4 物理规律教学模式①

上图中两种物理规律教学流程是有机联系的,图的上部是物理规律的新课教学过程,一般到总结出规律为止,而图的下部是物理规律完整习得的教学过程,它的教学时间可能超出1课时。这两种教学流程的并存既有利于指导教师进行一节课的教学设计,也有利于教师全面认识物理规律的学习全过程。

在物理规律的教学中,物理规律复习教学也起着至关重要的作用。就目前而言,物理规律复习教学主要存在以下问题:一是"灌输式"的复习教学模式,课堂教学中教师讲得多,让学生机械重复地死记硬背概念公式例题,而轻视对知识的归类梳理;二是"题海战"式的复习教学模式,教师让学生大量练习与校对习题、试卷,结果师生辛苦却往往收效甚微;三是"自由式"复习教学模式,整堂课都交给学生,让学生自己提出疑问,自己练习,然而由于缺乏教师的指导,不少学生实质上认识并未深化,复习有效性就大打折扣。为了解决上述问题,切实提高高中物理规律复习教学课的有效性,有研究者结合教育理论与教学实践经验,总结出高中物理规律有效复习五字诀:说、写、用、评、扩。②

第一环节,"说",即在高中物理复习课时,首先要求学生开口陈述物理规律的表达及其对规律的理解。建构主义认为,规律的习得是学习者在与环境交互作用的过程中逐渐自主建构的结果,规律意义的获得,是每个学习者以自己原有的知识经验为基础,对信息重新认识和编码、构建自己理解的过程。因此,给予学生表述自己对规律认识的机会,既是促使学生对过去认识的一个反思和回顾的过程,同时也是一个培养学生语言表达能力和交流能力的过程。在"说"的环节中,教师应当以倾听与鼓励为主,调动学生积极说出自己的理解,并在适当的环节中进行适当的追问,对学生的思维进行引导,诱导学生自己说出对规律正确的认识。

第二环节,"写",即要求学生以书面形式写出物理规律公式和定律的表述以及公式和定理的推导。动手书写的过程,实质上是一个辅助学生思维的过程,能促进学生理性和深层思

① 梁旭. 模式·策略·艺术·观念——吴加澍教育思想研究. 浙江省教育厅教研室(310012). http://wenku. baidu. com/link? url = ba1NBdnz3skcC3kvKk2XJG55t4XGjfgL0EjTVz_ROS-zCq7HA6M0twJ67YX8mxMB2FXtwJHyo36P9yg HGoNC-18C4eKWlAvzO4JfdArUIuO.

② 高中物理规律有效复习教学五字诀初探. http://blog. sina. com. cn/s/blog_7494515f0100oiu9. html.

考,促进学生思维的发展。多元智力理论指出,人的智力是多元的,其中语言表达智力是重要的九种能力之一,当前中学物理教育主要集中于培养学生的逻辑思维能力,"写"的阶段正有助于弥补这一不足。在该阶段,教师在布置了书写任务后巡视课堂,选择性地检查不同层次学生的书写任务,若发现有代表性的错误,应当做全班点评并组织学生进行讨论。代表性的错误既包括物理概念理解方面的偏差、公式和定理推导过程的错误以及书面表达格式的错误,亦包括学生在考试中常见的书写格式错误。

第三环节,"用",即教师呈现若干问题情景,要求学生应用前两阶段所复习的公式定律进行问题解决,在应用的过程中体味公式定律应用的普遍性与特殊性,理解规律的适用范围。新课程改革倡导理论联系实际,通过该阶段可以有意识地培养学生将知识转化为生产力,并引导学生认识到,理论源于生活同时也指导生活。

第四环节,"评",包括自评、互评和师评。其中自评要求学生对规律的应用过程进行反思与总结,促进学生元认知能力的提升。互评则是学生之间互相评价各自在应用物理规律解决问题时方法的恰当性与合理性,促进学生沟通能力的提升,培养合作能力,引导学生学会倾听,学会批判性地接收信息。师评倡导教师以赏识、鼓励为主,根据学生存在的问题提出合理化建议,指出新的或不同的解决问题的方法,同时帮助学生对思维进行归纳、总结和提升。

第五环节,"扩",一般可以包括以下方面:一是比较不同概念与规律的差异,辨析不同规律使用的范围与条件;二是建立合理的知识联系,引导学生建立起合理的知识与方法网络结构,三是进一步巩固知识,拓展思维空间,提升学生对物理知识、方法与物理思想的认识。

上述五个环节——说、写、用、评、扩,从引导学生表述自己的想法入手,经过对物理规律的动手推导和应用过程,在自评、互评和师评的基础上,进一步拓展到更广阔的思维空间,从单纯的物理知识延展到物理思维方法与物理学思想,逐步建立其完善的物理学知识、方法和思想体系。

当然,如果从教育教学的视角看,结合物理规律与其组成要素——物理概念之间的关系,重述加涅根据规则学习的条件所提出的规则学习的六个教学步骤具有一定的参考意义。加涅认为,规则学习的六个教学步骤为:[1]

① 将人们期望学习者在学习结束时获得的动作的形式告诉他,例如"能正确进行四则运算"。

② 用提问的方式,要求学习者重新陈述或回忆已经学会的组成该规则的那些概念。如四则运算规则中会包含加减乘除、混合运算等概念。

③ 用言语提示的方式,引导学习者将组成规则的那些概念,以适当的次序放在一起,以形成一个新的规则。

④ 提出一个问题来要求学习者说明这个规则的一个或几个具体实例,并在他每次做出正确回答时提供反馈。

⑤ 通过一个合适的问题,要求学习者对这个规则做一个言语的陈述。

⑥ 在学过规则一天或几天后,提供一个"间隔"复习的机会,呈现一些新的实例,回忆并说明这个规则,使刚学的规则得以保持。

① 卢家楣. 学习心理与教学:理论和实践[M]. 上海:上海教育出版社,2009:95.

与一般性地把握物理规律的教学策略与教学流程不同,对具体物理规律教学的深入分析或许能促进我们对于物理规律的本质、维度、学习机制的进一步理解。为此,我们就"牛顿第三定律""波的干涉"和"楞次定律"等物理规律的教学进行探讨。

(二)"牛顿第三定律"的教学分析

"牛顿第三定律"是高中物理课程的重要内容,学生在初中已学习过力是物体间的相互作用,到了高中阶段,随着学生认知水平和能力的提高,要从更高、更深、更广阔的自然现象和生活现象入手,引导学生从身边熟悉的自然现象和生活现象,探索和认识物理规律,尽量把认识到的知识和研究方法与生活、生产中的实际事例联系起来,力求取得更普遍、更准确、更深刻的认识。为此,"牛顿第三定律"的教学务必将力的物质性、力的作用的相互性、相互作用力性质的相同性、力的矢量性、力的作用效果的同时性巧妙、连贯地设计在各个教学环节当中。[①]

1. 探究物体间的作用是相互的(略)

2. 探究作用力与反作用力方向的关系(略)

3. 探究作用力与反作用力大小的关系

提出问题2:拔河比赛时,双方拉力的大小有什么关系呢?

猜想与假设:

实验探究3:比较拉力的大小

为了探究双方拉力的大小,可把两队运动员简化为两个人——一个大男生和一个小女生,让他们对拉比力气,并在他们之间加上两个同样的弹簧测力计,如图1(a)所示。

实验分为下列几个步骤:

(1)让小女生"主动"拉大男生;

(2)让大男生"主动"拉小女生;

(3)双方同时施加拉力;

(4)让大男生穿上溜冰鞋站在地板上,小女生站在地板上对拉,如图1(b)所示。

归纳小结:无论是一方"主动"施力,还是双方同时施力,两个弹簧测力计的示数或伸长量总是相同的。因此,在拔河比赛时,双方拉力的大小总是相等的。

【注意】此环节不宜分析拔河比赛胜负的原因(否则会分散该环节的主题),可安排在最后讨论或课后思考。

(a)   (b)

图1 作用力与反作用力

---

① 周长春.凸显从生活走向物理的理念　关注学生能力的提升:关于粤教版"作用力与反作用力"的教学[J].物理通报,2010(9).

提出问题3：一只手浸在盛有水的杯中，杯底受到的压力是否会发生变化？吊扇平稳地转动时对吊钩的拉力大，还是静止不转时，对吊钩的拉力大？

猜想与假设：

实验探究4：探究浮力的反作用力

实验装置如图2所示。圆盘测力计上放有一杯水，弹簧测力计下挂住一个铁球，分别读出两测力计的示数。将小球浸没在水中，弹簧测力计的示数怎样变化？圆盘测力计的示数怎样变化？二者有什么关系？小球在水中所受浮力的大小和方向如何？

图2 小球受到的浮力与杯底受到的压力

弹簧测力计的示数减小，圆盘测力计的示数增大；两者示数的变化量的绝对值相等。这是因为小球在水中受到竖直向上的浮力，浮力的大小在数值上等于弹簧测力计示数的减小量；同时因小球放入水中，杯底受到的压力增大；圆盘测力计示数的增大量，与弹簧测力计示数的减小量，在数值上相等。水对铁球的浮力与铁球对水的压力是一对作用力与反作用力，两者大小相等。

归纳小结：作用力与反作用力总是大小相等；总是同时产生、同时变化、同时消失（即同时性）。

归纳总结：英国科学家牛顿对力的相互作用进行了研究后指出，两个物体之间的作用力和反作用力总是大小相等，方向相反，作用在一条直线上。这就是牛顿第三定律。简单地可以表示为 $F_{甲对乙}=-F_{乙对甲}$。

......

4. 反冲现象（略）

5. 牛顿第三定律可以用来解释许多现象（略）

由上述的教学设计不难看出，教学问题的设计具有系列性、递进性和连贯性，整个教学过程从探究物体间的作用是相互的，到探究作用力与反作用力方向关系和大小关系，然后应用反冲现象说明作用力与反作用力分别作用于不同物体，反映了力的效果的同时性，以及解释生活中的许多现象。每一问题的解决也遵循提出问题、做出假设、实验探究、相互讨论、表达交流、总结归纳的科学探究过程，让学生自己逐步地发现物理规律。教学中的具体情景是学生常见的生活事例，它生动地说明生活中物理无处不在。这些图景的展示，开阔了学生的视野，促使学生不断地关注社会、关注生活、关注自己身边发生的事物，凸显从"生活走向物理""从常识走向科学"的理念，既关注科学探究学习目标的达成，又关注学生能力的提升。

（三）"波的干涉"的教学分析

"波的干涉"是中学物理中一个重点内容，也是波的特有现象，同时还是学生学习的难点。波的叠加、干涉现象、干涉条件是本节要突破的重点知识。其中，波的叠加中所表现的独立性和矢量性是学生理解波的干涉现象的基础，可以通过水波、声波、绳波的叠加实例进行归纳总结，帮助学生理解波在相遇处，任何一个质点都参与两列波分别引起的振动，位移为两分位移的矢量和,理解波的叠加本质是运动的合成,而连续的动画帮着学生理解波叠加的动态过程;波的干涉的教学可以以振动频率相同的两个波源发的出水面波相遇为例,教学整体设计为从点到线再到面,从动态观察到静态分析再到动态理解的过程,具有挑战性的问题链的设计可以更好地推进学生思维发展;波的干涉的知识拓展环节,可以通过两个喇叭发出相同频率的声波,利用麦克风通过示波器显示声波波形变化,麦克风在上下左右不同位置接收声音信号,让学生感受声音的干涉,并进一步了解干涉的应用,渗透 STS 教育。整节课的教学流程如下。

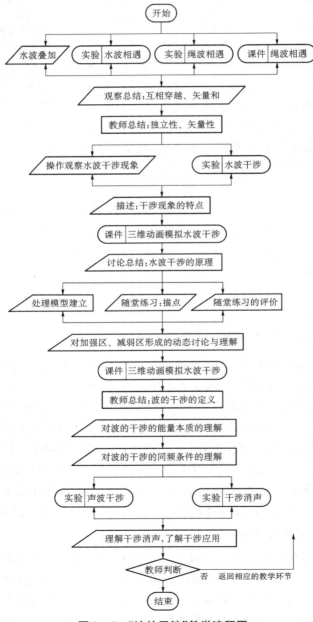

图 2-5 "波的干涉"教学流程图

板书设计如下：

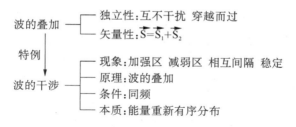

图 2-6 "波的干涉"教学板书设计

"波的干涉"是高中物理教材中的一个重点课题，由于其内容的综合性和抽象性，需要学生有一定的分析、综合及空间想象能力，因而也成了一节公认的比较难上的课。研究波的干涉现象首先需要探究它的理论基础——波的叠加原理，而描述波的干涉现象，探究波的干涉的实现条件，揭示波的干涉的能量分布本质，有助于让学生形成科学合理和比较完整的波的干涉的知识结构。其次，"波的干涉"教学充分发挥了物理学科的实验特点与优势。物理学是以实验为基础的，同样的，学物理也应以实验为基础。在教学中，教师运用了丰富的实验资源和手段，为学生多角度、多层次地呈现波的叠加与干涉现象，帮助学生建立起清晰的物理表象，这就为教学难点的突破打下了坚实的基础。最后，"波的干涉"教学流程的设计符合学生的认知特点与规律。学生的学习活动同人们的认识过程一样，也有其内在的规律，诸如由具体到抽象、由特殊到一般、由局部到整体等等。这些规律在课堂中均得到了较好的体现。例如对干涉现象的分析，就是按着"点—线—面—体"的线索有序展开的：先是着重分析介质中振动加强点与减弱点的形成原理；而后由点连线，理解振动的加强区与减弱区间隔排布的规律；再以此为基础，把握整个水面上波的干涉图样的特点；最后在声波干涉演示时，教师不仅按通常做法使麦克风左右移动，还特意将它上下移动，用以说明波的干涉现象并非局限于平面，而是充盈在整个空间。通过这样依次递进的教学过程，学生逐渐建立起了清晰的物理图景。

（四）"楞次定律"的教学分析

物理规律教学是物理教学的核心，也是物理概念教学的进一步拓展和深化。为了加深对于物理规律教学的认识，我们再来看高中物理"楞次定律"的教学。作为高中阶段最为抽象的一个物理规律，"楞次定律"教学长期以来一直是个"老大难"问题，如何突破传统的"楞次定律"教学困局，如何改变传统的"楞次定律"教学中物理现象过多、物理过程复杂、物理教学效果不好的状况，还需要我们根据"物理教学逻辑"进行深入的分析。

传统的高中物理教材或现在人教版、粤教版等新课标高中物理教材编排《楞次定律》一节时，多是从条形磁铁相对螺线管运动的实验出发，引导学生将感应电流的磁场作为"中介"，通过填表比较归纳出楞次定律的表述："感应电流具有这样的方向，即感应电流的磁场总要阻碍引起感应电流的磁通量的变化。"这种传统的教学安排，涉及原磁场方向、感应电流方向、线圈绕向、感应电流的磁场方向、磁场的变化方向等众多要素，导致了物理现象过多、物理过程复杂,教学效果不好。教学中,学生很难甚至不能够直接从"螺线管四组实验"中判断出感生电流的方向,这源于由"磁铁插入、拔出线圈"和"灵敏电流计指针摆动"两个仅有的实验现象判断感生电流的方向需要经过(灵敏电流计接线柱的电流)"正进负出"和"线圈绕向"两个思维环节,使得思维链条过长,增加了教学问题的复杂程度。也正是实验的选取不当,造成了物理教学逻辑的烦冗。基于以上认识,可以选用"楞次环"实验作为基本的出发点和突破口,以省去观察灵敏电流计偏转方向判断感应电流方向(闭环中实际上存在感应电流方向这一问题)的教学环节(当然增加了学生利用"同名磁极相互排斥、异名磁极相互吸引"这一已有的认知经验教学环节),减少了学生的过多认知负荷。

彰显"楞次定律"内涵的教学设计①

实验装置如图 1 所示,A、B 都是铝环,其中环 A 闭合,环 B 断开,横梁可以绕中间的支点转动。实验时,用条形磁铁的一极垂直插入、拔出 A 环,可观察到横梁绕支点的转动。

图 1 楞次环实验装置

该实验的优势在于:(1)实验装置简单、实验现象直观,学生可以根据磁极间相互作用规律直接判断出感生电流的磁场方向;至于感生电流的方向,则可由右手螺旋定则判断给出。(2)可以控制和分离变量,学生会自然地想到磁极间的相互作用规律,感生电流的方向与感生电流的磁场方向就被分离开来了,克服了传统教学急于寻找磁场这一"中介"的外来想法,减少了学生理解上的困难。

基于上述理由,可以对楞次定律展开如下的教学设计,教学逻辑图如图 2 所示:

表 1 楞次定律实验记录表

		实验现象	磁通量	感生电流磁场方向与原磁场方向
N 极	靠近	排斥	增加	相反
	远离	吸引	减少	相同
S 极	靠近	排斥	增加	相反
	远离	吸引	减少	相同
来拒去留			增反减同	

① 周长春. 突破传统楞次定律的困局原来就这么简单. (有删改) http://blog. sina. com. cn/s/blog_ b26592e30101c1w4. html.

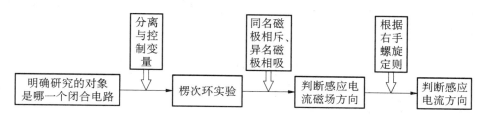

图2 楞次定律教学逻辑图

从以上教学设计可以看出,选用上述简单的、显性的"楞次环"实验代替"螺线管四组实验",使得整个教学思路豁然开朗,也符合物理实验的简单性要求,这是因为在某种程度上说,物理实验的教育价值(注意是教育价值)往往与仪器的复杂性成反比,学生用自制的仪器经常出毛病,但他会比用仔细调整好的仪器学到更多的东西。其次,上述"楞次环"教学实验意在使学生在教学中体验到一种微妙的逻辑感,由此更容易实现"教学的逻辑"与学生"思维的逻辑"的彼此互动。最后,"楞次环"教学实验也较好地处理了物理教学中直观与抽象这一对基本矛盾关系。"楞次环"实验就是在仪器简单性及描述定律力学特征的双重思考下选用的,这种直观性的追求有助于学生形象思维能力的培养,关乎整个物理教学的基本思想。与此同时,"楞次定律"又是比较抽象的物理学定律,特别是对于定律中"阻碍"一词的诠释和理解。传统的"楞次定律"教学在学生没有明晰整个教学脉络且没有形成一个完整、形象的物理图景的前提下就引入了"阻碍"的抽象内涵,或将"来拒去留"弃之不用,或将"增反减同"等同于"阻碍",或是对三者的名词进行简单罗列,凡此种种,就在于没有把握住抽象与直观之间的层次关系与心理逻辑。为了解决这一问题,教学中教师可以引导学生对感应电流磁场的认识从"来拒去留"到"增反减同",再到"阻碍",这是由现象到模型、再到本质的完整抽象次序,不仅符合学生的认知规律,也为"阻碍"的内涵阐明了层次,亦即"来拒去留"描述的是感生电流的磁场与原磁场的相对位置,是看得见、摸得着的东西,因此最为直观;而"增反减同"说的是磁通量(或者是磁通量的变化与感应电流的磁场和原磁场的方向关系),是看不见、摸不着的东西,学生需要在教师的引导下进行想象才能理解;而"阻碍"则说的是楞次定律的物理本质,是对"来拒去留"与"增反减同"的高度概括,阐明了感应电流的磁场与原磁场之间的因果关系。可见,"阻碍"作为对感应电流的磁场最高程度的概括,包含了"来拒去留"与"增反减同"的所有意义,它既容纳了微观、理论与数学方面的含义,又描述了电磁感应一种宏观的、现象的、力学的特征。正是在这个意义上,"阻碍"一词在本节内容中是最为抽象且不可替代的。

图2-7 楞次定律的本质

需要说明的是,与楞次定律的新课教学不同,在解决更为一般的判断感应电流方向的物理问题时,亦即在应用楞次定律解决电磁感应问题时,下图所示的逻辑流程则为我们提供了思考的方向。

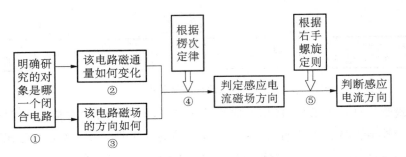

图 2-8   楞次定律的应用思路

第三章 物理问题解决教学研究

　　培养学生物理问题的解决能力是物理教学的一个重要目标。通过物理问题解决,可以帮 助学生巩固和活化物理基础知识,在一定程度上加深和扩展物理知识,建立解决物理问题的 思路,获得解决物理问题的正确方法,并将物理理论应用到实际中去,进而理解科学与技术 的相互关系。那么,如何有效开展物理问题解决教学? 如何避免学生通过"题海"来学习物 理? 如何在物理问题解决教学中更好培养学生的问题解决能力? 以下结合认知心理学对问 题解决的研究成果,就上述问题做出尝试性的回答。

一、物理问题解决的一般过程

　　从根本上来说,问题解决活动是一种个体的行为,同一问题对于不同的人常常有不同的 解决方法,但作为一种心理活动,它仍然有一些普遍规律和共同特征。另一方面,物理问题 的形式很多,各种不同形式的物理问题都有其独特的价值和其独特的问题解决特点,但在问 题解决的思维程序上存在着共同的规律性。正是问题解决心理活动所存在的共同规律性使 我们可以将物理问题解决过程概括为以下几个基本环节(如图 3-1 所示),它规定了我们解 决物理问题时的一般思维方向①。

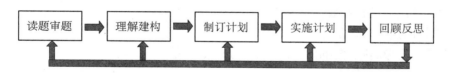

图 3-1　物理问题的一般解决过程

(一) 读题与审题

　　读题,就是读题目,以发觉问题表达的字面意义;审题,就是审察问题的条件和目标。读 题与审题的过程就是对问题信息的发现、辨认、转译的过程,它是主体的一种有目的、有计划 的知觉活动,并伴有思维的积极参与。

　　从本质上看,读题与审题的目的是为了识别问题。通过读题与审题不仅要寻找问题解 决的有关信息,更重要的是要为问题解决确立明确的目标,这是物理问题解决的起点。为完 成识别问题的任务,首先要读题——对问题的文字和附图要阅读几遍;审题时要先粗后细, 由整体到局部、再回到整体,即先对问题全貌有一个粗糙的认识,然后再细致地考察各个细

---

① 查有梁,谢仁根,沈仁和,等.物理教学论[M].南宁:广西教育出版社,1996:362-367.

节,最后对问题整体建立起一幅比较清晰的物理图象。在这一系列活动中,具体的要求是:

① 明确问题的起点状态:弄清问题中明显给出的已知条件是什么;挖掘问题中隐含的已知条件是什么;辨别问题中所给的有用信息和干扰信息,知道哪些不利信息可以变成有用信息;问题中给出了哪些隐含信息,如何根据物理意义进行转译。

② 明确问题的目标状态:明确问题的目标状态是什么;知道待求物理量的性质(矢量、标量、平均量、瞬时量、特定值量、有一取值范围的量等)。

③ 确定问题涉及的对象:弄清问题研究的对象是什么,它可看作什么模型;研究对象与外界有哪些联系,经历了什么变化;问题研究的过程是什么,在问题涉及的各个物理变化过程中,哪些量是不变的,哪些量是随别的量的变化而变化的。

④ 理解问题的实质:理解问题叙述中关键词语的意义;回想有关与此类似的物理问题。

……

在读审这一环节,不要急于猜测问题解决方向和盲目解题;利用认知结构中原有的问题结构图式虽然有助于识别问题,但是也一定要注意问题新的方面。

(二)理解与建构

理解与建构的过程是物理图景的形成和建立过程,它实质上是物理问题的表征过程。

所谓问题图景,是指经过简化和纯化之后的物理对象,在一定的规则联系下按照一定的时间顺序和空间联系,在研究者头脑中形成的静态或动态形象。相对于一般图景的建构——知觉的直接反应或是知觉形象的回忆和重现,物理图景建构不仅属于感知水平的再生性形象思维过程,它是在物理概念、规律和表象共同作用下的抽象思维和形象思维的有机结合,具有较高的认知水平,这就是学生常感到物理问题困难的症结所在。也正是这一原因,物理问题解决活动是有效促进学生智力发展的有利因素。

物理图景的建构过程是进一步明确解题方向的过程。在这一过程中,通常要经历模式的再认、合理的想象、科学的抽象、形象化思考等几个阶段:

① 模式的再认:模式再认是利用大脑中原有问题结构知识对物理问题的识别,或者是对问题新方面的注意;

② 合理的想象:合理想象是在模式再认的基础上搜索出有关的物理概念和规律,并在物理概念、规律指导下对物理对象、物理状态、物理过程及相互关系的想象;

③ 科学的抽象:科学抽象是在合理想象的基础上对物理研究对象、物理状态、物理过程本质特征和问题实质含义的深刻把握;

④ 形象化思考:形象思考则是对物理研究对象、物理状态、物理过程的形象化表征,其作用是使科学抽象形象化,并可借助于图示、图形等可视化语言将物理问题的内在表征转化为外在表征。

在物理图景的建构过程中,物理模型发挥着重要的作用。物理问题总要涉及一些研究对象,对这些对象简化和纯化便形成了物理模型。它可以是研究物体的,如质点、轻杆、理想气体、检验电荷、薄透镜等;也可以是关于研究过程的,如匀变速直线运动、绝热膨胀、恒定电流、连续介质作用等;还可以是关于制约条件的,如光滑平面、缓慢移动等。事实上,这些关于物体、过程和制约条件的模型及其相关的问题情景是构成物理问题结构的重要内容。

(三) 计划的制订

从物理问题解决的全程看,读题与审题阶段为问题解决确立了问题起点和目标,物理图景的建构为问题解决提供了背景框架,但它们仍然仅仅是问题解决的准备阶段。物理问题解决的教学实践表明,制订解题计划亦即寻找物理问题的解决思路才是问题解决的中心环节,也是学生感到最为困难的一步。

物理问题解决过程是一个信息加工的过程,这些信息来自两方面,一是来自问题本身,是指通过读题和审题而获得的关于问题的条件和目标等方面的信息;二是来自大脑的长时记忆,这类信息包括物理事实、概念、规律、原理、方法和一定类型的物理问题结构。物理问题解决过程就是解题者为实现问题的目标状态而对题目信息进行充实、加工、增殖的过程,是问题本身的信息和解题者的原有认知结构相互作用的过程。人们正是根据问题解决的信息加工机制和一般问题的解决过程分析来选择和制订物理问题解决计划的。

物理问题解决思路的确立有两种基本的策略:双向推理策略(顺向推理法、逆向反推法、双向逼近法)和联想搜索策略(联想法、相似思考法、提取类比物法)。

① 顺向推理法:双向推理策略的第一种极端情况是顺向推理法,这是专家在解决专门领域问题时常采用的方法。顺向推理法建立在以结构化物理知识对问题整体表征的基础上,推理是沿着结构化知识的产生式网络自上而下进行的。从最上位的知识点开始,首先将问题表征为概括性较高的物理知识范畴中的问题,然后依据题目中的问题情境,选择符合问题要求的下位知识。按照这一方式,自上而下分析各已知条件和目标变量之间的关系,直至形成满足问题要求的当前联合规则——物理问题的解决思路(就是通常的从已知到未知)。

② 逆向反推法:逆向反推法是对问题不能进行整体表征情况下所采取的问题解决方法,是一般问题解决"目标—手段分析法"在物理问题解决中的具体应用,是双向推理策略的又一种极端情况。在片断地表征问题基础上,推理从目标变量(未知)出发——激活与问题有关的各个物理概念、规律、公式和方法,并将与问题相关的各种联系作为各种可能思路的假设保存在记忆中。然后将每一假设中出现的中间未知量与问题中的已知条件加以比较和对照,选择最接近题给条件的假设作为进一步推理的思路。

③ 双向逼近法:顺向推理使我们在已知的基础上向前走几步,逆向反推使我们从要解决的问题状态向后退了几步。所以,成功的解题者总是充分获取题目的条件和目标所提供的信息,并以这两个状态互为远点、由远及近向对方靠近——双向逼近,从而有效缩短了从已知到未知的距离,使我们能在心理视野的范围内(短时记忆的容量内)"看清"已知与未知之间的联系,进而发现从已知通向未知的途径——找到物理问题的解决思路。

④ 联想搜索法:问题解决练习的另一种情况是人们所面临的问题并非完全陌生,或者还有些熟悉(这是更为经常的情况),这时候采用联想搜索策略来解决问题是非常有效的。由于学习者具有一定数量的问题图式——某类问题的特征描述和该类问题的解决方

法,因此解决较为常规、较为熟悉问题的过程基本上就是选择和启用合适(相应或相近)问题图式的过程(有时也需要对问题图式加以变化或调整以适应新的情况)。莫斯科大学教授 C. A. 亚诺夫斯有一次发表《解题意味着什么》的演讲时,她的回答简单得出乎听众意料之外:"解题……就是意味着把所要解决的问题转化为已经解过的问题。"波利亚也说:"解题者所做的脑力工作就在于回忆他的经验中能用得上的东西。"笛卡尔曾有一句名言:"我所解决的每一个问题都将成为一个范例,以用于解决其他问题①。"从这些论述中可以看到:基于相似性的有效办法愈多,则问题解决能力愈高;天生的智力不能代替知识的积累,经验是没有任何东西可以替代的;问题图式的形成需要长时期的积累②。但也必须指出,基于问题相似性的联想搜索策略是解决问题的一种"经验性准则"——常常能、但并不保证一定能解决问题。

⑤ 学科专门方法:一般而言,物理问题解决的心理机制无外乎是同化(熟悉的问题)和顺应(新颖的问题);物理问题解决的一般策略表现在物理解决过程的识别、表征、选择、应用和反思各个环节上;一些特定物理问题的特殊解题技巧为我们提供了大量的解决物理问题的具体方法。例如,在实际物理问题解决过程中,模式识别、问题转化、逻辑推理、结合关联、极端分析、微元、虚设结构等是我们经常用到的物理问题解决的学科专门方法。

在实际确立物理问题解决思路和制订问题解决计划的过程中,双向推理策略和联想搜索策略是共同起作用的;问题解决的一般策略与物理问题解决的学科专门方法也是紧密结合在一起的,它们在物理问题解决过程中都发挥着特别重要的作用。

(四)计划的实施

物理问题解决思路的确立只是对问题的求解提出了一种假设,计划能否顺利实现还需要具体的实施。求解则是展开解题思路、构思解题步骤、实施数学运算的过程,也是对原来问题解决方案是否切实可行的检验、修正、补充、完善或重新制订新方案的过程。

问题求解的过程是智能技能(智慧技能、智力技能)的外显过程,也是大脑内部加工过程从主要靠意识控制转向加工自动化的过程。为此,在问题求解过程中,要明确研究的对象;要寻找解题的依据;要建立有关的方程,然后按照建立方程的逻辑顺序给出简明扼要的处理;要考虑方程是否合乎实际情况、方程的数目是否足够;要及时整合各推理步骤中所提取的公式以缩小问题的范围;要随时检验整个推理思路的有效性并努力寻找可能的其他推理步骤和发现问题中隐含的其他条件……

概括起来,求解的环节需要注意下述三个方面:

① 善于灵活选择,学会克服定式:物理问题的求解不要以求得答案为唯一目的,而应当有意识地从问题的不同侧面去寻求不同方法的解答。对优秀学生和中差生的解题对照研究发现:优秀学生总是能考虑几条不同的思路,并最终在多次尝试失败之后找到一条正确的思路;而中差生解题时往往只考虑一条思路,当这一条思路走不通时,就感到束手无策了。因

---

① 刘电芝.学习策略研究[M].北京:人民教育出版社,1999:125.
② [美]G. R. 安德森.认知心理学[M].杨清,等译.长春:吉林教育出版社,1989:338-378.

此,在解决物理问题时要从多种角度看问题、从多种途径找答案,尽力避免在解决物理问题时钻牛角尖和一条思路走到底的思维定式。

② 善于比较评价,学会集中思维:许多物理问题,往往有多种解法,究竟采用哪一条思路来解决问题需要较强的思路评价能力,它是思维成功定向的先决条件。没有这种评价能力,分不清轻重主次,是找不到最优思路的。而所谓的最优思路,应当能带来更多的可能有用的"推理出来的已知条件",也有助于使已知条件和未知条件发生关联,它还是使问题得以解决的尽可能便捷的最简思路。在物理问题解决计划的实施过程中,最优思路的获取来自于思路之间的比较——既要善于否定和迅速放弃自己不正确的思路,又要随时准备接受和寻找新的更有价值的思路。

③ 善于组织决策,学会规范表达:物理解题好比造一座房子,为了造房子,必须选择合适的建筑材料。但是,光有材料是不够的,一堆砖瓦毕竟还不是房子,只有按照一定的蓝图将这些材料组织起来才成为房子。为了实现问题的目标,我们仅仅知道问题的条件和目标的信息,及通过推理或联想而回忆起大脑中与问题有关的信息是不够的,还需要在工作记忆中利用原认知结构对新信息进行一系列的思维加工(同化和顺应),并将它们组织起来,使之成为一个有意义的整体。这就是组织和决策的过程,其结果常以根据物理概念、规律等所建立的有关数学方程来体现。当然,组织和决策结果的表达还必须注意解题规范化的要求,做到解答过程有条理、文字符号要统一、单位使用要规范、计算数据要准确、问题解答有意义……

(五)回顾与反思

回顾与反思是物理解题过程中的最后一环,也是极为重要但又是解题者相对容易忽视和疏漏的一环。波利亚在《怎样解题》一书中指出:"通过回顾所完成的解答,通过重新思考与重新检验这个结果和得出这一结果的路子,学生们可以巩固他们的知识和发展他们的解题能力。一个好的教师应当懂得并且传授给学生下述看法——没有任何问题是可以解决得十全十美的,总剩下些工作要做。经过充分的探讨和钻研,我们总能提高自己对这个解答的理解水平。"[1]

解题的目的不只是为了获得答案,而是要从中学到新的东西、促进认知结构的结构化、条件化、策略化的组织程度,因此,解答物理问题必须做到"举一反三",发展能力。要达到这一目的,最重要的是解题后的反思和回顾,因为只有通过反思才能使我们从具体的问题解决中概括出普遍适用的条件化、策略化知识。在物理解题中,应当回顾和反思的主要内容有:

① 检验题解的正确性:检验题解的正确性,这是回顾环节最首要的任务。在实际中,为检验题解的可靠性,人们可以用另一种方法来解决原题,但更乐于采用一些简短的方式,例如事实性检验——看题解是否符合实际、对称性检验、特殊性检验、协调性检验等;

② 分析题解的数学结构:分析题解的结构,讨论待求量的相关因素和无关因素,以及各因素对题解的影响等;

③ 在一般与具体之间转译:由一般性意义的文字解出发,导出典型特例下的结论,使我

---

① [美]G.波利亚.怎样解题:数学思维的新方法[M].涂泓、冯承天译.上海:上海科技教育出版社,2011:11.

们对题解的认识更加具体和丰满,从而使思维从抽象上升到具体;或者将具体问题的解答加以一般化,使将题解向更高层次概括;

④ 形成一定的问题图式:从题解中发现新的规律,并将题解用于新的问题情境,形成一定的问题结构图式;或者思考原有问题图式是如何变得更丰富的。

······

反思和回顾也是学生常常感到困难的一个步骤,因为它涉及学生的自我意识水平和有无自我评估的习惯。事实上,任何复杂的物理问题解决,都应伴随两种评价:对结果的评价和对过程的评价。从上述物理问题解决模式可以看出:对问题解决的回顾与总结(结果评价)是在物理问题解决之后,更是贯穿于物理问题解决过程的始终;而养成学生自我评估的习惯是促进学生主动发展的一个重要方面。

综合上述分析可以看到,物理问题解决过程的几个环节并不孤立,它们相互联系、相互作用,构成了从问题起始状态(条件)向目标状态(待求)逐渐接近的连续思维序列:读题与审题是应用语言学知识和事实性知识首先达到对问题表述的字面理解;理解与建构是在正确理解问题表述的字面意义基础上,将问题中的具体情境内化到相应的专业知识领域范畴,其结果是物理图景的形成和建立(外在到内在再到外在表征);制订解题计划亦即寻找物理问题解决思路,是在问题识别和表征的基础上,应用陈述性知识、程序性知识和策略性知识对物理问题解决的方向、计划、原则等进行宏观规划调控,是问题解决最为关键的一步;求解是实施解题计划亦即展开解题思路的过程,完成对问题定性的判断或定量的分析;回顾与反思则是对问题解决结果和问题解决全过程的概括性反省和调控,它使我们从具体的问题解决中概括出普遍适用的结构化、条件化、策略化知识,对促进认知结构的改善和问题解决能力的发展具有特别重要的意义。

二、物理问题解决中的"懂而不会"现象

"境界"是我们经常听到或见到的一个词语,如思想境界、人生境界等。"独上高楼、为伊憔悴、蓦然回首"是晚清大学问家王国维眼中的古今成大事业者的三种人生境界,也描述了人们做事情的三个阶段:初始阶段、攻坚阶段与成功阶段。人生有境界问题,那么,学生的学习是否也存在着境界问题呢?笔者认为,学生的学习过程也确实存在着一个境界问题,"懂而不会"现象实质上就表明了"听懂"境界与"会做"境界的不同。

(一)"懂而不会"现象的原因分析

在各学科的教学过程中我们都很容易地发现,"懂而不会"是学生学习过程中一个普遍存在着的问题,即"上课听得懂,课后不会做"。在理科教学过程中,这一问题也许更为突出。事实上,不论是文科教师还是理科教师,我们大都有这样的切身感觉:读某一篇文学作品,文章中对自然景色的描写,对人物心理活动的描写,都写得令人叫绝,而自己也知道是如此,但若让自己提起笔来写,未必或者说就不能写出人家的水平来。听别人说话,看别人文章,听懂看懂绝对没有问题,但要自己写出来,变成自己的东西就不那么容易了。

为了探寻学生在学科学习中"懂而不会"现象的背后原因,我们需要对学生的学习过程

进行深入具体地分析。很多教育学者认为，学习过程中的各个阶段是设计和实施有效教学的基础，而学生的初始水平是教学设计的关键。美国学者史密斯认为，学习的过程有五个阶段，它们分别是：初级和高级获得阶段、熟练阶段、保持阶段、迁移阶段和调整阶段。在获得阶段的开始时刻，学生对学习的内容可能一无所知（也可能略有所知，或略有错知——前概念），教学目标的重点是帮助学生提高正确率，为此，教师必须做示范（学生模仿）、手把手地教（指导）、反馈（提示、纠正）、标准化评估和奖励等，同时注意课程内容的编排，以保证学生理解知识之间的关联性，准确无误地获得新知识和技能（正确率应达到 90%～100%）。在熟练阶段，教师应着重培养学生学习（练习）的自觉性，提高学生的学习效率。因此，教师应当帮助学生确定学习目标、明确教师期待、强化变式训练、监控学习进程。在熟练阶段这一较高水平的学习阶段之后，学生进入了保持阶段的学习，本阶段的教学目标是保持和巩固学生的积极学习状态和高学业表现。一般而言，处于这一阶段的学生无须教师的指导和强化训练就能熟练掌握知识和技能，但是对于学习困难的学生，教师还需要应用内在强化（自我管理）、间歇强化、过量学习（机械强化）等教学策略。很多研究表明，积极的教学效果只是短期的，出现这一现象的原因虽然很多，但缺乏对保持阶段的关注是其中很重要的一个原因。在迁移阶段，学生应该在不同的时间和条件下完成指定的学习任务，处于这一阶段的学生能够举一反三、触类旁通。[①] 而在调整阶段，学生已经不需要教师的直接教学或指导，能够独自地在全新的领域里应用已学技能（发现问题，并有效地解决问题）。处于这一阶段的学生能够举一反三、触类旁通，具备了一定的创新能力。[②]

将学生的学习过程分为"初级和高级获得、熟练、保持、迁移和调整"等五个阶段，意在说明学生学习程序性知识（概念、规则、策略、问题解决等）必须经过的几个环节，这与陈述性知识的学习只存在"记忆和提取"是有所不同的。事实上，学生学习程序性知识的五个阶段，也是学生实现从"意义建构"到"能力生成"的几个必经环节，我们也可以把它们看作是学生学习程序性知识的几个不同境界。"懂而不会"现象恰恰说明了"听懂"是学生学习的一个基本境界，而"会做"则是学生学习的另一个更高境界。这正如人生的境界不同，对人生的意义感悟不一样，学生要想真正掌握程序性知识，必须实现从"听懂"到"会做"、再到"熟练"、"保持"、"迁移"和"创新"的跨越。

（二）"懂而不会"现象的实践应对

"上课听得懂，听得清，就是在课后做题时不会做。""老师一讲就明白，自己一做就糊涂。"这一问题不是个别现象，而是一个普遍性的问题。为了解决这一问题，许多老师也都从自身的教学实践出发进行了认真研究，并总结出了各自独特的、并含有学科特色的实践应对经验。例如，有一位物理老师，针对学生学习过程中的"懂而不会"现象进行了具体分析，就学生学习物理学科应该注意哪些问题，应该达到哪些具体要求，从而达到什么层次的目标等

---

① ［美］Cecil D·Mercer，Ann R·Mercer. 学习问题学生的教学［M］. 胡晓毅、谭明华译. 北京：中国轻工业出版社，2005：161－163.

② ［美］Cecil D·Mercer，Ann R·Mercer. 学习问题学生的教学［M］. 胡晓毅、谭明华译. 北京：中国轻工业出版社，2005：103－105.

提出了如下的具体要求。①

① 记忆：在高中物理的学习中，应熟记基本概念、规律和一些最基本的结论，即所谓我们常提起的最为基础的知识。学生往往忽视这些基本概念的记忆，认为学习物理不用死记硬背这些文字性的东西，结果在高三总复习中提问同学物理概念时，能准确地说出来的同学很少，即使是补习班的同学也几乎如此。我不敢绝对说物理概念背不完整对你某一次考试或某一阶段的学习造成多大的影响，但可以肯定地说，这对你物理问题的理解，乃至整个物理学科系统知识的形成都有内在的不良影响，说不准哪一次考试的哪一道题就因为你的概念掌握不准而失分。因此，学习语文需要熟记名言警句，学习数学必须记忆基本公式，学习物理也必须熟记基本概念和规律，这是学好物理学科的最先要条件，是学好物理学科的最基本要求，没有这一步，下面的学习无从谈起。

② 积累：是学习物理过程中记忆后的工作。在记忆的基础上，不断搜集来自课本和参考资料上的许多有关物理知识的相关信息，这些信息有的来自一道题，有的来自一道题的一个插图，也可能来自某一小段阅读材料等等。在搜集整理过程中，要善于将不同知识点分析归类，在整理过程中，找出相同点，也找出不同点，以便于记忆。积累过程是记忆和遗忘相互斗争的过程，但是要通过反复记忆使知识更全面、更系统，使公式、定理、定律的联系更加紧密，这样才能达到积累的目的，绝不能像狗熊"掰棒子"式的重复劳动，不加思考地机械记忆，其结果只能使记忆的比遗忘的还多。

③ 综合：物理知识是分章分节的，物理考纲要求的内容也是具有结构的，它们既相互联系，又相互区别，所以在物理学习过程中要不断进行小综合，等高三年级知识学完后再进行系统大综合。这个过程对同学们能力要求较高，章节内容互相联系，不同章节之间可以互相类比，真正将前后知识融会贯通，连为一体，这样就逐渐从综合中找到知识的联系，同时也找到了学习物理知识的兴趣。

④ 提高：有了前面知识的记忆和积累，再进行认真综合，就能在解题能力上有所提高。所谓提高能力，在理论学习阶段就是提高解题、分析问题的能力，针对一个问题，首先要看它属于什么范围的——力学、热学、电磁学、光学还是原子物理，然后再明确研究对象，结合题目中所给条件，应用相关物理概念，规律，也可用一些物理一级，二级结论，才能顺利求得结果。

⑤ 生巧：通过一定程度的练习达到熟能生巧、解法灵活的目的，而不是熟能生笨、熟能生厌。

⑥ 创新：这里面包括对同一题的多解，能从多解中选中一种最简单的方法；还包括多题一解，用一种方法顺利解决多个类似的题目，真正做到灵巧运用，信手拈来的程度。可以想象，如果物理基本概念不明确，题目中既给的条件或隐含的条件看不出来，或解题所用的公式不对或该用一、二级结论，而用了原始公式，都会使解题的速度和正确性受到影响，不仅考试中得出高分就成了空话（这在实践中也是非常重要的，这是由人的发展的历史性所决定

---

① 李进斌. 如何学好物理(有删改). http://143.ik8.com/lhxh/50624.htm.

的,不是可以随意跨越的),创新也就更成为空中楼阁。

实践中,尽管不同老师根据自身从事的不同学科教学特点以及个人的教学经验,对学生程序性知识的学习过程会有不同的概括,进而提出不同的应对策略,但是,将学生程序性知识的学习过程分解为一些基本阶段或者基本环节的思想还是共同的。这里提及的"首先听懂,而后记住,练习会用,逐渐熟练,熟能生巧,有所创新"六个程序性知识学习层次就具有一定的典型性和代表性,它为我们如何帮助和促进学生实现从"听懂"境界到"会做"境界的跨越提供了一条清晰的、也是可以操作的具体思路。

(三)"懂而不会"现象的理论思考

为了更好地理解学生学习程序性知识的五个境界或五个阶段、五个层次,进而帮助学生实现从"意义建构"(听懂)境界到"能力生成"(会做)境界的跨越,联系美国著名教育学家与心理学家布卢姆(Bloom)的认知教育目标的分类研究,探究学生从"意义建构"到"能力生成"的内在机制是非常有益的,它有助于我们在教育实践中全面寻求应对学生"懂而不会"现象的具体方略。

(1)认知维度教学目标的考察——关注认知过程

1956年,布卢姆《教育目标分类学(第一分册:认知领域)》著作的出版及其关于人的认知目标分类思想对20世纪全世界教育领域的课程设计、教学活动、教育评估产生了深刻而广泛的影响。在这部著作中,布卢姆将人的认知目标依据由简单到复杂、由低级到高级的顺序分为如下六类[1]:知道(Knowledge)、领会(Comprehension)、应用(Application)、分析(Analysis)、综合(Synthesis)、评价(Evaluation)。随着人们拥有的有关儿童如何发展和教师如何计划、教学及评估等知识的不断丰富,2001年,安德森(Anderson,Lorin W.)等人对原来教育目标分类的一维结构进行了修订,提出了二维的("认知过程和知识")的教育目标分类框架,因而给我们提供了更多的信息。

鉴于目标的陈述(其标准格式为:学生将能够或者学会+动词+名词)包括一个动词(描述预期的认知过程)和一个名词(期望学生掌握或建构的知识),对于学生的"认知过程"而非"行为变化"给予了更多的关注(这是一种思维方式的变化)[2],这一点,我们可以从下文提及的学生学习认知过程的动词性描述(原来是名词性描述)而体会得出。这些"认知过程"[3]包括:① 记忆(Remembering)——从长时记忆库中提取相关知识,对意义学习和解决更复杂的问题来说是必不可少的。② 理解(Understanding)——可以被看成是通向迁移的桥头堡,同时也是最广泛的一种迁移方式。不管是口头的,书面的信息还是图表图形的信息,不管是通过讲授、阅读还是观看等方式,当学习者能够从教学内容中建构意义时,就算是理解,即学习者在对将要获得的"新"信息与原有知识产生联系时,他就产生了理解。更具体地说,新进入的信息与现有的图式和认知框架整合在一起时,理解就发生了。鉴于"概念"是认知图式与

---

① 皮连生.学与教的心理学[M].上海:华东师范大学出版社,1999:237.
② 盛群力,褚献华.重在认知过程的理解与创造:布卢姆认知目标分类学修订的特色[J].全球教育展望,2004(11).
③ L・W・安德森,等.学习、教学和评估的分类学:布卢姆教育目标分类学修订版[M].皮连生译.上海:华东师范大学出版社,2008:56－80.

框架的基石,所以,"概念性知识"为理解提供了基础。③ 应用(Applying)——指运用不同的程序去完成操练或解决问题,因而,应用与程序性知识密切有关。完成操练是指这样一种任务,学习者已知如何运用适当的程序,已经有了一套实际去做的套路;解决问题是指这样一种任务,即学习者最初不知道如何运用适当的程序,因而必须找到一种程序去解决问题。所以,应用与两个认知过程有关。一种是"执行",它涉及的任务是一项操练;另一种是"实施",它涉及的任务是一个问题。在实施时,理解概念性知识是应用程序性知识的前提。④ 分析(Analyze)——将材料分解为其组成部分并且确定这些部分是如何相互关联的。这一过程包括了区分、组织和归属。虽然有时候也将分析作为独立的教育目标,但是往往更倾向于将它看成是对理解的扩展,或者是评价与创造的前奏。⑤ 评价(Evaluate)——依据准则和标准作出判断。评价包括了核查(有关内在一致性的判断)和评判(基于外部准则所做的判断)。尤其要指出的是,并非所有的判断都是评价。实际上,许多认知过程都要求某种形式的判断,只有明确运用了标准做出的判断,才是属于评价。⑥ 创造(Create)——将要素整合为一个内在一致或功能统一的整体。这一整体往往是新的"产品"。这里所谓的新产品,强调的是综合成一个整体,而不完全是指原创性和独特性。"理解"、"应用"和"分析"虽然也有整体和部分之间的关系,但它们主要是在整体中关注部分;"创造"则不同,它必须从多种来源抽取不同的要素,然后将其置于一个新颖的结构或范型中。创造的过程可以分解为三个阶段:第一是问题表征阶段,此时学习者试图理解任务并形成可能的解决方案;第二是解决方案的计划阶段,此时要求学习者去考察各种可能性及提出可操作的计划;第三是解决方案的执行阶段。所以,创造过程始于提出多种解决方案的"生成",然后是论证一种解决方案并制订行动"计划",最后是计划的"贯彻"。

结合前文"懂而不会"现象的原因探析及实践应对可以看出,从"意义建构"到"能力生成"的五个学习境界或学习阶段与由简单到复杂、由低级到高级的六层认知学习目标都有一个层级的结构,这是它们两者的相似之处。但也很明显,学生从"意义建构"到"能力生成"的五个学习境界或学习阶段更多的具有时间过程的意味,而由简单到复杂、由低级到高级的六层认知学习目标则带有更多认知操作的性质。

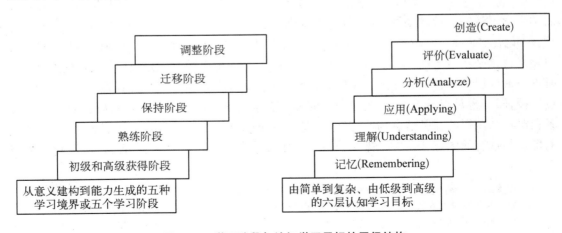

图 3-2　学习阶段与认知学习目标的层级结构

（2）学生能力生成机制的探究——重视问题条件

当然，要切实解决学生的"懂而不会"问题，仅仅研究和探讨教学目标的层级是不够的，我们还需要从心理学的角度探寻从"意义建构"到"能力生成"的内在机制①。根据学习内容和学习方式的不同，一些研究者将人的学习分为机械学习、示教学习以及自适应学习等三种不同的类型，而自适应学习又可以分为发现学习、解释学习、例中学、做中学等几个亚类。传统教学观认为，学生是知识的"存储器"，因而侧重于陈述性知识的传授和记忆。人的自适应学习理论（从认知心理学和学习理论角度阐述了人通过示例学习获取知识与技能的信息加工过程理论）则将学生的学习理解为一个自适应的产生式系统，强调程序性知识（产生式系统）的获取。研究发现：人们在获取产生式规则的过程中，首先通过考察例题和解决问题寻找关键线索，并利用这些线索形成产生式的条件部分，与相应的动作结合成产生式规则，然后，在解决问题的过程中，通过对条件的精细加工、逐步修改完善，从而获得产生式。这两个阶段的认知加工都围绕产生式的条件部分进行，前一个阶段可以称为"条件建构"，后一个阶段可以称为"条件优化"。条件建构使被试由"不会"到"会"，条件优化使被试由"会"到"熟练"。

其实，对于上述从"意义建构"到"能力生成"的内在机制，我们也可以从人体生理学（神经生物学）的研究中找到根据：人们经过长期训练和反复练习，大脑便为这些任务分配了额外的神经元，这就像计算机给复杂程序分配了更多的记忆内存一样。这些额外分配的神经元或多或少被永久地保留下来。例如，专业键盘手或弦乐师拥有更多的运动皮层来控制手指和手部的运动。而且，训练开始的时间越早，相关运动皮层区域就越大。如果训练完全停止，不再被使用的神经元最终会分配给其他任务，技巧的熟练程度就会随之降低。换言之，用进废退。②

从教育学的角度来看，人的能力表现在所从事的各种活动中，并在活动中得到发展，能力生成的过程蕴涵着知识的建构。根据冯忠良教授的研究成果，知识与技能是能力结构的基本构成要素，能力作为活动的稳定调节机制是在获得知识、技能（包括心智技能与操作技能）的基础上，通过广泛迁移和不断概括化、系统化而实现的。知识是人脑对客观事物的主观表征，知识因素主要在活动的定向环节中起着活动的定向工具的作用；技能是人们通过练习而获得的动作方式和动作系统，是一种合乎客观法则要求的活动方式本身的动作执行经验。技能因素主要在活动的执行环节中起控制活动程序执行的作用，使其按合乎法则的要求来执行活动方式。技能可分为操作技能和心智技能。操作技能是控制操作活动动作的执行经验。操作活动的动作是由外显的机体运动来实现的，其动作对象是物质性的客体，即物体。心智技能是一种调节、控制心智活动的经验，是通过学习而形成的合乎规则的心智活动方式。心智活动的动作通常借助于内潜的、头脑内部的内部语言来实现，其动作对象为事物

① 朱新明. 人的自适应产生式学习. 转引自中国心理学会. 当代中国心理学（论文集）[M]. 北京：人民教育出版社，2000：32-36.

② Schlaug, G., Jancke, L., Huang, Y. X., & Steinmets, H. (1995). In-vivo evidence of structural brain asymmetry in musicians. Science, 267, 699-701. 转引自 David A·Sousa. 认知神经科学与学习国家重点实验室脑与教育应用研究中心译：脑与学习[M]. 北京：中国轻工业出版社，2005：78.

的表征,即观念。① 从这一层面来看,就更需要学生自己投入到从"意义建构"到"能力生成"的各项学习活动中来,并且在学习的过程中发展自己的元学习能力,努力加强自身对学习活动本身的控制(自我意识、自我计划、自我调整、自我评价),依据从简单到复杂的学习程序性知识(也包括一定数量的策略性知识)的五个阶段或六个层次,逐渐发现自己所在的位置及水平,找出自己的不足,确定自己改进和努力的方向,从而实现从基础知识的掌握(听懂、学会的境界)这一最初目标到知识的迁移与创新(会学、活用的境界)这一最高目标的转变。

(3)学业练习"质"与"量"的把握——强调有效练习

明确了学习者的学习任务,并不意味着放弃教师的教导责任。由于学生练习是学生掌握知识、形成技能、发展能力的一种必要的教学方法,练习的质量和数量又与学生的学习质量和学业负担有着密切的关系,所以练习便成为学生学习过程中"初级和高级获得、熟练、保持、迁移和调整"等五个阶段的核心内容,因此,除了根据"智育目标论、知识分类学习论与目标导向教学论"②为不同的知识学习提供合适的外部条件之外,深入研究练习的"质"与"量"对学生发展的影响,重视学生有效练习的教学设计,是教师在教学实践层面不得不着力考虑的问题。

事实上,大量的教学实践已经证明:练习的质量与学习质量成正比,与学业负担成反比,即练习质量越高,学生的学习质量就越高,学业负担就越轻。而练习数量与练习质量则相对复杂一些。③ 首先,提高练习质量,应确定科学的练习数量,因为练习质量与练习数量不一定成正比。也就是说,并非练习量越大越好,而过分的"精讲精练"也不利于练习质量的提高,因为精练是以完成教学任务和学生实际水平为依据,以科学的、艺术的训练措施为手段,做典型而有针对性的适量练习。其次,对于不同类型、不同学习能力的学生还应有不同的练习量,因为同样一个命题对于不同的学生其难度、熟悉度是不一样的,因此练习量也应该各异。学生的学习水平一般分为上、中、下三等,那么练习量也就应该因人而异,这样才能提高练习质量。对于不同认知方式的学生,学习相同的内容也应有不同的练习量。深思型并善于琢磨的学生做练习,讲究"悟"其道,举一反三,深钻吃透,解某一类题型时,把这种题型的知识点、相关知识的前后联系、解题思路、条件使用等弄得清楚透彻,一次过"关"。对这类学生练习量就应该精,如果让他们大量重复已经很熟悉、掌握很透彻的内容,就会白白耗费精力。而记忆型并习惯在重复练习中逐渐熟悉知识和训练技能的学生,练习量就应该相应适当加大。针对不同的薄弱环节,练习量更应该有所不同。再者,对于学生掌握知识的某些薄弱环节,要适当增加练习。对于掌握较为牢固的一些知识,只需少量重复即可,这就要求教师布置练习时要讲究针对性,让他们在薄弱环节加大练习量。特别是纠错不能滥用练习手段而随意加大练习量。纠错必须了解和分析学生出错的原因,采取得当的措施,否则事与愿违。比如,学生大脑疲劳导致出错,加大练习量的结果将是出现更多的错,因为连续用脑超过限度,任何人都会出错。此时纠正的办法是消除疲劳,而不是加大练习量。现在相当多学生的练习量都超过了承受的上限,从而导致在考试和

---

① 李文光,何克抗.以知识建构与能力生成为导向的教学设计理论中认知目标分类框架的研究[J].电化教育研究,2004(7).

② 梁平.用广义知识观重建智育理论:知识分类与目标导向教学理论评述[J].教育研究与实验,1999(2).

③ 赵石屏.练习量·有效练习·重复度[J].中国教育学刊,2001(6).

练习中出错。如果教师见错就认定学生练习不够,滥用练习手段,学生因此被迫承受更多不科学的练习量,大脑更加疲劳,致使"这么简单的题都要出错"的情形会一再出现,练习质量大大降低。

三、物理问题解决教学的有效策略

教学效益是由教学时间和教学效果两个因素共同决定的。传统的学科问题解决教学大多采用低效高耗的"题海战术",结果苦了学生,也苦了教师。怎样才能在问题解决教学中既减轻师生负担、又提高教学效益呢?怎样才能从根本上提高学生学科问题的解决能力呢?基于对一般问题和学科问题的解决过程、解决策略[①]的心理学分析和笔者多年的教育教学实践经验,笔者认为:在学科教学中注重培养学生解决问题的积极性、完善学生知识结构、促进学生形成问题图式、掌握学科专门策略和提高学生元认知水平等做法,对于提高学生的学科问题解决能力将会产生十分积极的影响。

(一)培养学生物理问题解决的积极性

在解决问题中,态度成分十分重要,没有强烈的动机和坚定的信心,问题解决将受到很大的影响,有时根本就无法进行。因此,在学科问题解决教学过程中,培养学生解决问题的积极情感体验(态度)是提高学生问题解决能力的首要任务。

著名的美国教育心理学家加涅认为,态度是通过学习形成的影响个体的行为选择的内部状态[②]。这一定义意味着态度首先是一种内部状态,即反应的倾向性或反应准备状态,它不是实际反应本身;态度决定了人们的行为选择,即决定人们愿不愿意完成某些任务;态度不是天生的,而是个体通过与其环境相互作用、通过经验组织或学习而形成的。在态度构成中,不仅有认知成分,还有情感成分和行为成分,其中情感成分——伴随个体对于态度对象所具有的带有评价意义的观念和信念而产生的情绪和情感是个体态度的核心。

根据有关态度学习和改变的内在机制的研究及教育教学实践可以看出,培养学生解决问题的积极情感体验首先要求在较为长期的教学目标基础上确定相对短期的且容易达成的教学目标,注意教学问题的适切性——问题本身要有趣、有用,问题难度、广度要适宜,问题在"重复"中要富有新意、并要有一定的针对性,问题要表现出阶梯、并具有适度的开放性等,只有选用这样合适的问题,并通过学生成功地解决这类问题的实践活动,才能有效培养学生解决问题的积极情感体验、维持学生的成就感或产生对新的成功的期待、形成连续的成功体验,使学生真正领悟到成功解决问题的快乐和意义,产生解决学科问题积极性。

其次,从学生的角度看,正确进行成功解决问题或解决问题失败的合理归因分析,也是提高他们自身解决学科问题积极性的一条有效途径。归因理论指出,学生对于学习成败的归因将直接影响学生今后对成功的预期和努力程度,同时也会产生积极或消极的情感体验。研究表明:持有积极动机模式的学生更多地认为能力是可以通过学习提高的,他们更有可能

---

① 高文.一般的问题解决模式[J].全球教育展望,1999(6).

② R. M. 加涅.学习的条件和教学论[M].皮连生,等译.上海:华东师范大学出版社,1999:250-262.

选择具有挑战性的任务;而持有消极动机模式的学生则把能力视为不变的,他们往往放弃个体的努力。[①] 因此,在教学过程中,教师可以通过创设合理的问题系列对学生的成功和失败进行有效控制,同时引导学生正确地分析结果的产生原因,来逐步改变学生对自我能力的理解,提高自我价值(效能)感和解决问题的积极性。

(二)完善学生的相关专业背景知识

理论研究及教学实践均表明:大量的专业背景知识是影响问题解决最为重要的因素,因为它能在问题解决过程中为双向推理找到有效的思路和突破口,实现知识的顺畅提取;而离开了相关学科或专门领域的知识基础,某些相关领域问题则根本无法解决。

在一定意义上,学生的学科问题解决活动就是按照给定的问题情境对各物体间、各现象间、各过程间、全局与局部间、整体与部分间进行辩证分析,然后根据相关学科知识进行定性或定量的"关联"。要有效地实现这一"关联",学科教师不仅应当积极促进学生相关学科知识"量"的增长,更应该努力提高学生相关学科知识的"质",帮助学生了解相关学科知识的总体结构,深刻理解每一知识点在整体知识结构中的地位、特色及运用特点,在大脑深处形成因果、源流、主次、轻重、隶属、对比等有机协调的学科知识逻辑体系,以提高学生学科知识的组织化程度保证货源充足且组织良好。例如,在物理学科总复习阶段,可引导学生将某些物理量(比如"功"的概念)与其他物理量(如动能增加、势能减少、电场力的功、电流的功、光电子逸出功等)之间的关系加以沟通,使学生对物理学科知识有一个全面的把握,这是解决物理学科问题所必需的基本功。

现代认知心理学根据知识的不同表征方式和作用,将知识分为陈述性知识、程序性知识和策略性知识。前面论及的作为解题者重要资本的"货源充足且组织良好"的知识仓库是就是针对陈述性知识而言的,它着重解决"是什么"和"为什么"一类的问题;而程序性知识和策略性知识则是关于"怎样做"以及"怎样去思考""怎样去学习"的学问,它直接涉及问题解决过程中如何从已知状态向目标状态转化的具体操作和问题解决思路的确定,因此是完善学生认知结构最为重要的方面。也正是在这一层面上,我们才特别强调问题解决过程中的双向推理策略(顺向推理法、逆向反推法、双向逼近法)的重要价值。

双向推理策略的第一种极端情况是顺向推理法,这是学科专家们在解决专门领域问题时常采用的方法。顺向推理法建立在以结构化的学科知识对问题整体表征的基础上,推理是沿着结构化知识的产生式网络自上而下进行的。从最上位的知识点开始,首先将问题表征为概括性较高的学科知识范畴中的问题,然后依据题目中的问题情境,选择符合问题要求的下位知识。按照这一方式,自上而下分析各已知条件和目标变量之间的关系,直至形成满足问题要求的当前联合规则——学科问题的解决思路。逆向反推法则是双向推理策略的又一种极端情况——从未知到已知,它是对问题不能进行整体表征情况下所采取的问题解决方法,是一般问题解决的"目标—手段"分析法在学科问题解决中的具体应用。此时,推理从

---

① 邵瑞珍. 教育心理学[M]. 上海:上海教育出版社,1997:310 - 312.

未知(目标变量)出发到激活与问题有关的各个物理概念、规律、公式和方法,并将与问题相关的各种联系作为各种可能思路的假设保存在记忆中。然后将每一假设中出现的中间未知量与问题中的已知条件加以比较和对照,选择最接近问题起点的假设作为进一步推理的思路。

顺向推理使我们在已知的基础上向前走几步,逆向反推使我们从要解决的问题状态向后退了几步。所以,成功的问题解决者总是充分获取题目的条件和目标所提供的信息,并以这两个状态互为远点、由远及近向对方靠近——双向逼近,从而有效缩短了从已知到未知的距离,使我们能在心理视野的范围内"看清"已知与未知之间的"联系"或者说"关联",进而发现从已知通向未知的途径,找到学科问题的解决思路。

(三)学会基于问题图式的思维方法

通过对学科问题解决过程的深刻研究知道,形成"学科问题图式"有利于提高学科问题解决能力,其内在机制源于它能为搜索联想(联想、相似思考、提取类比物)提供素材上的丰富准备。

问题解决往往首先是问题的识别和问题的表征,而问题图式中不仅含有类似问题的"原型",同时也含有大量而具体的问题解决策略性知识,这就决定了问题图式在新问题解决中的巨大价值。莫斯科大学教授 C. A. 亚诺夫斯有一次发表《解题意味着什么》的演讲时,他的回答简单得出乎听众意料之外:"解题……就是意味着把所要解决的问题转化为已经解过的问题。"著名教育家波利亚也说:"解题者所做的脑力工作就在于回忆他的经验中能用得上的东西。"笛卡尔也曾有一句名言:"我所解决的每一个问题都将成为一个范例,以用于解决其他问题[1]。"从这些论述中可以看到:基于相似性的有效办法愈多,则问题解决能力愈高;天生的智力不能代替知识的积累,经验是没有任何东西可以替代的;问题图式的形成需要长时期的积累[2]。但也必须指出,基于问题相似性的联想搜索策略是解决问题的一种"经验性准则"——常常能但并不保证一定能解决问题。

在学科教学实践中,要形成一定"量、质、类"的学科问题图式——学科问题的原型(又称问题的深层结构)和该种类型学科问题的解决模式,可以考虑以下一些基本途径:

(1)问题图式的变式训练:抽象性与具体性要求之间的矛盾在解决问题场合最为突出,学生学会了对具体问题的解决方法,不一定就能够解决其他问题。解决问题的能力或解决问题的迁移形成必须要对问题解决方法进行抽象,但是,教师抽象出来的图式却不能为学生直接接受,它需要学生在具体的问题解决活动中通过排除不重要的细节、概括问题解决规则、比较多种变式情境等过程加以自我建构。例如在物理学科教学中,学生要形成一般的碰撞问题图式,他(她)必须通过各种具体碰撞问题的求解——两个物体接触力的碰撞、不接触力的碰撞;冲力的碰撞、摩擦力的碰撞;力学中的碰撞、热学中的碰撞、电学中的碰撞、微观粒子的碰撞等——来实现。

(2)问题图式的样例学习:样例学习是与例题教学不同的一种教学处理[3]。例题教学是

① 刘电芝.学习策略研究[M].北京:人民教育出版社,1999:125.

② J·R·安德森.认知心理学[M].杨清,张述祖,等译.长春:吉林教育出版社,1989:338-378.

③ 李晓文,王莹.教学策略[M].北京:高等教育出版社,2000:91.

由教师讲解例题,然后再让学生做大量的习题。样例学习是向学生书面呈现一批解答好的例题,学生可以自学这些样例,再试着去解决问题,并通过这些问题与样例的熟悉和比较形成物理问题图式。从图式的形成机制来看,样例可以使同样的规律信息在学习者的加工记录中反复出现,因而便于学习者察觉规律,同时消除与加工规律无关的信息和加工环节,提高人的自动化加工能力。

(3)问题图式的开放性训练:认知发展心理学认为,"手段—目的"分析的问题解决策略属于比较幼稚的、急功近利性的解决问题思路,它不利于从学科的知识体系去认识问题,因而不利于形成问题图式,最终阻碍解决问题能力的发展。与此相反,专家的顺向推理思路则立足于从大的知识体系出发对问题作规律性的分析———看到问题的条件马上就会形成对问题的组织推理,即把问题涉及的条件和任务纳入该学科的问题体系中去。基于这一认识,教学中应设法使学生形成反映知识体系的问题图式,为此,在学科问题解决教学中通过对学科问题一题多解的归纳和一题多变的拓展,并通过在此基础上对学科问题的进一步抽象、概括和归类,特别是采用无特殊(具体)条件和无特殊(具体)问题的开放式训练,即从一种情境进行辐射、以此网罗同类操作模式,将有利于学生形成关于学科问题图式的一种体系化的认识。例如,在物理学科"带电粒子在电场中的运动"这部分内容教学中,可以就带电粒子在电场中的静止(密立根油滴实验)、匀速直线、匀速圆周、类双星、加速、减速、偏转、摆动、连续粒子流轰击等各种情况让学生主动建构,最终形成有关带电粒子在电场中运动的一系列问题图式。

和双向推理策略不同,联想搜索策略对于解决较为常规、较为熟悉的问题则更为常用且有效。这类问题的解决基本上就是选择和启用合适相应或相近的问题图式的过程,有时也需要对问题图式加以变化或调整以适应新的情况。

(四)掌握学科问题解决的专门策略

教学实践表明:单靠问题解决"量"的积累并不必然导致学生问题解决能力"质"的提高;优秀学生与中等学生解决学科问题能力差异的最主要原因并不是基本知识的差异,而是问题解决策略上的差异;不同的问题图式中也含有特定的问题解决策略。因此,在学科问题解决教学中,教师应当将解决学科问题的有效思维策略十分清楚地提炼出来,明确地、有意识地教给学生,并让学生在学科问题解决的实践活动中掌握使用各种策略。

相对于表现在学科问题解决过程中识别、表征、选择、应用和反思等各个环节上的一般策略(双向推理策略和联想搜索策略是它们的典型代表),一些特定学科问题的解题技巧和特殊方法则为我们提供了大量的解决学科问题的学科专门策略,它对我们解决许多实际而具体的学科问题更为有用。这类策略内容丰富,又具有针对性,例如物理学科问题解决中的模式识别策略、问题转化策略、逻辑推理策略、结合关联策略、极端分析策略、图解表征策略、虚设微元策略、回顾反思策略等,它是我们在学科问题解决教学过程中需要让学生理解、掌握和熟练应用以解决学科专门领域问题的主要内容。

随着《基础教育课程改革纲要(试行)》的颁布实施,以学生主动探究、积极建构、注重合作为特征的学习方式变革已成为这场教学改革的一项重要任务,而科学探究作为一种有效的学习方式,其合理性被教学实践所证实、并被大家广泛接受和认同。科学探究"需要做观察,需要提问题,需要查阅书刊及其他信息源以便了解已有的知识;需要设计调查和研究方案;需要根据实验证据来核查已有的结论;需要运用各种手段来收集、分析和解释数据;需要提出答案、解释和预测;需要把结果告之于人。探究需要明确假设,需要运用判断思维和逻辑思维,需要考虑其他可能的解释"。[①] 对科学探究的深入研究发现,"问题、事实(证据)、解释、评价、发表与交流"不仅仅在流程上相互联系(传统认为:"问题→事实/证据→解释→评价→发表与交流"等是科学探究活动的基本环节),在内容上更是相互渗透,它们构成了科学探究不可缺少的基本要素而贯穿于探究的始终。提出问题、分析问题、共同研究、解决问题、然后再提出新的问题,通过问题解决的连续思维序列实现个体的认知发展,这是科学探究的过程,也是问题解决的过程。正是在这一层面上,发展学生理解探究学习的策略和从事探究学习的能力,是提高学生解决物理问题能力的又一条途径。

发展学生从事探究学习的能力,要求学生直接参与探究实践活动;相应地,提高学生解决学科问题的能力,也需要学生进行不间断的问题解决实践。在学科问题解决策略的具体教学实践过程中,还必须注意以下几点:① 讲明问题解决策略的意义和价值,有助于提高学生学习和使用策略的热情;② 讲清策略使用的条件,以减小搜索策略的范围,提高检索策略的速度,这一点尤其重要;③ 要循序渐进,先易后难,逐步积累;④ 一次不要教给学生太多的策略,要留给他们足够的时间去理解、掌握、熟练;⑤要给出丰富的变式,使学生对策略形成概括性的认识,并能在广泛的范围内迁移。

(五)养成物理问题解决的反思习惯

策略性知识学习的最高水平是学习者不仅能在熟悉的问题情境中应用某种学习过的策略,而且能把习得的策略迁移到新的问题情境中。换言之,从学生向老师学习策略、到策略在新情境下的正向迁移、再到学生能根据新的问题情境自发地生成策略,是学生问题解决能力发展变化的三个阶梯,也是学生之间问题解决能力差异的主要原因。能够自发地生成策略是学生问题解决能力发展的最佳境界。

新近的研究表明,要实现问题解决策略从学习、迁移到自发生成这一最终目标的顺利发展,必须把策略的学习提高到反省认知水平,即学习者必须清晰地意识到所学习的策略是什么(what),它所适用的范围(where),怎样应用(how),何时应用(when)以及应用的效果(what effect)。很明显,解决这五个"w"问题(其实是"4w+h"问题)实际上就是学生对自己认知过程和认知结果的认知——反省认知或称为元认知。

从元认知的构成成分来看,它包括元认知知识、元认知体验、元认知监控。在这三种成分中,元认知监控能不断评价认知过程、获得认知活动质量的信息,能适时地调整计划、

---

① [美]国家研究理事会科学、数学及技术教育中心.科学探究与国家科学教育标准:教与学的指南(第 2 版)[M].罗星凯,等译.北京:科学普及出版社,2010:14.

选用恰当策略以保证有效完成任务,并能评价认知结果、估计完成任务的程度,因而是元认知的核心。由于元认知是"认知主体对自身心理状态、能力、任务目标、认知策略等方面的认识,同时又是认知主体对自身各种认知活动的计划、监控和调节",所以,问题解决中的元认知集中表现在学生能够不断地思考:我已做了什么? 我正在做什么? 我将要做什么? 我应用了什么策略? 策略有效吗? 是否要做一些改动? 和以前相比,我的最大收获是什么? ……

在实际教学中,从教给学生学科问题解决策略到学生自发地生成问题解决策略,实质上也是学生主要靠外部评价向自我评价、从外控向内控的转变。为了实现这一转变,"启发式自我提问方法"或者"元认知训练问题提示单"①是极为有效的途径,它能把思维过程控制的主动权交给学生,并促使学生对学科问题解决过程的监控从外控向内控不断地过渡、从有意识向自动化逐渐地转化,最终形成稳定而有效地调控自己思维过程的元认知技能,自发地生成问题解决策略,从而最大限度地促进学生问题解决技能的迁移和问题解决能力的发展。

把问题解决策略的学习提高到元认知水平,教师可以在自己评估之前为学生提供对自己的答案加以评估的机会,使学生养成良好的自我评估习惯,并能够根据新的问题情境自发地生成问题解决策略,这是教师试图帮助学生发展的一个重要方面,对提高学生的学科问题解决能力具有特别重要的意义。

当然,和概念教学、规律教学、实验教学等一样,学科问题解决教学也只是相关学科教学的一部分,仅就问题解决而研究问题解决,其效果也必然是有限的。因此,只有将学科问题解决教学放在整个学科教学的全过程中来研究,才能获得高的效益和好的效果。另一方面,从个体发展的各种可能变为现实这一意义来说,只有在学生深刻理解和掌握学科概念、规律、实验、方法的基础上或过程中,并通过一定质和量的学科问题解决的实践活动,才能使学生的学科问题解决能力得到真正地提高。

四、物理问题解决教学的实例分析

原始物理问题教学②是首都师范大学物理系邢红军教授提出的一种创新的物理教育理论,体现了物理教育的本原回归,代表了高考物理命题改革的方向,促进了学生物理认知状态的改变。

(一)原始物理问题的教学价值

原始物理问题的教育思想与现象学理论的基本思想是一脉相承的,是物理教学特别是物理问题解决教学在"回到事情本身"和回归"生活世界"的追求。它改变了我们一直以来站在物理教育外部、远离生活世界来对待物理教育的态度和方式,使我们从抽象、晦涩的"题海战术"中解脱出来,重新返回到物理教育发生着的地方——活生生的物理现象。

① 何善亮.物理问题解决过程中"思维策略自我提示卡"的应用[J].教育科学研究.2004(3).
② 邢红军.原始物理问题教学:物理教育改革的新视域[J].课程·教材·教法,2007(5).

原始物理问题启发我们在物理教育活动中应当关注学生的体验,强调物理教育实践的重要性,追求物理教育意义的实现,重视师生间的主体交互性,注重物理教育反思,寻求对物理现象的理解,注重物理教育的情境性……因为所有这一切都是在活生生的物理教育的世界中发生着的。这样原始物理问题教学就成为"通达科学的教育和人生形式",是物理教育价值实现的源泉。这种对生活世界和物理现象本身的关注,使得物理教育不再是枯燥的、抽象的,而是生动的、丰满的;不是固定的、僵死的教条,而是一种活生生的物理教育世界的展现,是对学生物理知识、物理方法和思维品质的唤醒和触动,是对物理教育价值与意义的追寻。

原始物理问题教学使物理教育从纯粹的知识传授模式中走出来,进入到物理知识传授与应用相结合的新阶段,这使得物理教育更加符合其培养目标。它拓展了人们的物理教育视野,拓宽了物理教育的范畴,进一步增进了人们对于物理教育本质的理解与认识,从而有助于真正实现物理教育的目的。

原始物理问题与物理现象发生了直接联系,理应成为高考物理命题改革的方向。例如,《中国青年报》1990 年 12 月 25 日报道了我国前往南极的科学考察船"极地号"上发来的专电——"极地号启动减摇装置慢速航行",报道称:"随着西风带的离去,船体摇动愈发剧烈……为了减小船体摇动,船上采取了新的减摇措施,为此轮船降低了航速并且改变了航向。"请推导出一个表达式,说明改变轮船的航向和航速,就能达到使轮船摇摆减轻的目的?

原始问题的呈现没有对物理现象进行抽象。比如,轮船的长、宽、高是否需要考虑? 轮船的质量是否需要考虑? 甚至这个原始问题属于什么方面的问题,需要应用什么物理定理或定律等? 都需要学生自己去深入思考。因此,正是借助于这些过程,原始问题真正有效地考察了学生的物理能力。

"轮船减摇"实际上是一个多普勒效应问题。通过改变轮船的航向和速度,来改变轮船接收到的波浪冲击的频率。当然,也可以采用机械波的频率、波长、波速三者之间关系的公式 $f=v/\lambda$ 来解决。由于轮船的速度与波浪的速度有一定夹角,因此,需要把波速向船速投影,再应用公式 $f=v/\lambda$ 就能使问题得到解决。

原始物理问题既是一种新的物理教育思想、一种新的物理教育理念、一种新的物理教育方式,又是一种新的物理学习方式、一种新的物理教育资源、一种新的物理教育评价。当人们关注焦点从物理习题转变到原始物理问题,意味着物理教学又向前推进了一大步,它不仅使物理问题更像物理问题,而且更有助于发挥物理教学育人的价值,并更好地实现"从生活走向物理、从物理走向社会"这一课程改革理念,因而也需要人们给予特别的关注。

（二）物理问题图式的教学分析

前文提及形成"学科问题图式"有利于提高学科问题解决能力,其内在机制源于它能为搜索联想(联想、相似思考、提取类比物)提供素材上的丰富准备,为问题解决特别是问题的识别和问题的表征提供了类似问题的"原型",同时也含有大量而具体的问题解决策略性知识。那么,问题图式究竟是什么?它又是怎样帮助人们产生联想的呢?

所谓图式,就是围绕某个主题组织起来的认知框架或认知结构,它是一些观念和关系的集合。图式是一种有组织的知识结构,它涉及了人对某一范畴的成员所具有的典型特征及关系的认识。图式是抽象的,它为相互联系的观念留有"空位",当学习者学习该范畴中新的成员时,便能按图式捕捉关键信息,并填补这些空位。在物理学科的学习中,同样存在针对特定范畴进行整体表征的图式,比如对物理量的学习就可以从以下几个方面进行表征:定义;物理意义;性质(矢量或标量);公式;单位;典型实例等。

20世纪80年代末,认知心理学家通过"专家—新手"的比较研究来揭示专家所具有的解决本领域问题的强方法。研究发现,新手采用的往往是典型的逆推法,该方法在物理解题中也称为分析法;有经验的教师(相对专家)则由已知条件出发,从而表现出向前推理的特征。与新手相比,专家形成针对本领域问题解决的方法,针对性强,解决问题的效率高,这种方法在认知心理学中称为强方法;而新手采用的方法,应用范围广,但解决具体问题的效率相对较低,称为弱方法。

进一步研究表明,新手是根据问题表面的特征进行分类的,试图直接把给定的信息转变为公式,并且算出题目中所缺的量;而专家能以更深的水平表征本领域的问题,能理解问题的深层含义及蕴涵的原理,往往利用描述要点、画结构图等方法,力图把握题目要素及存在的关系,给问题构造一个新的描述,直到在脑海里有了一些策略,他们才会继续往下做。因此,在解决问题初期,专家动手较新手晚,但解决时计算过程快。由此说明,专家具有特定问题内在本质结构的表征。此外,专家与新手相比,还有这样一些特征:拥有更多领域的知识且组织得更符合学科本身特点;学科知识运用的自动化程度高;在解决问题的过程中,表现出较强的自我监控技能等等。

有研究者指出,在经历解决大量本领域问题的过程中,专家形成了一种针对领域中特定类型问题解决的整体性表征方式——问题图式,它允许问题解决者根据问题解决的方式对问题进行分类,是造成专家和新手问题解决技能差异的根本原因。由于专家的问题图式中不仅包括更多有关某个问题领域的陈述性知识,而且比新手拥有更多与该领域相关的策略性知识,所以他们才能比新手更加准确地预测问题解决的困难,并高效地解决问题。

问题图式主要包含三方面内容:特定类型问题的内在本质结构特征;解决此类问题必须具备的专业领域知识;解决此类问题的策略,主要是强方法。正是问题图式,将一类问题本质结构特征与解决此类问题的强方法有机联系起来。在教学实践中,具有大量本领域问题图式的学科专家,在面对不曾求解过的领域新问题时就会花费较多的时间对问题的深层结构进行表征,一旦专家识别出该问题符合本领域某个问题图式的特征,就可以启动解决该类问题的强方法,从而高效地挑选出必要的技能解决问题,同时体现出专家解决问题时向前推理的特征。为了帮助学生解决物理复杂问题,形成物理问题解决的图示,我们可以从下面几个方面入手:通过练习帮助学生形成基本物理概念和定理的技能化;结合问题教授学生解决领域问题的策略,主要是强方法;精选本领域具有典型特征的问题,帮助学生把握特定类型问题情境中的本质结构特征,并进一步与解决问题的方法或者说策略相联系,逐渐形成针对特定类型问题解决的图式。例如,"人—船"模型一类物理问题的解决,其问题图式的形成可以按照以下环节开展教学:

教学环节一:问题解决阶段。

师:请同学们尝试完成如下问题。

[例题1]质量为 M 的小船停在静止的湖面上,船身长为 l。当一质量为 m 的人从船头走到船尾时,小船相对于湖岸移动的距离为多少? 设水对船的阻力不计。

(学生思考,解决。然后教师分析解决。)

当人从船头走到船尾时,船相对于湖水通过的位移为 s,则人相对于湖水通过的位移为 $[-(l-s)]$。

系统在水平方向系统动量守恒,由平均动量守恒关系得:

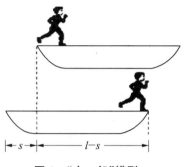

图1　"人—船"模型

$(Ms/t)+m[-(l-s)/t]=0$

由于运动的等时性,解得 $s=ml/(M+m)$

由此可得人移动的距离为 $l-s= Ml/(M+m)$

师:请同学们完成下面一道问题。

[例题2]一倾角为 θ 的直角劈静置于光滑水平面上,其质量为 M,今有一质量为 m 的小物块沿光滑斜面下滑。设直角劈斜面顶端高度为 h,当小物块从斜面顶端自由下滑到底端时,求直角劈在水平面上移动的距离。

(在教师引导下,学生分析解决。)

教学环节二:学习解决"人—船"模型的图式。

1. 学习解决此类问题的方法

师:刚才我们求解的两道问题,请同学们思考,在解决上述两道问题时所用的方法有何特点?

生:都运用动量守恒定律,且由于在每一时刻系统均满足动量守恒定律,所以可以采用平均动量定律来求解。

生:要建立运动中两个物体移动距离与其相对运动距离之间的关系。

(教师对学生的回答做清晰的阐述。)

师:分析以上两道问题的求解,其实质是在一对内力作用下的,两个物体组成的系统在一个方向上动量守恒。解这类问题一般首先由动量守恒决定两物体在运动位移上的关系,运算可得 $s_1/s_2=m/M$,然后根据两物体移动距离与相对运动距离之间的关系(在上面模型中 $s_1+s_2=l$),出两物体对地的运动距离 $s_1=m/(M+m)$,$s_2= M/(M+m)$。

2. 分析此类问题的本质结构特征

师:上面我们分析了解决上述两道问题的方法,那么这两道问题在研究对象、运动过程和形式上有什么相同的地方吗?

(学生思考讨论、分析。)

生1:都涉及两个物体,且在一个方向上受力为零,因此动量守恒。

生2:系统初时两个物体均静止,所以动量为零。

生3:两个物体运动方向相反。

生4:待求量都是物体移动的距离。

师:将几位同学的回答综合起来就比较全面了,前面问题确实存在上述特征。

3. 学习并形成解决"人—船"模型问题的图式。

教师分析概括,并清晰板书:

问题结构特征	解题所需知识与技能	策略
呈现情景:1. 两个物体;2. 初始状态静止;3. 两个物体在同一方向上沿相反方向运动;4. 相互运动时物体间存在相互作用;5. 在该方向上不受外力。待求:两物体移动距离间的关系	理解质量、长度,运动、运动距离、摩擦力的概念。 会运用摩擦力、动量守恒定理、会运用运动物体距离间的关系	由动量守恒定理,建立两物体移动距离之间的关系,然后根据两物体移动距离与相互运动距离间几何关系,联立求解

图2 "人—船"问题的解决图式

教学环节三:图式的运用。

师:请同学们完成下面两个问题:

[习题1]某人在一只静止的小船上练习打靶,已知船、人、枪(不包括子弹)及靶的总质量为 M。枪内装有 n 颗子弹,每颗子弹的质量均为 m,枪口到靶的距离为 L,子弹水平射出枪口相对于地的速度为 v。在发射后一颗子弹时,前一颗子弹已嵌入靶中,求发射完 n 颗子弹时,小船后退的距离。

[习题2]质量为 m 的气球下带有质量为 M 的小猴,停在距地面高为 h 的空中,现从气球上放下一轻绳使小猴沿绳滑到地面,为使小猴安全着地,绳至少多长?

上述教学重点落在帮助学生习得解决"人—船"模型的问题图式。在环节一,学生尝试自己解决同类问题中的两道,并在教师的引导分析下解决两道问题,学生不自觉地经历了正确解决该类问题的思路和方法;环节二中,习得解决此类问题的方法,见"1",为方法意义学习的教学阶段;习得问题的题型特征,见"2",为形成解决此类问题的图式做准备;学习解决此类问题的图式,见"3"。在环节三,学生运用图式来解决属于同一类型但情景差异大的问题,即方法与图式的运用阶段,此环节与环节二构成完整的方法以及图式教学。

(三)基于题组的物理问题解决教学例析

问题解决教学是物理教学中的一个重要组成,在没有把握有效问题解决教学的本质时,教师只能求助于学生的多做多练而领悟其中的方法,但教学效率低,学生往往沉浸于题海之中。认知心理学的研究揭示出领域专家具有的心理结构上的特征,为教师培养解决物理问题能力指明了方向,具有可操作性。在问题解决教学中,教师如果能够有意识地通过题组训练的方式,亦学习解决此类问题的方法、分析此类问题的本质结构特征,就可以启动解决该类问题的强方法,从而高效地挑选出必要的技能解决问题,由此体现出专家解决问题时向前推理的特征。下面"从习题编制角度看磁场中'动态圆'类问题",就可以看作是为了探寻"磁场中'动态圆'类问题"图式的努力。

磁场中"动态圆"类问题表征复杂,综合程度高,一直是高考的考察重点,也是学生学习普遍感到困难的地方,其原因有以下三点:首先,在"动态圆"类问题中,带电粒子速度大小、方向、电性及磁场的强弱和分布区域等方面均有不同可能性,过程亦复杂多变;其次,对轨迹圆的"动态性"分析既要用到"动态圆"的缩放法或平移法等方法,又涉及临界、极值、多个解等问题,需要较高的直觉想象思维和一定的几何作图能力;最后,学生即使理解清楚了"动态圆"类型的某一个习题的解法,也难以从物理本质上思考该类问题的一般规律性,达不到举一反三的解题效果。为此,如能从习题编制的角度了解磁场中"动态圆"类问题的最初模型及其由简到繁的演变与扩展的规律,把握出题者的意图,则能从本质上掌握该类型问题的一般分析方法。

从习题编制角度看磁场中"动态圆"类问题①

1. "动态圆"的最原始情景——磁场全无界

1.1 粒子速率不变,方向任意

情景描述:如图1所示,在垂直于水平面的无限大的匀强磁场中,磁感应强度为B,在水平面内某点O处有一粒子源,粒子源朝各个方向发射质量为m,电荷量为$+q$、速度大小均为v的同种带电粒子(重力不计)。试分析这些粒子在匀强磁场做圆周运动的运动轨迹,并研究这些圆轨迹的圆心分布规律以及这些带电粒子在磁场中可能经过的区域。

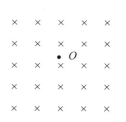 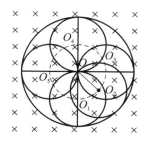

图1 无限大匀强磁场 　　图2 各粒子运动轨迹

析:如图2所示,在这种最原始的情况中,粒子的速度大小一定,方向不确定,粒子在磁场中做同方向旋转的匀速圆周运动,所有圆的半径大小均为$r=\dfrac{mv}{qB}$,并相交于入射点;所有粒子圆轨迹的圆心均分布在以粒子源为圆心、半径为$r=\dfrac{mv}{qB}$的圆周上;带电粒子在磁场中可能经过的区域是所有粒子做圆周运动所对应的所有圆的包络面,即以粒子源为圆心,半径为$2r$的大圆。

① 潘岳松.从习题编制角度看磁场中的"动态圆"类问题[J].中学物理教学参考,2012(8).

1.2 粒子方向限定,速率任意

情景描述:在1.1基础上,将粒子发射方向限定,其速率任意,其他条件不变,试分析这些粒子在磁场做圆周运动的特点。

析:如图3所示,由于带电粒子的初速度大小不同,方向相同,因此,各个粒子做匀速圆周运动的半径 $r=\dfrac{mv}{qB}$ 也不相同,且半径随粒子速度的增大而增大。所有粒子做圆周运动的圆心都在过入射点且与初速度方向垂直的射线上,组成一组动态的内切圆。尽管半径不同,但是各个粒子运动的周期 $T=\dfrac{2\pi m}{qB}$ 均相同。

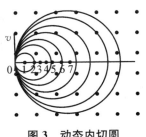

图3 动态内切圆

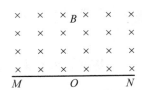

图4 向匀强磁场中发射正离子

2 "动态圆"习题编制的第一种思路——磁场半无界

2.1 粒子速率不变,方向任意

例1:如图4所示,在 MN 轴的上方($y\geqslant0$)存在着垂直于纸面向里的匀强磁场,磁感应强度为 B。在原点 O 有一个离子源向 x 轴上方的各个方向发射出质量为 m、电量为 q 的正离子,速率都为 v。不计重力,不计粒子间的相互影响。用阴影与实线把粒子可能出现的范围包起来。

析:如图5所示,射入磁场的正离子均沿逆时针方向旋转,所做圆周运动的半径相同;轨迹是在以粒子源为圆心、半径为 $r=\dfrac{mv}{qB}$ 的圆,粒子可能出现的范围如图6所示,为所有圆的包络面。

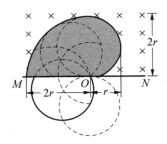

图5 不同粒子在磁场中的运动轨迹

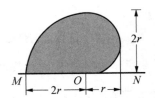

图6 粒子可能出现范围形成的包络面

2.2 粒子方向、速率限定,电性不同

例2:如图7所示,直线 MN 上方有磁感应强度为 B 的匀强磁场。正、负电子同时从同一点 O 以与 MN 成30°角的同样速度 v 射入磁场(电子质量为 m,电荷为 e),它们从磁场中射出时相距多远?射出的时间差是多少?

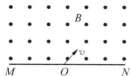

图7 正、负电子同时从O点射入磁场

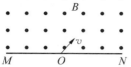

图8 正、负电子在磁场中的偏转轨迹

析：如图8所示，正负电子的半径和周期是相同的，$r=\dfrac{mv}{qB}$，$T=\dfrac{2\pi m}{qB}$，只是偏转方向相反。先确定圆心，画出半径，由对称性知：射入、射出点和圆心恰好组成正三角形. 所以两个射出点相距$2r$，由图还可看出经历时间相差$\dfrac{5T}{6}-\dfrac{T}{6}=\dfrac{2T}{3}$，进而可求出两射出点相距$s=\dfrac{2mv}{eB}$，时间差为$\Delta t=\dfrac{4\pi m}{3eB}$。

3 "动态圆"习题编制的第二种思路——磁场直线有界

3.1 粒子方向限定,速率任意,宽度一定的无限长磁场区域

粒子方向限定，则圆心所在的直线也就限定，速率在变化，则半径也随之变化，可以根据"缩放圆"的方法来判断粒子的径迹。在图9中，初速度方向竖直向上，圆心在磁场原边界上，在图10中，初速度方向水平向右，圆心在过入射点跟边界垂直的直线上，在图11中，初速度方向斜向上，圆心在过入射点跟速度方向垂直的直线上。

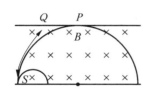 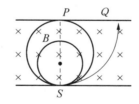 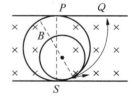

图9 入射粒子初速度竖直向上　图10 入射粒子速度水平向右　图11 入射粒子速度斜向上

例3：如图12所示，A、B为水平放置的足够长的平行板，板间距离为d，A板上有一电子源P，Q点为P点正上方B板上的一点，在纸面内从P点向Q点发射速度在$0\sim v_m$范围内的电子。若垂直纸面内加一匀强磁场，磁感应强度B，已知电子质量为m，电量为q，不计电子重力及电子间的相互作用力，且电子打到板上均被吸收，并转移到大地，求电子击在A、B两板上的范围。

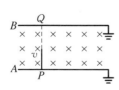 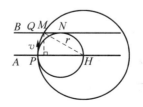

图12 例3情境图　　图13 粒子在磁场中的运动情况

析:本题中电子的速度方向相同,速度大小不同。可以假设电子在全无界匀强磁场中运动,如图 13 所示,根据左手定则及"缩放圆"的知识可以判断出沿 PQ 方向以大小不同的速度射出的电子均做顺时针方向的匀速圆周运动,这些半径不等的圆均相内切于点 P,并与 PQ 相切,他们的圆心都在过 P 点的水平直线上。

由 $qvB=\dfrac{mv^2}{r_m}$,电子运动的最大轨迹半径 $r_m=\dfrac{mv_m}{qB}$,在此基础上再加上直线 BQ,AP 与 BQ 相当于磁场的两条边界线,只需画出半径分别是 d 和 r_m 的两个特殊圆,则电子可以击中 A 板 P 点右侧 PH 段及 B 板 Q 点右侧 MN 段,接下来应用几何关系即可求得这两段范围的大小。

3.2 拓展 1:粒子方向限定,速率任意,磁场矩形有界

在 3.1 基础上,将匀强磁场进一步限定在矩形边界内,粒子射入磁场的方向限定,速率任意,则由左手定则,在图 14 中,初速度方向竖直向上,粒子做圆周运动的圆心在磁场原边界上,速度较小时粒子作半圆运动后从原边界飞出;速度在某一范围内时从侧面边界飞出;速度较大时粒子作部分圆周运动从对面边界飞出。

在图 15 中,初速度方向斜向下,粒子做圆周运动的圆心在过入射点跟速度方向垂直的直线上,速度较小时粒子作部分圆周运动后从原边界飞出;速度在某一范围内从侧面边界飞出;速度较大时粒子作部分圆周运动从另一侧面边界飞出。

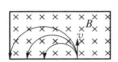

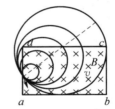

图 14 入射粒子初速度向上　　　图 15 入射粒子初速度斜向下

3.3 拓展 2:粒子方向限定,速率任意,磁场三角形有界

在 3.2 基础上,如图 16 所示,将矩形有界磁场改为三角形有界磁场,粒子射入磁场的方向限定,速率任意,则当粒子的速率为某个值 v_1 时,如图 17 所示,其圆轨迹正好与 AC 边相切于 E 点,这是要求解的临界条件。

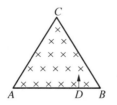

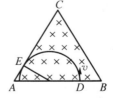

图 16 三角形有界磁场　　　图 17 粒子速率恒定的临界情况

4 "动态圆"习题编制的第三种思路——磁场圆形有界

带电粒子沿垂直于磁场的方向进入圆形有界磁场,其运动轨迹为一段圆弧(优弧或劣弧),连接圆弧的两端点(即入射点和出射点)得到弦,粒子在入射点和出射点的速度方向即

为该圆弧的切线方向。

4.1　粒子方向任意,速率限定,磁场圆形有界

例4:如图18,半径为$r=10$ cm 的匀强磁场区域边界跟 y 轴相切于坐标原点 O,磁感强度 $B=0.332$ T,方向垂直纸面向里。在 O 处有一放射源 S,可向纸面各个方向射出速度为 $v=3.2\times10^6$ m/s 的粒子。已知 α 粒子质量 $m=6.64\times10^{-27}$ kg,电量 $q=3.2\times10^{-19}$ C,试画出 α 粒子通过磁场空间做圆周运动的圆心轨道,求出 α 粒子通过磁场空间的最大偏角。

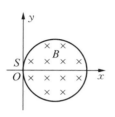

图18　例4情境图　**图19　α粒子做圆周运动的轨迹及几何关系**

析:设 α 粒子在洛仑兹力作用下的轨道半径为 R,由 $Bqv=m\dfrac{v^2}{R}$ 得

$$R=\frac{mv}{Bq}=\frac{6.64\times10^{-27}\times3.2\times10^6}{0.332\times3.2\times10^{-19}}\text{ m}=0.20\text{ m}=20\text{ cm}$$

α 粒子进入速度方向不确定,但粒子入射点是确定的,α 粒子各种情况下所做圆周运动的圆心轨迹是以 O 为圆心,半径 $R=20$ cm 的圆周,如图19中虚线所示。

由几何关系可知,速度偏转角总等于其轨道圆心角。半径 R 一定,则 α 粒子速度偏转角最大,轨道圆心角最大,其所对应的弦最长。该弦是偏转轨道圆的弦,同时也是圆形磁场的弦。显然最长弦应为匀强磁场区域圆的直径。即 α 粒子应从磁场圆直径的 A 端射出。

如图19,作出磁偏转角 φ 及对应轨道圆心 O',据几何关系得 $\sin\dfrac{\varphi}{2}=\dfrac{r}{R}=\dfrac{1}{2}$,得 $\varphi=60°$,即 α 粒子穿过磁场空间的最大偏转角为60°。

4.2　粒子方向限定、速率任意,磁场圆形有界

例5:如图20所示,在圆形区域内有垂直纸面向里的匀强磁场。从磁场边缘 A 点沿半径方向射入一束速率不同的质子,试分析这些质子在磁场中的运动情况:

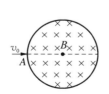 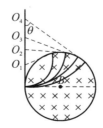

图20　圆形区域内的匀强磁场　**图21　不同速率质子的偏转半径不同**

析：如图 21 所示，粒子左旋转，半径 $r = \dfrac{mv}{qB} \propto v$，半径越大，速度偏向角 θ 越小，圆心角等于偏向角。粒子在圆形磁场中的时间 $t = \dfrac{\theta}{2\pi} T = \dfrac{\theta m}{qB} \propto \theta$。

4.2 拓展：速度大小、方向均不确定，磁场环形有界

例 6：如图 22 所示，环状匀强磁场围成中空区域，中空区域中的带电粒子只要速度不是很大，都不会穿出磁场的外边缘而被约束在该区域内。设环状磁场的内半径 R_1，外半径 R_2，磁场的磁感强度 B，若被束缚带电粒子的电荷量为 q，质量为 m，荷质比为 q/m，中空区域内带电粒子具有各个方向的速度，求所有粒子不能穿越磁场的最大速度。

图 22　例 6 情境图　　　　图 23　以 O 点为圆心旋转轨迹

析：带电粒子进入磁场做圆周运动，由于初速度大小、方向均不确定，可采用边放大边旋转的方法，如图 23 所示，可知，满足题意的最大速度的粒子为沿着小圆切线方向进入磁场的粒子，且该粒子轨迹恰好与磁场的外边缘相切于 P 点。设最大半径为 r_{m}，则 $r_{\mathrm{m}} = \dfrac{OP}{2} = R_2 - R_1$，$r_{\mathrm{m}} = \dfrac{mv_{\mathrm{m}}}{qB}$，解得 $v_{\mathrm{m}} = \dfrac{qB(R_2 - R_1)}{m}$。

从上面的题组设计可以看出，从习题编制角度分析磁场中千变万化的"动态圆"类问题，关键是依据题意，分析物体的运动形式，把握运动过程中的临界点。首先，需要确定粒子做圆周运动的圆心、半径、旋转方向；其次，对于粒子速度方向限定、大小任意的情况，可采用"缩放圆"方法；对于粒子速度大小限定、方向任意的情况，可采用"旋转轨迹圆"法；对于粒子速度大小、方向均不确定的情况，可采用"边放大边旋转轨迹圆"等方法，寻找临界条件；最后，对于全无界、半无界、矩形有界、圆形有界及其种种变形，需要牢牢抓住问题的本质特征，即带电粒子在洛伦兹力作用下要做匀速圆周运动，进而根据题目限定条件逐步分析，并获得解决办法。所有这些，都是为了学生能够生成并熟练应用"磁场中'动态圆'类问题"的图式。

第四章 物理实验教学研究

物理教学必须以实验为基础,这已经成为广大物理教师的共识。无论是从物理学科的特点,或者从中学生的年龄和心理特点,还是根据物理教学的目标,或者根据默会性知识的"亲知"习得机制,[①]我们都可以列举出非常充分的理由来论证这样做的必要性。物理教学要真正落实以物理实验为基础,把物理实验作为物理教学的重要内容、方法和手段,就必须深入研究物理实验的教育价值,具体分析科学探究、演示实验和自制教具等物理实验教学问题,自觉增强物理实验的教学意识。唯此,才能充分展现物理实验的教学魅力,淋漓尽致地发挥物理实验的育人功能。

一、增强物理实验教学的意识

人们做事总要受思想的支配,而思想又往往由沉淀在深处的意识所决定。如果一个人在某方面的意识越强烈,则他相应的行动就越主动,因而也将会越有效。就好比一个优秀的足球运动员,必须要有强烈的射门意识,只有这样他才会在瞬息万变的赛场上积极主动地捕捉战机,去射门夺分。同样,实验意识的强弱对于我们搞好物理实验教学,也起着极其重要的作用。为此,人们需要对物理实验教学的意义、目标及发展方向等有基本的了解。

(一)物理实验教学的意义

物理教学必须以实验为基础,这已经成为广大物理教师的共识。无论从物理学科的特点,或者从学生的年龄、心理特点,还是根据物理教学的目标等方面来看,我们都可以发现,物理实验在中学物理教学中具有重要的作用。

实验能为学生学习物理提供符合认识规律的环境。物理概念和规律,都是物理现象(过程)的本质联系在人们头脑中的反映,据此,在物理教学中我们可以运用实验手段,向学生提供足够的感性材料,使得所要研究的现象形象鲜明,本质突出,以便于学生分析和概括。例如"即时速度"概念,对高一学生来说是一个比较抽象难学的概念。如果我们照本宣科教材中的定义,说文解字式的诠释"运动物体在某一时刻时的速度叫作即时速度",显然无助于学生即"即时速度"概念的建立。相反,如果能利用学生认知结构中已有的"平均速度"概念,并以它作为"生长点",再运用气垫导轨实验手段,演示一番即时速度的实际测定,让学生亲自发现随着 Δs 的逐渐减少,各平均速度值也随之接近,当 $\Delta s = 5.0$ cm 以后平均速度已趋向一

---

① 郁振华. 人类知识的默会维度[M]. 北京:北京大学出版社,2012:147-148.

个定值,教学效果就会大不一样。然后以此为契机,进一步启发学生超脱具体条件的局限,运用思维去继续"操作"实验,从而使他们萌发出"无限逼近"的极限思想。学生的认识一旦进入这样的境地,实际上已经触及即时速度概念的本质了。

实验能培养学生学习物理的兴趣,激发学生的求知欲望。利用物理实验可以培养学生学习物理的兴趣,有效地激活学生的求知欲望,使得他们的智力或非智力因素迅速调动起来,投入到新课题的学习活动中去。具体说来,物理实验可以将奇异美妙、变化万千的物理世界充分展示出来,进而起到"以美引趣"的教学效果。例如,在学习液体的表面张力时,可以利用吹肥皂泡实验。随着五彩斑斓的花纹在肥皂泡的球面上飘忽变化,一种令人愉悦的美感在学生心中油然而生,不仅使学生目睹了液体表面现象外在的形态美,而且也初步领略到事物内含的规律美,通过审美的移情作用,最终对表面张力这一新课题产生了浓厚的学习兴趣。借助于物理实验,还可以将新旧知识的矛盾,尖锐地摆在学生面前,使他们的思维处于激烈的不平衡状态之中,从而带着要解决问题的迫切心情投入学习,起到"以疑激思"的效果。例如,要讨论安培表内接和外接时两种伏安法测电阻的误差情况,可通过实验分别以两种电路去测量同一只大电阻的阻值,用其测量结果的巨大差异来激化学生的认知矛盾,促使他们积极主动地参与新知识的学习。

实验能帮助学生建立起准确、清晰的物理图景,进而突破物理学习的难点。在物理教学中,诸多难点的形成往往是由于学生缺乏相应的感性经验,物理表象单薄甚至畸化,因而不能建立起准确、清晰的物理图景,违背了"从生动的直观,到抽象的思维"这一科学认识的基本规律。例如波动图像的教学,可以首先采用实物直观,让学生对于水波、绳波以及弹簧波等多种波动形态有个具体形象的认识;然后利用波动演示仪模拟横波和纵波的形成,并指导学生分步观察:先看单个质点(每个质点都在平衡位置附近来回振动),再看相邻质点(后一质点总是重复前一质点的运动),最后纵观全体质点(媒质的质点并没有随波迁移,传播的只是运动的形式);再借助语言直观,通过比喻和类比,进一步丰富学生关于波动的表象,理解波动过程中质点并未"随波逐流"的特征,引导学生从理论上分析、归纳出解决波动图线问题的波动与振动在时空上的一致性、波在媒质中双向传播的可能性、以及波形图线的重复性等几条关键性规律,从而在根本上突破这个难点,实现"千言万语说不清,一看实验就分明"的教学效果。

在日常教学实践中,如果有意识地将物理实验与习题教学有机地结合,对于学生更好地掌握分析和解决物理问题的思路和方法将有着积极的效果。[①] 另外,物理实验还有利于培养学生良好的道德素养和科学作风,此处不再赘述。

(二)物理实验教学的目标

在一般意义上说,物理实验教学的根本目的是培养学生以创新能力和实践能力为核心的科学素养,而从学科视角来看,物理实验教学旨在培养学生的实验能力。问题是,实验能力究竟包括哪些内容?

---

① 吴加澍. 意识·功能·方法:改进物理实验教学的思考与实践[J]. 教学月刊(中学理科版),1993(3).

关于实验能力的具体构成有许多不同的观点。有的教师这样认为：实验能力是指在了解实验的目的基础上会正确使用仪器、会记录必要的数据、会分析整理实验数据得出的结论、会写出简单的实验报告等一系列的能力。还有教师认为，实验能力是指学生对基本仪器与工具的使用能力，设计实验计划的能力、物理实验的观察能力、实验操作能力、数据处理与分析总结能力、研究实验的创新能力。也有观点认为：实验能力有广义和狭义之分，广义实验能力包括发现、选择和明确课题的能力、选用实验方法和设计实验方案的能力、使用仪器和实验操作的能力、观察实验能力、实验思维能力、收集资料和数据的能力、分析和处理实验资料和数据的能力、发现物理实验规律的能力；狭义的物理实验能力主要包括仪器使用能力、实验操作能力、实验观察能力、数据处理能力等。有的教师概括出实验能力的九个指标：实验观察能力、基本操作能力、信息处理能力、实验设计能力、创新能力、投入的情感态度、意志毅力、合作能力、自我认知能力。综合以上观点可以发现，实验观察能力、动手操作能力、思维能力和创新能力等，构成了实验能力的核心要素。实验离不开观察、思维和创新，但是更需要学生的动手操作实践，是动手与动脑的有机结合。在某种程度上说，没有动手实践操作也就没有物理实验。[①]

能力是直接影响活动效率，使活动能顺利完成的个性心理特征，是人依靠自己的智力和知识包括技能能动地认识、改造世界所表现出来的身心力量。能力的形成离不开人的知识、技能、个人智力品质以及情感态度价值取向。作为能够顺利进行物理实验并达到实验目的要求的个性心理特征。物理实验能力的形成也离不开人的物理知识、实验操作技能、个人智力品质以及情感态度价值取向。特别是学生正确使用实验仪器进行实验达到实验目标所需的实验操作能力（包括常规仪器的使用和设备的组装能力、实验数据的记录和处理能力、独立完成实验并排除故障和能力等）与物理实验操作技能存在着紧密的联系。

物理实验操作技能（以下简称"操作技能"）是实验能力的核心组成部分。依据加涅（Gagne）关于动作技能学习的理论，操作技能在结构上可划分为智慧技能和动作技能两类，智慧技能包括对操作中实物呈现不同刺激的辨别、动作步骤（程序）的理解与掌握；动作技能则指对一系列动作操作的熟练掌握。[②] 由于操作技能本身的复杂程度不同，智慧技能和动作技能在各个实验中所占地位和重要性也是不同的，据此，可以将操作技能划分为初级和高级两个层次。初级操作技能通常是指基本动作的习得占主要地位的操作技能，其中，对智慧技能的要求比较简单，只需学生对外在刺激简单的辨别和对程序简单的记忆即可，实验的主要任务是训练学生的动作技能。初级操作技能训练范畴主要包括对一些并不复杂的测量工具或实验器材的使用，如对刻度尺、天平、游标卡尺、测力计、量筒、温度计、电流表、变阻器、打点计时器、单摆的使用等。教学时学生重在"会拿""会放""会调""会接""会读"的动作技能的训练。高级操作技能则是指智慧技能的掌握占主要地位的操作技能。智慧技能是对各局部动作技能的协调并将他们组合成整体的技能。进行高级操作技能训练的前提是学生已掌

---

① 限于篇幅，此处重点讨论实验动手操作能力，并不表示实验观察能力、思维能力和创新能力等不重要，特此说明。

② ［美］R. M. 加涅. 学习的条件和教学论［M］. 皮连生、王映学，等译. 上海：华东师范大学出版社，1999：202.

握大部分动作技能,只需要少部分新的局部动作技能的训练,相应的,教学的主要任务是训练学生的智慧技能。当然,将实验操作技能作两个层次的划分是相对的,教学中应该强调哪一方面,需视具体实验要求和学生特质而定。

例如,在"验证机械能守恒定律"实验中,涉及的操作技能属于高级操作技能。实验教学主要侧重的是智慧技能的训练,即学生在实验操作过程中对各种情况的应对和整个实验程序的掌握。① 操作开始前,需要对整个实验装置的组装及不同安排优劣的比较。这需要学生对打点计时器原理、自由落体运动条件、机械能守恒条件有透彻理解。如果学生理解了不同质量的重锤会对实验结果产生不同的影响,就会有意识选择密度较大、体积较小的重锤,以减小误差。② 操作过程中,需要对新情境下出现错误进行校正,在总体上遵循实验大程序的前提下对实验局部程序不断做出新的选择和调整。③ 实验结尾处的反思操作过程。学生需要找出实验误差,以期得出更接近真实的结论或为重做实验而寻找教训等。当然,实验前学生已会使用铁架台、刻度尺、低压交流电源、电火花打点计时器等器材,这初级操作技能构成了高级操作技能学习的基础。

(三)物理实验教学的改革方向

实践中,中学物理实验教学主要有教师(演示)实验、学生实验(随堂实验及专门实验)、课外实验等三种方式。演示实验是一种以教师操作为主,引导学生观察思考,以达到一定目的的物理实验。教师向全班学生介绍实验的目的、实验的器材、实验的步骤,然后进行实验。指导学生对演示进行观察,让学生获得生动的感性认识,进而让学生描述所观察到的现象,分析现象,得到结论和结果。学生分组实验是学生在教师的指导下在实验室里利用整节课(或连续两节课)的时间进行分组实验,是中学实验教学的又一种常见形式。分组实验要求学生:① 掌握常用的基本仪器的构造、原理和正确的使用方法;② 学会正确地进行观察、测量、读数和进行记录;③ 学会初步分析、处理和运用实验数据,在处理数据时,初步学会进行误差的分析和计算;④ 学会对实验的目的、器材、步骤、结论进行总结,还要完成实验报告;⑤ 在实验过程中,除培养学生的实验技能之外,还要进行科学态度、探究能力和科学品质的培养,要求态度认真,一丝不苟。课外实验是指学生在课外时间完成的综合性调查研究及实践制作等研究性实验活动。

从发展的视角看,未来物理实验教学更强调变演示实验为学生实验,变专门实验和随堂实验,注重学生对科学实验的参与与感受。在实验器材的选用上,更强调低成本实验和自制教具开展教学。兴趣是最好的老师,低成本简易实验对培养学生学习物理的兴趣,增强学生对物理的亲近感有其独特而重要的作用,对培养学生的动手能力和思维能力同样具有重要作用。在实验教学的展开方式上,更倡导组织课题研究和科学竞赛实验,组织课题研究和科学竞赛,目的在于让学生理解真正做科研的过程,诱发学生对科学的兴趣,让年轻人发挥他们的想象力和创造力,推广物理学原理,培养学生的科学态度和科学方法。实践证明,这些举措对培养和提高学生的科研与创新能力是十分有效的。

高科技成果是现代文明的标志,是社会进步的象征。将高科技成果引入课堂,可以开阔学生的眼界,消除学生对高科技的神秘感,增强攀登科学高峰的信心。新技术的发展给物理实验教学也提供了更多可能性。新课程中引入了一类新颖的实验,那就是传感器与计算机相结合进入了物理实验中。这是将现代信息技术与物理实验教学有机地整合,是中学物理实验教学与时俱进的表现,近年来已有不少中学引进了 DIS 实验系统。因此,在中学物理实验教学中,将传统实验手段和现代化实验手段进行对比与结合的实验探究课堂逐渐多了起来。例如,"探究加速度与力、质量的关系"实验(人教版高中物理必修 1 第四章《牛顿运动定律》第 2 节),教材中提供了两种传统实验方案供学生学习参考。中学很多物理实验过程瞬间发生、稍纵即逝,学生对实验现象很难进行细致全面的观察,而且传统实验仪器数据记录方式采用人工读数并记录。在课堂教学中,由于实验时间有限,实验的有效数据有限,很多时候甚至会忽略重要的物理变化过程,从而导致演示实验流于表面。与传统实验不同,还可以在课堂教学中引入现代化实验手段——DIS 实验系统。DIS 实验系统采用实时记录数据的方式,且根据需要数据记录频率可以从 1 Hz~1 000 Hz,这显然是人力所不能及的。与传统实验相比,DIS 演示实验有很多优势:第一,DIS 演示实验在传统测量工具的基础上引入了传感测量技术,测量精度更高、更准确,并且实现了数据实时测量实时记录;第二,DIS 演示实验利用计算机记录并处理实验数据,处理速度快,准确性高,节省了课堂教学大量的数据记录和处理时间,拓展了物理教学的时空;第三,DIS 演示实验采用多媒体进行实验过程和结果的展示,实验的可视性、真实性更高。① 可见,DIS 演示实验不是简单地将多媒体与传统演示实验拼凑,它是信息技术与物理实验的完美整合。

二、在探究中学习和理解探究

当我们论及物理实验教学这一主题时,一个绕不开的问题是"探究性实验"(相对于"验证性实验"而言),或者更宽泛一些的"科学探究"问题。那么,什么是科学探究? 什么是探究教学? 实践中如何开展科学探究教学? 学生如何学习和理解科学探究? 这是一些我们不得不思考的问题。

(一)科学探究与探究教学

科学是一种人类努力探究的事业。作为一种求知的过程,科学中的探究与科学教育中的探究有许多相似之处。传统认为,科学探究活动一般包括这样几个环节:问题—事实(证据)—解释—评价—发表与交流。而对探究的深入研究发现,探究并不仅仅包含上述几个简单的环节,它们在流程上相互联系,在内容上更是相互渗透。从实质上说,"问题、事实(证据)、解释、评价、发表与交流"构成了科学探究不可缺少的基本要素而贯穿于探究的始终。

科学教育中的"探究是一种复杂的学习活动,需要做观察,需要提问题,需要查阅书刊及其他信息源以便了解已有的知识;需要设计调查和研究方案;需要根据实验证据来核查已有的结论;需要运用各种手段来收集、分析和解释数据;需要提出答案、解释和预测;需要把结果告之于人。探究需要明确假设,需要运用判断思维和逻辑思维,需要考虑其他可能的解释"。为促使学生形成探究的习惯和对探究特征的深刻认识,必须让学生直接参与

---

① 陈国平.数字化实验系统(DIS)在物理演示实验教学中的应用[J].浙江教育技术,2012(1).

探究的活动和不间断的实践,让他们在探究中体验探究、学习探究和理解探究。

科学探究的课程理念不仅反映在教材上,而且反映在教学方法、教学策略的选择上。这就意味着我们在教学中不仅要关注学生"知道什么",更要关注学生"怎样才能知道"。从教学策略的视角来看,科学探究更强调把教学策略建立在学生身上,因为这关系到谁是信息处理的控制点(主角)。在这种教学中,强调学生积极主动地把探究中获取的新信息与他们原有的认知结构联系起来,对信息的处理更加深入,并鼓励学生使用、实践和改善他们的探究学习策略,在提高自身学会学习的能力的同时,更好地学习探究和理解探究。

相反,传统的科学教学主要关注学生"知道什么",因此大多采用课堂讲授方法,把科学知识作为一堆"静态的结果"告之学生。而现代的科学教学更关注学生"怎样才能知道",在"让学生自己学会并进而会学"方面下功夫,因而教学方法提倡采用学生分组进行的探究系列实验,通过探究实验促进学生对科学知识的"动态构建",让学生在"做中学",在构建对科学理解的过程中学习探究、理解探究。在这种科学探究的教学中,教师的任务仅仅是为学生创设情境、启发学生思考,引导学生在实验探究中不断地质疑和释疑,但是从不直接告诉学生结论。相比之下,我们把诸如密度公式等科学的静态结果和盘地教给学生是多么轻而易举。

科学教育中的"探究"在根本上源于人类所具有的探究的天性,这种天性使探究成为我们学习的有效途径[①]。相对于科学探究,探究学习的含义略显得宽泛一些,它是20世纪50年代美国掀起的教育现代化运动中由美国著名科学家、芝加哥大学教授施瓦布(J. J. Schwab)倡导提出的,它在观念上的平等、开放、民主,在过程中的自主、体验、个性,在形式上的生动、多样、有趣,尤为在目标上的现代、务实、多元,不仅强调通过探究去学习知识,更关注在探究中学习探究、理解探究,提高学生的探究能力,值得我们去研究、学习和借鉴。在科学教育领域,我们也可以把探究学习近似等同于科学探究。

事实上,对"探究"的理解也可以从广义和狭义两个层面加以分析。从广义上说,探究是一种思维方式,它泛指一切独立解决问题的活动——既指科学家的专门研究,也指一般人的解决问题的活动;既包括成人那种深思熟虑式的"思想实验",又包括儿童那种尝试错误性的摸索或探索;既有自觉的,又有自发的;既可能是新颖独创的,又可能是模仿的。在狭义上,探究专指科学探究或科学研究,其对象是自然界,是一般探究的"子集"。探究是人类寻求信息和理解的一般过程,也是一个不断反复的学习过程。

探究教学实质上是将科学领域的探究引入课堂,使学生通过类似科学家的探究过程理解科学概念和科学探究的本质,并培养科学探究能力的一种特殊的教学方法。也有人认为探究教学是指在教师指导下学生运用探究的方法进行学习,主动获取知识、发展能力的实践。

从发展的视角来看,作为与知识授受教学相对应的一种教学方式,探究教学(学习)也有

---

① [美]国家研究理事会科学、数学及技术教育中心.科学探究与国家科学教育标准:学与教的指南(第2版)[M]. 罗星凯,等译. 北京:科学普及出版社,2010(5).

着悠久的历史。探究教学早期的表现形式是"发现法"和"问题解决法"。就"发现法"而言，它的思想萌芽最早可以追溯到自然主义教育的倡导者卢梭。卢梭主张教育要适应儿童的自然本性，凡是儿童能从经验中学习的事物，都不要让他们从书本中去学。19世纪末20世纪初，杜威提出并实践"做中学"，认为个体要获得真知，就必须在活动中主动去体检、尝试、改造，必须去"做"，因为经验都是由"做"得来的。这一思想对探究教学的形成与发展起了推波助澜的作用。真正使发现法形成理论并风靡全球的，当属美国心理学家、教学论专家布鲁纳。布鲁纳认为，发现法的实质是要求在教师的启发引导下，让学生按照自己观察和思考事物的特殊方式去认知事物，理解学科的基本结构；或者让学生借助教材或教师所提供的有关材料去亲自探索或"发现"应得出的结论或规律性知识，并发展他们"发现学习"的能力。

和"发现法"一样，"问题解决法"也是探究教学的一种重要方式，苏联科学院院士马赫穆托夫是问题解决教学法的集大成者，他认为问题解决教学法的关键是如何提出问题，并把问题解决分成三个阶段：问题情境的创设、问题的提出和问题的解决。到了20世纪五六十年代，人们才明确把"探究学习"作为一种重要的教学方式而提出来，其首倡者是美国生物学家、课程专家、芝加哥大学教授施瓦布。1961年，他在哈佛大学的一次演讲中，提出了"作为探究的理科教学"的观念，认为传统的课程对科学进行了静态的、结论式的描述，这恰恰掩盖了科学知识是试探性的、不断发展的真相，极力主张要积极地引导学生像科学家那样对世界进行探究。在施瓦布等人的推动下，探究教学在英美等国得到了蓬勃的发展，并在世界范围内得到了广泛传播。

我国自改革开放以来，也日益重视对学生探究能力的培养，并在不少地方开展了探究教学实验研究，其中上海市所进行的"研究性学习"尤有影响。[①] 正是由于探究教学的根本旨趣在于培养学生的创新精神和实践能力，而知识与能力的获得主要不是依靠教师进行强制性灌输与培养，更多地还在于学生在教师的指导下的主动探索、主动思考、亲身体验，因此，与以灌输、诵记、被动接受为特征的旧教学体系相比，探究教学在教师观、学生观、学习观和评价观上均体现了独特的见解和主张，具有新颖而丰富的内涵。

（二）科学探究的存在价值

作为一种学习方式，探究学习是指学生在学科领域或现实生活的情境中，通过发现问题、建立假设、调查研究、动手操作、搜集和处理信息、表达与交流的探究性活动，并且从活动中获取知识、技能和情感、态度体验的一种学习，其首要价值、也是其最为重要的价值就在于它能让学生在经验中直接学习，并且它具有原初的、发生学上的意义，其价值在"婴儿的第一次抓握"中再明显不过了。"选择一个（出生头几个星期）孩子清醒、不在哭闹的时候，轻轻地在孩子面前摇动一个小巧的、色彩鲜艳的玩具。几乎毫无例外地，孩子开始动起来，由此你得出结论：孩子是想抓住这个玩具。因为你不想逗弄这个弱小生命太长时间，所以你就慢慢地让孩子的一只小手抓住玩具，此时，你的假设被验证了：孩子确实抓住

---

① 李森，于泽元. 对探究教学几个理论问题的认识[J]. 教育研究，2002(2).

了这个物体(如果你完全松开玩具的带子,孩子就将这个东西往嘴里送,以探索这个物体)……但是,人们常常忽视一个有趣的方面:当婴儿第一眼看到该物体时,他并不是有次序地抓住它,而是开始活动身体。事实上,孩子活动一切他所能活动的部位,包括脚趾、腿和头。只有当双手碰到该物体时,由于抓握反射,手指才抓住物体,而其他动作就逐渐减退,才有了把东西往嘴里送的动作。如果你不是故意地帮助孩子进行第一次抓握,那么孩子只是随意地活动直到遇到偶然的碰触机会抓握才会出现(或者孩子厌倦了该游戏,并且放弃)。换句话说,婴儿的手的协调、手臂的运动以及眼睛对这种复杂运动的控制必须通过试误才能建立起来。……几个月后,当婴儿的神经系统更为成熟时,婴儿对物体的抓握,其视觉和运动的协调看上去非常的自然,但是,即便是八九个月大的孩子还是不能告诉你(或他/她自己)他或她在干什么。在认知发展的这一阶段,孩子还不会使用语言来表达(自己),也没有能力来反思该做些什么。"[1]这就是说,"婴儿通过协调形成的较为流畅、有指向的运动的一系列感知运动的过程是不可教的。成人只是在适当时候,进行适当的引导,给这种协调提供了机会"。而"一旦要素间的联结导致行为的成功,这种联结就会重复出现,并且随着不断的成功而变得更为稳定,最终成为一种习惯。根据目前我们已知的有关心理功能产生要素联结的理论观点,无论是行动要素还是运算要素,在开始时似乎都是无意识的。这在婴儿对晃动在眼前的'有趣'物体的反应中显而易见。略大一些的孩子,以及稍后的学龄儿童在面对更为复杂问题时所采取的方法中,我们同样注意到认识的起源既不是经过深思熟虑的,也不是有意识的"。正是这些建基于人的"反射本能"之上、"既不是经过深思熟虑、也不是有意识的",而是通过"试误"才能建立起来的一些"动作"、(心理)"联结"、"习惯"和"认识"等,构成了人的"最初的经验"——人生一切知识的源头之一。

需要说明的是,我们并不排除"言语的接受学习的意义性获得途径——学习者在校内外所获得的大部分理解都是被授予的,而不是发现的。即使没有先前的非言语的感性经验或问题解决的经验,它也可以是有意义的。认识到这一点同样是极其重要的。"[2]正是因为有这一层的考虑,所以才说探究学习是人生一切知识的源头之一。

当然,探究学习存在的最根本的理由可能正在于"人类存在的无经验性"。米兰·昆德拉就曾经这样描述过人类经验的处境:"缺乏经验(inexperience)是人类生存处境的性质之一。人生下来就这么一次,人永远无法带着前世生活的经验重新开始另一种生活。人走出儿童时代时,不知青年时代是什么样子,结婚时不知结了婚是什么样子,甚至步入老年时,也还不知道往哪里走,老人是对老年一无所知的孩子。从这个意义上说,人的大地是缺乏经验的世界。"[3]相对于成人来说,儿童的大地更是缺乏(直接)经验的世界。而经验都是由"做"得来的,它主要来源于行,来源于探究,来源于对自己的"做""行"和"探究"的反思。"个体对自己心理过程的反思活动开始于对来自感知运动的运算模式的抽象。从发展角度说,所有的

① 冯·格拉塞斯费尔德:感知经验、抽象和教学. 见莱斯利·P. 斯特弗,等主编. 教育中的建构主义[M]. 高文,等译. 上海:华东师范大学出版社,2002:284-286.

② [美]奥苏贝尔,等. 教育心理学:认知观点[M]. 佘星南,等译. 北京:人民教育出版社,1994:25.

③ [捷克]米兰·昆德拉. 小说的艺术[M]. 董强译. 上海:上海译文出版社,2004. 转引自谭斌. 论学生的需要:兼与张华《我国课程与教学的概念重建》演讲的商榷[J]. 教育学报,2005(5).

抽象都始于行动。换句话说，主体若要对某种事物进行抽象，他必须先有行动的机会。然而，行动机会需要感知运动材料及置身于其中的活动情境。一个在许多细节方面都能有效证明的例子就是通过计数活动产生的关于数的抽象概念。孩子只有在计算'感知物体'（如苹果、甜饼、手指等）的过程中才能最终抽象出非感知性的、基本的数字意义。"[①]"与经验抽象相比较，反省抽象关注源自行动或运算的模式"，而不是关注行动的对象或运算的材料。这意味着，"一个重要的概念是从计算活动中抽象出来的——而不是从物体的物理属性中抽象出来的。没有计算（数数）活动，孩子不可能从以下事实中抽象出概念的：无论物体以任何特殊方式排列，仍然能得出相同的数目。"[②]在这里，重要的是：决定性的特征不是感知（仅仅"感知"是不够的），而是大脑中进行的特殊运算（心理活动），即关联、协调、抽象等"心理运算"（如某些哲学家简明概括的那样）。

经验都是由"做"得来的，它主要来源于行动，来源于探究，而智慧恰恰体现在"做"的过程中，体现在探究的过程中。然而，实践中也存在着相反的认识，教学中特别重视学科经典内容的讲授便是一种典型的做法——教学以教师、课堂、书本为中心，采用单一的传递、讲授、灌输的方式，忽视交流、合作、主动参与、探究等学习方式。在教育思想史上，法国学者卢梭早就明确地指出过这一点。他认为，儿童时期是理性睡眠的时期，不宜于进行书本文字的教育，不宜于用理性的方法对他们进行训练，只能让他们接受大自然的教育、接受感觉经验的教育、接受实际事物、实际行动的教育。卢梭认为和儿童讲道理是十分愚蠢的。尽管他同意，一种良好的教育最终是要造就出一个有理性的人，但在人类所有的心理官能中，理智这个官能是发展最迟的、也是最难于发展的官能，用理性去教育孩子是本末倒置，误把目的当作手段。他声称，"我不怕重复地说，应当使青年所有的功课，都采取实行的方式，而不采取谈话的方式。凡是他们能够由经验中学习的事体，都不要他们由书本去学习"。"在任何可能的情况下，你都要从做中来教学，而且只有在做的方面没有问题时，才进行文字教学。"[③]

教育需要面对的就是学生的生活与人类知识的融合。由于生活可以分为现实生活、理想生活、审美生活等，相应的，我们的学科分类也可以分为科学学科、人文学科、艺术学科。教育与生活的联系在于这种内在的规律性，而不仅仅是口头上的认同。成年人的生活感受取代儿童的生活感受带来的将是生命的危机。例如，对于一年级的孩子来说，幸福肯定不是三十年后的家庭和睦、事业有成、飞黄腾达，幸福就是学生在每一天的学习与生活中来寻找的，如果他在这个过程中找不到，那么，教师为学生勾画的幸福是没有任何意义的。事实上，对于学生来说，学习不仅仅是一个知识摄入的过程，而且是一个包含态度和情感的综合体验过程，更是学生人生观、价值观和世界观生成的过程，是人生意义获得的过程。在探究教学中，学生在获取知识的同时，也内在地产生了对于世界和知识的态度

① 冯·格拉塞斯费尔德.感知经验、抽象和教学.见莱斯利·P.斯特弗，等.教育中的建构主义[M].高文等译.上海：华东师范大学出版社，2002：292.

② 冯·格拉塞斯费尔德.感知经验、抽象和教学.见莱斯利·P.斯特弗，等.教育中的建构主义[M].高文等译.上海：华东师范大学出版社，2002：287-288.

③ 夏正江.论知识的性质与教学[J].华东师范大学学报(教育科学版)，2000(2).

与情感,这种态度、情感和知识一起,成为学习者认知图景的一部分,那种片面地强调知识和片面地强调价值都不是探究教学的风格,而保持二者(知识和价值)之间有机融合与统一才是探究教学的理想与追求。

学习方式的转变意味着个人与世界关系的转变,意味着存在方式的转变。如果把探究(活动、学习)仅仅看作是"人与物"的相互作用的话,那么,合作(活动、学习)则是"人与人"的社会作用,这是人类知识发生、发展(增长)的既相互区别、又相互联系的两条道路——前者意在获得个体的"动作"或"运算"图式,即管用的动作或过程(知识),而后者则主要是为了实现"心理间机能"到"心理内机能"的"创造",即通过"带舞—跟舞"的互动实现师生的"共同舞蹈"①。探究也罢,合作也罢,都必须以自主为前提,因为唯有学生的自主,才能解决学生的主动参与问题,这是学习发生和学习有效的根本条件。

(三)科学探究的教学模式

探究教学模式是指在探究教学理论的指导下,在探究教学实践经验的基础上,为发展学生的探究能力,培养其科学态度及精神,按模式分析等方法建构起来的一种教学活动结构和策略体系。探究教学模式是探究教学理论与实践的中介环节。历史上,先后涌现出多种著名的探究教学模式。

1. 5E 教学模式

5E 教学模式将教学过程划分为 5 个紧密相连的阶段,即吸引(Engagement)、探索(Exploration)、解释(Explanation)、加工(Elaboration)和评价(Evaluation)。5E 教学模式与科学探究的过程相吻合。吸引阶段的教学目的在于引出教学任务,教师需要选择多样化的活动让学生感到有趣、有意义,并能激发他们的动机。探索阶段让学生有时间去从事有兴趣的事物、事件或情境,通过与教学情境、材料以及事件的互动积累直接经验,并了解事物间的联系,学会遵循一定的模式,确定影响事件的变量,而且学会对事件进行质疑。解释阶段为学生提供了用自己的语言说明自己的观念、理解、加工技巧和行为的机会,教师在学生解释的基础上以一种简单、明了、直接的方式将科学概念、过程或技巧呈现出来。加工阶段教师给学生提供合作的机会,使学生通过质疑、复习、新的活动、实践等扩展学生对概念的理解并运用到新的相似的情景中去。评价阶段主要包括学生评估自己的理解力和能力,教师运用正式和非正式的程序来评估学生的观念、态度和技巧。

5E 教学模式是在学习环模式——探索、创造和发现,或者概念探讨、概念介绍和概念运用等 3 个前后相连的阶段基础上发展起来的,是对学习环的进一步发展,改进主要表现在它有一套更完备、更符合学生认知特点的教学程序和教学策略。

2. 萨其曼的探究训练模式教学模式

探究训练模式是理查德·萨其曼通过观察、分析科学家的创造性探索活动之后,结合教学法的因素概括而成的,基本上遵循着"问题—假设—验证—结论—反思"这一程序。在探究模式中,教师的首要任务就是激发学生的好奇心,并积极引导学生进行探究的欲望。所

---

① 杰尔·康弗里.激进建构主义、社会文化观和社会建构主义的相容性问题.见莱斯利·P.斯特弗,等.教育中的建构主义[M].高文,等译.上海:华东师范大学出版社,2002:159.

以,此模式中关键的一步是问题的设计和展示。另外,萨其曼还强调利用探究过程中发现的喜悦和自觉探究与处理材料时所伴有的兴奋这两种内发性动机作用,因此,另一个关键就是假设的提出和资料的收集,这是萨其曼探究训练模式的中心环节。探究训练模式注重实践,通过课堂师生讨论、对话的形式进行探究方法和思维方式的训练,这种模式基本上再现了科学家进行探索的进程。

3. 施瓦布的生物科学探究模式

生物科学探究模式是施瓦布所领导的生物科学课程研究会(BSCS)所开发出的适用于高中生物教学的模式,通过"确定研究对象和方法重点—学生构建问题—推测问题症结—解决问题"四个阶段来模拟生物学家的探究过程,积极引导学生树立正确的科学理念,掌握科学方法,尤其是实验方法。生物科学探究模式的核心目的是教给学生科学探究的基本程序,同时给学生有关原理的概念以及产生这些概念的信息。

4. 社会探究模式

社会探究模式则把主要用于科学教育的探究活动引入人文社会学科之中,通过"定向、假说、定义、引申、求证、概括"六个阶段来建构课堂教学,引导学生关注社会问题,激发学生参与社会事务的意识,提高解决社会问题的能力。

当我们聚焦于科学探究的教学模式这一问题时,以下的流程更具有代表性和一般性。从这里我们容易看到,情境、问题、假设、设计、实证、数据、结论、表达等要素,以及不断的循环等,丰富了人们对于科学探究的教学模式的认识。

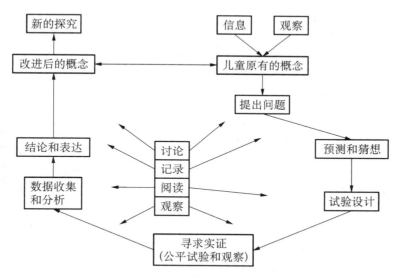

图 4-1　探究式科学学习的步骤[①]

作为现代教学的一种基本模式,探究教学在其处理教学诸要素之间的关系方面具有许多其他教学模式所不具备的特征。探究是一种能动的过程,它是以学生为中心的,强调学生主动

---

① 韦钰,[加]P. Rowell. 探究式科学教育教学指导[M]. 北京:科学教育出版社,2005:49.

学习和自主发展,强调学生通过探究和发现过程达到预期教学目标,不再把课堂教学的重点放在教师传授知识、讲解科学概念或原理上,与传统教学热衷于向学生灌输知识的教学模式有着本质区别。探究是一种多侧面的活动,它是人们用以追究探索未知事物以期达到"知其然,知其所以然"的多种不同途径和方法,也是学生长知识、长见识、长才干的一种重要的学习模式。探究旨在获取知识和认识世界,其宗旨在于使学生正确地认识和理解自然。探究要求师生都以学习者的身份参与教学过程,教师始终处于主导地位,一个"称职的科学教师应该营造一种环境,使教师和学生都能以学习者的身份积极地学习,以期教学相长"。探究教学还是一个开放的活动系统,需在与其他教学的相互作用中得到不断改进。探究教学的这种要求源于探究的本质即反省思维,它要求教师对探究教学本身不断反省,以便其更加符合目的性和规律性的要求。

(四)科学探究的教学例析①

科学论证(及科学解释)活动是一种更为深入的科学探究活动,而不是科学探究活动的结束。科学论证(及科学解释)是一种推理的历程,借着提出具有合理性的理由及其支持理论,使资料结论之间产生合理的联结,经由对话的方式来产生共识,通过不断地批判性思考来解决问题争端的活动。科学论证(及科学解释)涉及的活动可以概括为三个方面:一场推理性活动;一段交互式对话;一种批判性思考。推理、对话、批判三者相辅相成、密不可分,共同构成了科学论证的完整过程,帮助学生理解科学概念,发展学生的沟通交流和推理能力、批判性思维能力、科学探究能力,加深其对科学本质的理解。② 我们来看关于"α粒子散射实验的数据解释"③的科学论证教学。

表 4-1 α粒子散射实验的教学过程

	教学过程	备 注
讲解实验过程,提出问题(教师活动)	α粒子散射实验:(观察动画) 实验器材: ① 放射源钋:放在带小孔的铅盒里,放射出 α 粒子。 ② 金箔:约 1 微米左右,作为靶子。 ③ 荧光屏:α 粒子穿过金箔后,打到荧光屏上可见闪光。 ④ 显微镜:观察闪光,能够绕金箔在水平面内转动。 整个装置放在一个抽成真空的容器里。(保证荧光屏上的闪光只能是 α 粒子打出的) 介绍 α 粒子:质量为 6.64×10^{-27} kg,约为电子质量的 7 000 倍。带电量为 2e 正电荷。 实验数据 {table}	重点介绍 α 粒子的质量和电量。 对这部分学生觉得难以下手。 对数据的分析是学生感觉困难的地方

散射角	15°	30°	45°	60°	75°
闪烁数	132 000	7 800	1 435	477	211

---

① 胡凤华. 在高中物理中进行探究教学的实验研究[D]. 北京:北京师范大学,2006.
② 潘瑶珍. 基于论证的科学教育[J]. 全球教育展望,2010(6).
③ 胡凤华. 在高中物理中进行探究教学的实验研究[D]. 北京:北京师范大学,2006.

续表

	教学过程	备 注
学生讨论，教师引导	你如何描述不同散射角的数目？这些数据你能用文字描述吗？ 吕瑶:132 000 个粒子穿过,69 个反弹回来了。用文字描述就是多数穿过,少数反弹回来。 教师:那还有 1 435 怎么描述呢？ 吕瑶:是多数穿过,少数较大角度反弹,极少数有大角度反弹	这部分的描述对学生是困难的,吕瑶的回答是从书上得出的答案
数据解释（学生活动）	肖扬在讨论时提出:汤姆生的模型是有道理的,当 α 粒子穿过金原子时,由于金原子的内部结构比较松散,所以绝大多数 α 粒子就穿过去,有少数的距离西瓜子似的电子较近所以有较大的偏转。 李聪反驳:金原子的内部结构也可以是很密的,可以让 α 粒子反弹回来啊。 肖扬又争论:实验数据说明内部结构是很松散的。 朱安南又提出:为什么会有极少数反弹回来了呢？用汤姆生的模型就解释不了了。 肖扬:α 粒子可以有很大的动能,和电子碰撞后也可以反弹啊,而且和电子碰撞的概率小,所以才有极少数反弹啊。 吕瑶:不可能啊,α 粒子的质量是电子的 7 000 倍,由动量守恒知,α 粒子不可以被电子碰撞回来	肖扬的假设是从数据中得出的,但他的假设是他在没有对数据正确分析下得出的,所以这个假设需要修改。 在小组讨论中,同学们动用已有的知识对数据进行分析,慢慢得到接近实际的结论
教师提问，学生继续讨论	如果用汤姆生的原子模型不能解释这个实验结果,那你能不能提出一个比较合理的原子模型,解释实验数据呢？ 王羽:刚才的讨论中,大家认为在金原子内部是比较松散的,α 粒子才能大多数穿过,那能不能认为是空的呢？假设原子内部是空的,那原子的物质集中在哪里呢？ 李程:α 粒子和电子碰撞不会发生偏转,电子可以在空的地方,正电荷集中在另一个地方,质量也集中在这里	对学生提出的不同的见解,教师应进行赞扬,可以激励学生进一步的思考,增加他们成功的信念
建立正确的认识	汤姆生原子模型不能解释 α 粒子的大角度散射,卢瑟福经过推算,从理论上证明,只有原子内的正电荷集中在比原子直径小得多的范围内,并且 α 粒子十分接近它时,才会产生 α 粒子大角度散射的实验结果	教师与学生共同得出结论

在案例中,学生要根据所收集到的事实证据形成解释,对科学性问题做出回答;学生要交流和进一步论证他们所提出的解释。学生相互交流信息对建构个体和群体的理解来说是至关重要的,当学生公布自己的解释时,别的学生就有机会就这些解释提出疑问、审查证据、挑出逻辑错误、指出解释中有悖于事实证据的地方,或者就相同的观察提出不同的解释。学生通过比较其他可能的解释,特别是那些体现出科学性理解的解释,通过进一步观察和实验等方法,对自己的解释进行求证和评价。讨论中,往往引发新的问题,导致进一步的求证活动和最终建立在实验基础上的共识。

科学论证(科学解释)的核心是推理,目的在于证明某件事(观点、认识)的正确或错误,而推理是使用理智从某些前提产生结论的行动,在人们的日常思维和社会生活中有着广泛的运用。科学推理(科学解释)是在科学实践内部产生的由一个或几个已知的判断推出的新的判断的思维形式,或得出一个考虑周全的观点,并能够用强有力的论证来支持这个观点,它与一定的知识内容相联系。科学论证(科学解释)不是个人的自我独白,而是一种双方的互动式交流,通过在互动双方的对话中揭露矛盾而达至真理,论证出现于不同种类的对话中,如科学讨论或辩论赛的针锋相对。在科学论证过程中,要考虑可能出现的反对意见,并据此思考和修改论证,详细介绍并驳斥反对意见以凸显自身的观点的优越性,使己方观点更具说服力。科学论证不仅仅是表达某些观点,也不仅仅是一场争论,也是一种批判性思考的过程。科学论证(及科学解释)能力的发展与批判性思维能力的提高有着密不可分的关系。

三、演示实验的教学创新设计

从教的视角来看,物理实验教学研究不能不关注教师的演示实验,不能不关注演示实验的教学创新设计问题。

(一)重视实验思想渗透的教学创新设计

研读物理学史发现,物理学上的重大发现往往伴随着实验思想的重大突破。物理实验思想,物理实验方法,连同他们得出的物理实验结论共同构成了人类知识宝库中瑰丽的精华,值得后人学习和继承。因此,面对物理课本中多种多样的实验素材,无论演示实验还是学生实验,都应该努力提取其中蕴含的实验思想,开发它们的教学功能。例如,卡文迪许扭秤实验教学,需要引导学生着重领悟其中最为精彩的转化与放大实验设计思想,亦即力→力矩→扭丝偏角→光标位移的三次转化,使微小力的测量成为可能,以及采用 T 形架增大力臂、利用反射光路增大偏角、拉开小镜与光标间距以增大位移的三次放大,有效地提高了测量的精度。

无论是演示实验教学还是学生实验教学,只有突出科学实验思想才能实现其应有的智能价值。例如要验证动量守恒定律,如何选择研究对象、如何转移测量对象,都涉及物理实验思想的设计问题,涉及要权衡确定的研究对象是否有利于对物理量的测定,以及把较难测量的速度通过"等高平抛"的方法巧妙地转化为较易测量的位移,从而形成了该实验设计的基本构想。

(二)重视实验方法改进的教学创新设计

与深邃的实验思想不同,实验方法也许只属于技术和手段的层面,但它又确确实实影响着人们对于实验结论的认识。在教学实践中,实验条件和教学时间的限制使得现行教材所提供的实验演示一般多是象征性或是抽样性的:定性的演示只要求学生局限于观察某一特定范围内的现象,定量的实验往往在得出少量几个数据后便尽快地概括出结论。这往往会导致知识上的缺陷及认识上的偏颇,造成物理规律的发现都是那样一帆风顺和轻而易举的假象。为了改变这种状况,实验教学应该精心设计实验方案,合理安排演示流程,引导学生实践和体验科学的实验方法,让学生像科学家一样研究和思考问题,力求做到突出本质因素,撇开次要因素,排除干扰因素,发现事物变化的因果规律。

例如"光电效应"实验,教材给出的演示方案是用紫外线照射原不带电的锌板,由于验电器的灵敏度所限,它的指针并不张开,只能得出零结果。一般做法是先给锌板带上负电荷,在紫外线照射下可见验电器逐渐闭合。但是会导致学生提出"锌板负电荷的消失会不会是紫外线的电离作用引起的呢? 光电效应就是特指原先多余的电子被释放?"等问题,这表明这样单层次的演示实验不但不利于揭示物理现象的本质,而且也有碍于学生掌握科学的实验方法。如果给锌板带上正电,重复上述实验,却未见验电器指针闭合。这就表明紫外线的电离作用在实验中属于次要因素,可予不计。或者仍给锌板带负电,但在板前放置一块普通玻璃(告诉学生它能吸收紫外线),开启紫外光灯后指针并不偏转,一旦移开玻璃指针又复闭合,由此确认紫外线的照射才是产生这种现象的主要原因。改用白炽灯光去照射带负电的锌板,验电器指针不偏转;增加灯光强度,或用大口径凸透镜聚焦,或延长照射时间,结果仍然一样。这表明要产生光电效应,入射光需要具备一定的外因条件。仍用紫外线,但去照射带负电锌板的另一面(氧化层),或者去照射带负电的紫铜板,验电器指针也不偏转,这些又表明了光电效应还与物质本身的内因条件有关……[①]通过上述系列演示和积极的思维活动,不仅使学生较好地掌握了光电效应现象的本质,同时也使他们受到了一次科学的物理实验方法的熏陶。

近代物理中有几个著名的实验,如弗兰克-赫兹(Franck-Hertz)实验,拉比(Rabi)原子束核磁共振实验,兰姆(Lamb)移位实验,基于穆斯堡尔(Mössbauer)效应的引力红移实验和铷原子钟实验等,它们的实验目的和实验原理各不相同,但达到实验目的时所设计的探测手段极为相似:达到共振条件时,会出现某个宏观的物理量(电流、光强或原子束强度)瞬时减小,实验曲线上出现共振吸收的下降。实验者观察到这个物理量的下降时,从共振条件就可以判断是否达到实验的目的。[②] 这种共振型实验的探测部分的设计思路,或许能给人们设计新的实验带来一些启示。

(三)重视实验现象明显的教学创新设计

实验现象明显对于所有的实验来说都是一个基本的要求,但对于演示实验而言则更为重要。在实验教学中,对于一些重要的物理现象,可以运用实验手段来突破时间和空间的限制,使现象得到放大或缩小,或者把过程分解或压缩,从而使物理现象变化的全过程以最清晰的形态和最便于观看的角度展现在学生面前。例如碰撞现象,几乎覆盖了高中力学大多数重要的知识点,涉及了大多数重要的物理规律。如何将那稍纵即逝的碰撞过程展示给学生? 可以先演示几个小球之间"快碰撞",接着在气垫导轨上演示两个滑块(其中一个固定着一条劲度系数较小的轻质弹簧)之间的"慢碰撞",并将滑块的碰撞过程拍成录像重放,利用慢镜头放慢时间,利用特写镜头放大空间,使学生能更细微地观察碰撞的全过程。在演示中还需要做到观察与思考同步,实验与思维并进,引导学生对照实验现象,抓住八个物理量(F, a, v, I, P, W, E_h, E_p 等)紧扣三条主线(力与运动、功与能、冲量与动量)进行过程分析,这样

---

① 吴加澍. 意识·功能·方法:改进物理实验教学的思考与实践[J]. 教学月刊(中学理科版),1993(3).

② 黄永义. 近代物理中几个著名实验的设计思路[OL]. http://blog. sciencenet. cn/blog-1290244-1081280. html.

形成的物理图景才是生动、清晰的,这样获得的知识才不至于僵化。

我们还可以补充一个"让电容器的充放电看得见"的电学创新实验设计。电容器是电子学中极为常见的元件,种类、形式多样,但其本质及工作原理基本相同:电容器的作用是通过电容器不断地充放电过程实现的,掌握电容器储存电荷的多少与充电电压、电容器容量的关系,即充分理解电容的定义式 $c = Q/u$。"让电容器的充放电看得见"演示实验教学设计如下。

让电容器的充放电看得见[①]

(1) 实验装置介绍

如图 1(a)所示,在一块竖放的面板上画好电路图,把红蓝两只 LED 发光二极管、470 μf 电容器、鳄鱼夹(起单刀双掷开关作用)、电源接线柱装在面板表面,连接导线固定在面板的背面,制成一个用红蓝 LED 分别显示充电过程、放电过程的演示装置。

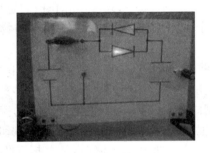 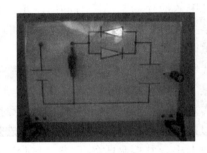

(a) 用 LED 显示充电过程　　　　　(b) 用 LED 显示放电过程

图 1　用 LED 显示充放电的过程

(2) 演示方法及实验现象

① 演示充电过程。用两节干电池作电源,把鳄鱼夹接到面板中电源正极接线柱,接通电源,开始充电,可以看到电路中导通的二极管发红光,并由高亮逐渐变暗。随着充电结束,灯光熄灭,此时电容器的上端带正电,如图 1(a)所示。断开电源,告诉学生,电容器现在已经储存了电荷。

② 演示放电过程。去掉电源,把鳄鱼夹接到电源符号右侧的接线柱,上方的蓝光二极管导通,电容器放电,LED 发蓝光,由高亮逐渐变暗。随着放电结束,灯光熄灭,完成放电过程,如图 1(b)所示。

需要说明的是,电源电压越高,所充电电压越高,初始发光越亮,但不要超过电容器的耐压值。电容器一般选用电解电容器,注意正负极,电容器电容越大,可观察到的充放电时间越长。发光亮度的变化说明电流大小的变化。将 LED 灯发光与电流表指针偏转相比,二者均能显示充电电流的变化,学生对前者更有生活经验,更乐于接受,这也是本实验设计要用

---

① 吴玉琴,施国富.《电容器的电容》教学中的几个实验设计. http://www.jxteacher.com/gzwl/column48297/cfa3ea21 - 06ff - 480a - b5be - a6d3ee950a25.html.

LED代替电流表显示充放电电流的原因。此外,"让电容器的充放电看得见"——探究电容器储存电荷的多少与电势差、电容器容量的关系,也是重视实验现象明显的教学创新设计。

在演示电容器的充电现象时,也可以先把日光灯电容器接入直流高压电源充电,取下后短路放电。学生在看到耀眼的闪光时,还同时听到了尖脆的声响;再取一只电解电容器,充电后与音乐片相连,奏出了悠扬悦耳的乐曲声;最后将大型示教电流表接入电容器的充放电回路,观察电流大小和方向的变化。三次演示的现象各具特色:第一次声光并茂、形象直观,第二次余音缭绕、兴味盎然,第三次则过程精细、便于分析。它们又都紧紧围绕电容器充放电这个中心,不仅丰富了观察内容,而且产生了协同互补的效应,使学生对电容器的本质特性有了深刻的认识。

(四) 重视低成本实验的教学创新设计

实验教学是物理教学的重要组成部分,由于学校经费不足和设备缺乏等影响,实验教学又往往成为物理教学的薄弱环节。为此,学校需要积极开展低成本实验的研究与开发。所谓低成本实验指的是价格低、花费少的实验。教师常使用日常生活用品、废旧器材等自制低成本物理实验仪器,用它们代替实验室专用仪器进行物理实验,以此解决仪器短缺难题,满足实验教学需要。

低成本实验的目的就是通过实验仪器的改进与创新,巧妙地将简单的物理原理揭示出来,让学生深切地感受到物理实验的真实性。低成本实验有时也称简易实验,简易的制作材料构成了低成本实验的躯干。它价格低廉、结构简单,却总能给人以亲切感。开发低成本实验,应考虑实验过程的简便性,通过事先的设计与制作,制成可操作性强、稳定性好的教具,体现低成本物理实验的独特魅力。目前DIS实验数字化信息系统与计算机连接,能快捷地处理实验数据,然而,在低成本物理实验中也有不少能快捷、直观进行数据处理的优秀教具。例如,简易加速度计的制作,就是一个能快捷、直观进行数据处理的低成本实验教学创新设计。

当我们乘车时,怎样判断汽车是否做加速运动呢? 一个简单的办法是用线拴一个重物,通过线与竖直方向的夹角来判断汽车是否做加速运动以及加速度的大小情况。按照这个方法,笔者制作了简易加速度计。取透明的光盘盒,拿掉封皮与内心。用纸板按光盘盒大小剪成一个长方形纸片固定在盒内。用一段红线拴一个螺丝作为指针,根据牛顿运动定律可得加速度与偏角的关系 $a = g\tan\theta$,用Excel计算出加速度与偏角的对应关系。按图1所示在纸板上画出标尺。操作时,可将加速度计平放在汽车的窗框上,把汽车的运动近似看成匀变速运动,等重物摆动稳定后进行读数,便

图1　简易加速度计[①]

可快速获得汽车加速度的粗略值。按运动学的方法,测量物体运动的加速度并不是一件容易的事,本教具巧妙地应用动力学的方法,快捷地测出了运动物体的加速度。

---

①　邢云开,黄晶.低成本物理实验的研究与开发[J].教学月刊(中学版):2014(6).

低成本物理实验制作的成本虽低,但运用的智慧不低,具有的内涵不低,教育的价值不低。它能极大地调动学生的学习兴趣,激发巨大的学习动力。因此应大力加强物理低成本实验的研究与开发。

四、运用自制教具改进物理教学

建构主义者认为,人类知识是个体出于各种目的而试图理解所生活的自然环境与社会环境的认知建构或创造。基于这种理解,物理教育就必须遵循物理知识发生、发展的规律和学生学习科学知识的规律,积极开展探究性的教学便显得特别重要。在这一背景下,利用身边废旧物资自制教具,对探究性的教学提供资源上的支持,则有助于丰富学生的感受和体验,也有助于促进观察和思考,从而有助于学生顺利完成内在意义建构的任务。①

(一)从亲身感受与体验入手

首先,科学教育不能定位于将一堆知识注入学生的头脑,而必须从学生的亲身感受与体验入手。例如,在压强教学中,可以运用自制教具让学生亲身感受压力的存在与作用效果。

感受固体压强:为什么图钉做得帽大头尖?倒过来按会怎样?鸡蛋握在手中,使劲握蛋壳也不容易破碎,将它在桌面上轻轻一碰就会破碎。做一做,想一想:是什么原因?用两食指或手掌心夹住一端削尖的铅笔(或小圆柱木棒,长 10 cm 左右)两端,如图 1 所示,改变用力的大小,交流、总结个人的感受。

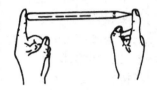

图 1　感受固体压强

感受液体压强:交流、讨论游泳时,身体没入水中是否感到呼吸困难?

感受大气压强:准备一个空铁皮桶(可以用铝制易拉罐),往桶内注入少量的清水,再把它放在火焰上加热,至水沸腾片刻,移出火焰,再用橡皮泥把桶口(较小)密封。稍等片刻,同学们可以听到"噼啪"的声响,桶开始被压缩得变形了。往桶上再倒一些冷水,只听得"啪"的一声巨响,桶被压瘪了。学生亲耳"听到"了"看不见的魔力"——大气的压力。

感受气体压强跟体积的关系:一只手堵住注射器(也可以用一端封闭的细竹筒代替,活塞用一端缠湿纱布的小木棒代替)的小孔,另一只手推动活塞,感受空气柱长度和用力大小的关系。

除了上述感受固体压强、液体压强、大气压强和气体压强跟体积的关系之外,还可以让学生体验流体压强与流速的关系:用白纸卷成一个细长的圆柱筒,把一只乒乓球放在圆柱筒的口处向上举起,在下端均匀吹气,同学们会看到乒乓球被吹得飘浮起来却不会被吹跑。

(二)在体验的过程中学会观察

物理教学更多从现象出发、从观察出发、从实验出发,通过学生自主探究获取信息、处理信息、提出假设、验证假设,总结归纳出一些物理规律。因此,在体验的过程中学会观察是物

---

① 需要说明的是,这里所呈现的并不是一节压强课的具体教学设计,也不是说每一节课的教学都需要包括所有这些教学环节。

理学习的一项重要基本功。

观察固体压强:取一个易拉可乐罐,从离底面三分之一处截断,其拉环不去掉最好,并选用体积大的部分。实验时先将可乐罐有盖的一面向下,并放在沙槽中,上端口放一个轻质木块,当在木板上加 1 kg 的砝码时,可乐罐在沙槽中下陷得较浅,如图 2(a)所示,如果把该可乐罐调过头来,其顶盖面朝上,也在上面放置同样的木块,并把相同质量的砝码加上去,结果可见到可乐罐下陷得很深,如图 2(b)所示。请思考,用同样直径的可乐罐,其上所加的力相同,但是可乐罐对槽内沙子的作用效果却大不一样,这是什么原因?

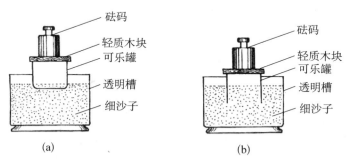

图 2 观察固体压强

观察液体压强:将一个可乐瓶的底部去掉,并在原上口处紧扎一块橡皮膜,把它倒过来,然后慢慢加水,可观察到橡皮膜向下凸出的现象,当灌的水离瓶口越深时,橡皮膜凸得越厉害。实验表明,液体对容器底部有压强,压强随液面升高而增大,如图 3(a)所示。

将可乐瓶的一侧偏下端打一个直径 16 mm 的孔,用相宜大小的橡皮塞塞住孔,并在橡皮塞中心再打一个直径 8 mm 的小孔,用以插入小漏斗,在漏斗口蒙上一层橡皮膜。如图 3(b)所示,当向瓶内慢慢地灌注清水时,就可观察到橡皮膜渐渐向外凸出来。水位越高,膜就凸得越厉害,说明液体对容器侧壁有压强。

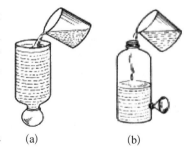

图 3 观察液体压强

观察大气压强:取小可乐瓶一个,内盛清水,用纸片把可乐瓶口盖严实,用手按住纸片并把瓶子倒转过来,如图 4 所示。当手脱离纸片时,可以看到纸片并不掉下来,水也没有流出来。这证明了大气压强的存在。注意:手拿在可乐瓶底部较硬处,这样就不易使瓶壁发生形变,容易使实验成功。如选用直筒形的其他瓶子来做此实验,效果也是很好的。

观察气体压强跟温度的关系:用橡皮泥密封易拉罐的开口处,再用酒精灯对准易拉罐底部加热,一段时间后,会看到橡皮泥被顶开。

此外,我们还可以用粗细不同的玻璃管制作物理学中的伯努利管,让学生观察流体压强与流速的关系。

图 4 观察
大气压强

（三）在观察的过程中学习探究

科学是一个永无止境的探究过程，换言之探究是贯穿科学发展始终的基本要素。同样，学生获得真正物理知识的途径，其最高境界是他们自主探究，并且让探究贯穿于教学过程的始终。虽然，并不是所有的知识都必须经过学生直接的探究，但是，如果学生的物理学习中缺少足够的探究体验，物理知识在他们头脑中很可能是作为一个外来物而存在，物理教育也只能留给他们一些诸如力、电压、磁场等术语，而真正物理知识的内涵并没有融入他们的心灵。即使学生有幸获得了物理知识，但在获得知识的过程中由于缺乏探究的体验，会对物理的本质，对物理的发生与发展产生错误的印象。

探究固体压强：用小方木块 1 块（四角处钉 4 枚钉子，如图 5 所示）、沙盘 1 个（可用脸盆、瓷碗代替）、重物 1 个（小砖块）、适量细沙等器材，根据图 6 所示进行探究，观察现象，交流总结。

（a）　　　　　　（b）　　　　　　（c）

图 5　小方木块　　　　　图 6　观察压力作用效果

探究液体压强：在大可乐瓶侧壁不同高度上开许多个同样大小的圆孔，在每个圆孔上用强力胶粘一个橡胶垫圈或塞一个橡皮塞，并且紧塞一小段（长为 4 cm 左右）两头开口的玻璃管，再将各个玻璃管外露的端口扎上橡皮膜。实验时，往可乐瓶中慢慢加水至满口时，观察到这些橡皮膜凸出的程度有所不同，即离瓶底越近，其橡皮膜凸出程度越大，如图 7(a) 所示。

另取一个可乐瓶，用缝衣针在酒精灯火焰上加热一下，然后往可乐瓶侧壁上刺穿三个小孔（用这种方法打出的孔既圆滑又畅通），所打出孔的位置为同一直线的上、中、下，如图 7(b) 所示。实验时，往可乐瓶中加水至满口。实验结果表明，小孔所处的位置越低，水就喷得越急、越远。这说明，液体对容器侧壁有压强，其压强随深度的增加而增大。

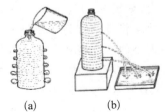

（a）　　　　（b）

图 7　探究液体压强

探究浮力的产生：选一个小可乐瓶（最好采用直筒形的矿泉水透明塑料瓶），把两端都截去，只剩下中间直筒部分，约 150 mm 长，再把两个端面蒙上橡皮膜，并使橡皮膜的绷紧程度一致。为了使可乐瓶中的空气与大气连通，可在可乐瓶中心处打上一个直径为 8 mm 的小孔，使其刚好能与自行车内胎充气嘴相配，以便连接一根皮管，但要求充气嘴与可乐瓶壁之间不漏水。实验时按图 8(a) 所示设置，当将圆筒浸没于水中并水平放置时，则可清楚地看到其橡皮膜凹陷程度是相同的。而当圆筒竖直方向设置时，如图 8(b) 所示，其两端口的橡皮膜凹陷程度明显不同，在下面端口的橡皮膜要比处在上面端口的橡皮膜凹陷程度大。这说明液体内部同一深度处压强相等，不同深度处，更深处压强大。水对物体向上和向下的压力的差就是水对物体的浮力。

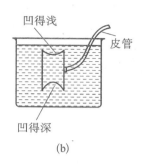

图 8　探究浮力的产生

探究大气压强:演示托里拆利实验(略)。

物理教育不仅要传授给学生物理学科的知识和方法,还应让学生在探究性学习中,理解科学探究的过程,培养科学的态度和价值观。事实上,科学探究的过程是复杂的,也是曲折艰辛的,它需要有坚韧不拔的科学态度,因为有些最重要的发现往往是受到失败的启示而做出的。由于气体压强跟温度关系、流体压强与流速关系等问题的探究比较复杂,留作以后探究。

(四)在探究的过程中建构意义

从儿童认识事物的过程来说,主动探究环境是他们的天性。可以说,儿童认识事物的过程本质上就是一个不断的探究过程。任何一个成年人只要回想儿时自己认识事物的过程,就不难领会这样的思想。然而,大自然似乎始终在捉弄着我们成年人,我们很快就忘记了儿时是怎么一回事,并过分地急于告诉孩子们应该如何。我们的行为是从一种假设出发,认为没有我们的指导或讲解,儿童就毫无办法。在应试教育依然盛行的今天,比这种行为更为极端的例子在我们的物理课堂中也不难找到。我们恨不得将所有要考的知识浓缩成一块米饼,让学生一口就吞下去。事实上,从科学学习的心理过程分析,探究是一种外在的行为,而建构是一种内在的行为,是探究活动的深入。在科学学习中,学生探究的目的是为了进行有效的认知建构,将科学概念体系转化为个体内在的认知结构;不进行概念建构的探究,是一种盲目、低效的学习行为。

建构固体压强的意义:把一块红砖分别平躺着、水平立着、竖直立着,哪种情况下砖对地面的压强较大?

如何根据压强公式 $p=\dfrac{F}{S}$ 来解决实际问题?

建构液体压强的意义:液体压强公式 $p=\rho gh$ 的适用条件是什么?

你能解释浮力 $F=\rho gV$ 产生的原因吗?

你会推导浮力 $F=\rho gV$ 的计算公式吗?

如图 9 所示,放在水平地面上的两个底面积一样的容器里面盛有等高的水,你能比较两个容器底

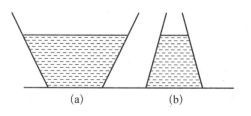

图 9　比较压力的大小

受到的压力与压强大小吗？两容器对桌面的压力与压强的大小又是怎样呢？

建构大气压强的意义：把气球套进透明塑料瓶中，用力吹气，气球不容易鼓起来。如果在瓶底打开一个小孔，气球就可以吹大。气球吹大后再把小孔堵起来，鼓胀的气球却不会再瘪下去。试试看。这是为什么？

如果告诉你地球的表面积，你能根据大气压强估计出大气层的总重量吗？

气体压强究竟是怎样产生的？

爱因斯坦曾经说过："结论几乎总是以完成的形式出现在读者面前，读者体会不到探索和发现的喜悦，感觉不到思想形成的生动过程，也很难达到清楚地理解全部情况。"从上面的分析可以看出，物理学习以感受和体验作为审视的出发点、以观察和思考作为全面把握科学内涵的必要途径、以科学探究作为判别的尺度、以意义建构（理解）作为学习的最终目标。事实上，我们还可以看出，感受和体验的过程，也是观察和思考的过程，同时也是探究和意义建构的过程，它们是有机统一的。

第五章　科学方法教学及其应用

科学方法是人们在认识和改造世界中遵循或运用的、符合科学一般原则的各种途径和手段,是人们认识世界和改造世界的有效工具,具体包括在理论研究、应用研究、开发推广等科学活动过程中采用的思路、程序、规则、技巧和模式。在科学发展史上,做出创造性贡献的科学家,除了具有博大精深的科学知识外,还掌握了先进的科学方法。因此,物理教学必须通过显性化或隐性化、集中专题或分散渗透的方式加强科学方法教育,[①]帮助学生了解人类对自然的认识过程,扭转传统科学教育由于缺乏科学方法带给学生歪曲的科学世界图像的局面,进而帮助学生实现智力与知识体系建构的同步发展。由于科学方法与科学知识(物理学知识)联系紧密,相关研究成果丰富而具体,本章仅选取对称方法、虚设方法、数学方法和比较方法在物理教学中的应用等具体内容展开分析,旨在帮助教师了解如何结合物理知识教学进行科学方法教育,并通过具体而深入的研究扎实推进科学方法教育。

一、对称方法在物理教学中的应用

物理教学过程中习得琐碎的物理知识固然重要,但同时更需要从定性和半定量的方法入手提出问题和分析问题,包括对称性的考虑、简化模型的选取、极限情形和特例的讨论等。这种提出问题和分析问题的能力要靠一定的物理直觉和洞察力,而这恰恰是学习者难以做到的。为此,在物理教学中渗透"对称性"思想,不失为一种有意识培养学生能力的积极尝试。

(一)物理学对称性的基本含义

随着生产水平和生活水平不断提高,人类逐渐发展起对美和美感的追求,并逐渐开始去思考美和探索美。对称性就是人类对美的思考和探索之一。

所谓对称性,就是由于一个物体或一个系统各部分之间的恰当比例、平衡和协调一致而产生的一种简单性和美感。例如一朵有 5 个花瓣的花绕它的轴旋转一周,有 5 个位置看上去是完全一样的,它给人以匀称的感受;一个圆形旋转任意的角度保持形状不变,它具有更大的旋转对称性。又例如人体或一些动物的形体一边与另一边完全相同,可以折叠重合,它左右对称,给人以匀称和均衡的感觉。再例如竹节或串珠,平行移动一定的间隔,图形完全重复,它具有平移对称性,给人以连贯、流畅的感受。尽管物理学中有许多复杂的细节,但却存在不少这样简单而优美的方面,并且常常在物理学中表现为物质结构的对称性以及动力学规律的不变性。物理学中最重要的一类规律就是"守恒定律",例如能量、动量、轨道角动

---

①　邢红军.高中物理科学方法教育[M].北京:中国科学技术出版社,2015:54.

量、自旋等。

在理解对称性的含义时，我们需要明确：对称性就是某种变换不变性，亦即守恒性。将对称性精练地定义为系统在某种变换下具有的不变性，是德国数学家魏尔(H. Weyl)首先提出的。我们把事物的一种情况变化到另一种情况叫作变换。在这里，如果一个变换使事物的情况没有变化，或者说事物的情况在此变换下保持不变，我们就说这个事物对于这一变换是对称的。这个变换称为事物的对称变换。在前面举的形体对称性的例子中，旋转就是一种变换操作，一朵有 5 个相同花瓣的花朵(如香港特区区旗上的紫荆花图案)绕垂直花面的轴旋转 $2\pi/5$ 或 $2\pi/5$ 整数倍角度，完全是一样的，没有什么变化，我们就说它具有 $2\pi/5$ 旋转对称性。一个圆形旋转任意角度保持形状不变，它具有更大的旋转对称性。从左到右或从右到左的变换称为镜像变换，人体和一些动物形体具有镜像变换不变性。而竹节或串珠则具有空间平移不变性。[①] 某一对称性，即某一变换下的不变性，粗浅而形象地看，就是换一角度或换一场合来观察事物保持不变。在旋转对称性中，就是换一方向来观察；在镜像对称性中，是换到镜子里来观察；在空间平移对称性中，则是平移一位置来观察。

每一个变换不变性都含有两个基本关系式，即不变量与变换式。在科学发展的常规阶段，不变量与变换式是互相适应的，它们共同构成某种变换不变性。而在科学革命阶段，常常会不断地发现一些新的不变量及新的变换式，它们常和旧的不变量或变换式发生深刻的矛盾。变换不变性方法的实质也就在于，抓住不变量与变换式之间的内在矛盾，并通过不断扩大变换不变性来解决两者的矛盾，从而达到变革旧理论、发展新理论的目的，达到物理学基本规律逐渐扩大统一性的目的。由于自然界存在完全对称和不完全对称，当我们通过各种办法使不完全对称的现象被平衡和补偿起来而达到完全对称时，我们对自然界的认识就前进一步，从而才能进一步改造自然。这也就是科学理论研究的目的。

（二）对称性在物理问题解决中的运用

在提出和分析物理问题时，可以以普遍的对称性作为指引，这样可以使我们避免复杂的不规则状态的分析计算，容易抓住事物的对称性，由一部分立即推测另一部分，使问题大为简化。我们还可以人为地通过填补、分割等方法，使原来不具有对称性的事情也可用对称性的方法来分析。

[例题 1] 如图 1 所示，电荷 q 均匀分布在半球面 ACB 上，球面的半径为 R，CD 为通过半球面顶点 C 与球心 O 的轴线，P、Q 为 CD 轴线上离 O 距离相等的两点。已知 P 点的电势为 U_P，试求 Q 点的电势 U_Q。

[解与析] 本题中只有半个带电球面，显然用中学知识无法直接求 Q 点的电势。但题中又知道和 Q 点离球心 O 距离相等的 P 点电势 U_P。这就给我们用对称性解题创造了条件。

设想在半球面 ACB 的右侧填补一个相同的带电半

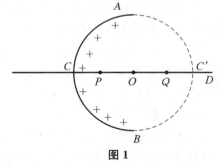

图 1

① 陈熙谋，舒幼生. 对称美与物理学[J]. 物理教学，1999(1).

球面 $AC'B$，ACB 在 Q 点的电势，可以看作整个带电球面在 Q 点的电势减去右半球面 $AC'B$ 在 Q 点的电势。由于整个带电球体在 Q 点的电势为 $2kq/R$，又由于对称性，半球面 $AC'B$ 在 Q 点的电势和半球面 ACB 在 P 点的电势相等，也为 U_P，所以 $U_Q=2kq/R-U_P$。

［例题 2］有一块半圆形均匀电阻片，如图 2(a)所示方式接入电路时电阻为 R_1，求如图 2(b)所示接入电路时的电阻 R_2 为多少？

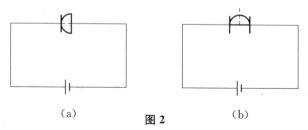

(a) 图 2 (b)

［解与析］用填补或分割的方法都能求得对称。如果我们把题中的半圆形电阻片分成两块四分之一圆的电阻片，由于两电阻片对称相等，所以如图 2(a)中为两电阻片并联接法，如图 2(b)中为两电阻片的串联接法。若四分之一电阻片阻值为 R，则

$$\begin{cases} 1/R_1 = 1/R + 1/R, \\ R_2 = R + R \end{cases}$$

得 $R_2 = 4R_1$。

［例题 3］如图 3，有一个正方格的无穷网络电路，正方形每边电阻均为 R。求网络中 A、B 两端的总电阻。

［解与析］由于无法识别电路中每个电阻的串并联关系，不能用每个电阻值直接求 A、B 两端的总电阻，但我们只要在 A、B 两端加上电压后分析 A、B 间的电流和总电流的关系，就能得到 A、B 两端的总电阻。

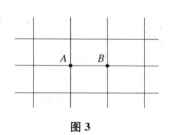

图 3

根据网络的对称性，若在 A 处接电源正极，无穷远处接负极，AB 间电流 $I_{AB}=\dfrac{1}{4}I_{总}$；若在 B 处接负极，无穷远处接正极，A、B 间电流 $I_{AB}=\dfrac{1}{4}I_{总}$，根据电流的叠加原理在 A 端接正极，B 端接负极 $I_{AB}=\dfrac{1}{2}I_{总}$，则 AB 两端总电阻

$$R_{AB}=\frac{U_{总}}{I_{总}}=I_{AB}\cdot\frac{R}{I_{总}}=\frac{1}{2}R$$

根据网络电路的对称性，从分析 A、B 两端间的支电流和总电流的关系来得到 A、B 两端总电阻和 A、B 间电阻的关系，在不能采用直接分析时，间接分析往往能得到正确结论。

［例题 4］有一无限平面导体网络，它由大小相同的正六边形网眼组成，如图 4 所示。所有正六边形每边的电阻均为 R_0，求间位结点 a、b 间的电阻。

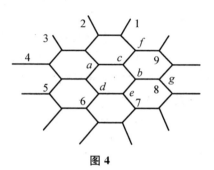

图 4

[解与析]假设有电流 I 自 a 流入,向四面八方流到无穷远处,那么必有 $I/3$ 电流由 a 流向 c,有 $I/6$ 电流由 c 流向 b。再假设有电流 I 由四面八方汇集 b 点流出,那么必有 $I/6$ 电流由 f 流向 c,有 $I/3$ 电流由 c 流向 b。

将以上两种情况结合,由电流叠加原理可知

$$I_{ac} = I/3 + I/6 = I/2(由 a 流向 c)$$
$$I_{cb} = I/3 + I/6 = I/2(由 c 流向 b)$$

因此 ab 之间的等效电阻为

$$R_{ab} = U_{ab}/I = (I_{ac}R_0 + I_{cb}R_0)/I = R_0$$

在教学实践中,教师可以把"物理学中的对称性"介绍给学生,在此基础上引入一些相关学科的具体问题,通过对这些问题的分析解答了解一些普遍的对称性思想。更为重要的是,这一举措有利于提高学生的物理直觉和洞察力。实践中,尽管许多问题本可以通过直觉的思考就能得到定性或半定量的结论,但我们的学生每遇到问题时,总是喜欢一开始便埋头于用系统的理论工具,按部就班地作详尽的定量计算。若能从定性和半定量的方法入手来提出问题和分析问题,在学习方法上无疑是一个突破。

二、虚设方法在物理教学中的应用

在物理解题中,由于题目所给的情景、条件、状态或过程等有时不十分明确,而为了正确、迅速地解决问题,我们必须假设或想象出某种虚拟的东西,然后再针对具体问题应用具体规律加以求解,这一方法称为虚设法。

虚设法内容丰富,应用范围广泛。在物理解题中,除了针对物理问题所涉及的设问、立意和情境等方面而虚设物理情境、虚设物理模型、虚设物理条件、虚设物理状态、虚设物理过程外,对一些特殊问题的解决我们还必须虚设物理结构,因为物体的结构分布对问题的求解常常是有影响的。

(一)变不对称为对称的虚设

在某些物理问题中,物体的结构不对称,但利用虚设法将其虚补成空间对称结构或者进行时间反演虚构,这将为问题的最终解决提供新的思路和途径。

[例题1]一块双薄凸透镜的焦距为 20 厘米,现将其对剖成两平凸透镜,并在其平面镀上银。取出其中一块,在距透镜 30 厘米的主轴上放一点光源 S(如图 1),问 S 最后的像在何处?

[解与析]在分析该问题时,将会碰到平凸透镜的焦距是多少和如何确定光线经平面镜反射后的光路两个问题。考虑到平面镜反射光路的对称性,我们可以把反射后的光路作(如图 1)所示的对称转换——虚补平凸透镜的另一半成为双凸透镜,这样便解决了焦距问题。于是 S 的像 S' 距透镜的距离为:

$$v = uf/(u - f) \qquad ①$$
$$= 30 \times 20/(30 - 20)$$
$$= 60 \text{ cm}$$

然后再由对称性可知,实际的像 S'' 应在 S' 关于平面镜的对称点上,即在透镜左侧主光轴距透镜 60 厘米处(见图1)。

除虚补空间对称结构外,时间上的反演虚构则能帮助我们将物理过程逆向展开,例如把匀减速运动问题反演成匀加速运动问题,从而使问题变得更为简单与熟悉。

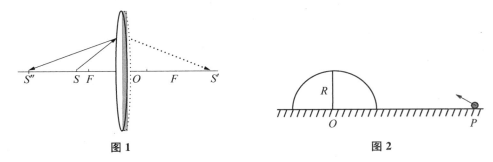

图1　　　　　　　　　　　　图2

[例题2] 如图2所示,半径为 R 的光滑半球面固定在水平面上,欲在水平面上距圆心 O 为 x 的 P 点向球面抛出一小球,问小球初速 v_0、抛射角 q 及 x 为多少时,才能使抛出的小球最终恰能静止在球面上?(不计空气阻力)

[解与析] 此题有几个待求量,已知量却很少。怎么办?缺少已知条件与习惯思维相悖,用常规解法无从着手。考虑到问题中的因果(条件和结论)是相互制约的,并呈动态地变化状态,将该题按物理过程发生的顺序倒过来看,就能穿出迷雾,思路了然。

由于球面是光滑的,故小球仅能在滑到半球面顶点且速度恰为零时才能满足题目的要求。本题中无任何耗散阻力,所以小球运动过程具有可逆性,通过时间反演原题可改为:从光滑球面顶点无初速滑下的小球,求它落到水平面的位置、速度的大小和方向,然后将此结论转向即可。(小球应在离球心距离为 $1.125R$ 处、沿抛射角 $67.4°$ 的方向并以 $(2gR)^{1/2}$ 的速度向球面抛出小球,最终它能静止在光滑半球面的顶点上。具体解答从略)

(二)注重物理效果等同的虚设

虚设物理结构不仅仅只是将结构不对称的物体虚设为空间对称和进行时间上的反演,事实上,只要注重物理效果的等效,虚设物理结构具有更为一般的意义。

[例题3] 单摆由一根轻质杆和杆端重物组成(l_2、m),若在杆中距单摆悬点 l_1 处($l_1 < l_2$)另加一质量相同的重物 m,试求该异形摆的振动周期。

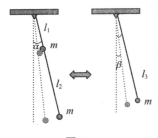

图3

[解与析] 本题若从分析受力角度着手考虑,很难找到该异形摆的振动周期,因而可换一种解题思路——从能量角度入手,通过与一个虚设的辅助摆的比较(如图3),找到问题的正确解。

设异形摆的摆角为 α,在摆至与竖直方向成 β 角(任意)时其角速度为 ω_1,据机械能守恒定律有:

$$mgl_2(\cos \beta - \cos \alpha) + mgl_1(\cos \beta - \cos \alpha) = \frac{1}{2}m(\omega_1 l_2)^2 + \frac{1}{2}m(\omega_1 l_1)^2$$

解得：

$$\omega_1^2 = 2g(l_1 + l_2)(\cos \beta - \cos \alpha)/(l_1^2 + l_2^2)$$

现虚设有一个摆长为 l_3 的辅助单摆（l_3、m），摆角也为 α，在摆至与竖直方向成 β 角时其角速度为 ω_2。如果 $\omega_2 = \omega_1$，即虚设的辅助摆与异形摆有同样的角速度，则辅助摆与异形摆有同样的周期。同理对辅助摆列出能量关系式后得：

$$\omega_2^2 = 2g(\cos \beta - \cos \alpha)/l_3$$

由此得：当 $l_3 = (l_1^2 + l_2^2)/(l_1 + l_2)$，辅助摆与异形摆周期相等。于是，异形摆的周期为：

$$T = 2\pi \sqrt{\frac{l_3}{g}} = 2\pi \sqrt{\frac{(l_1^2 + l_2^2)}{g(l_1 + l_2)}}$$

（三）不破坏给定物理状态的虚设

虚设法具有高度的逻辑性，对于启迪学生思维和培养学生多方位的分析物理问题的能力大有裨益，但虚设物理结构决不可以破坏所给定的物理状态。例如，在分析霍尔效应现象时，金属导体中自由移动的电荷是带负电的电子，如果是虚设正电荷的移动，则将会得到与事实完全相反的结果，这是需要特别注意的。

［例题 4］长直导线 L 和"U"导体 $ABCD$ 在同一平面内相距并不远，当 L 中突然通以如图 4(a)所示电流 I_1 时，试比较"U"导体上 A、D 两端电势 U_A、U_D 的高低。

［解与析］为了比较 A、D 两端电势 U_A、U_D 的高低，可通过虚设方法将"U"导体 $ABCD$ 构成闭合回路。若用导线直接连接 AD 如图 4(b)，在题给条件下，I_1 的磁场增强，闭合回路 $ABCD$ 中垂直于纸面向里的磁通量增大，根据楞次定律可判定，感应电流 I_2 应从 A 流向 D，因此可断定 A 点电势高于 D 点即 $U_A > U_D$。然而这一结果却是错误的，因为虚设直接连接 AD 的导线破坏了给定的物理状态——接入导体 AD 也产生了感应电动势 ε'。

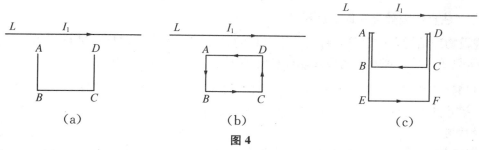

图 4

为了不破坏所给定的物理状态，用位于无限远处的导线 EF 连接 AD，如图 4(c)，"U"导体 $ABCD$ 是闭合回路 $ABCDEF$ 的电源部分。根据楞次定律可判定，回路中感应电流 I_3 由 D 经 EF 回到 A，可见应是 $U_D > U_A$。

（四）深刻理解物理问题本质的虚设

不破坏所给定的物理状态是对虚设物理结构的基本要求，而达到这一目的是以深刻理解物理问题的本质为前提的，这也是灵活应用物理结构虚设方法——将结构不对称的物体虚补成空间对称结构、将物体运动过程进行时间反演虚构和注重物理效果等效的物理结构虚设的保证。

[例题 5] 如图 5(a)所示,磁感应强度为 B 的匀强磁场充满在半径为 R 的圆柱形区域内,其方向与圆柱的轴线平行,其大小以 $k=\Delta B/\Delta t$ 的速率均匀增加。一根长为 R 的金属棒 ab 与磁场方向垂直地放在磁场区域内,杆的两端恰在圆周上,求棒中的感应电动势。若金属棒 ab 的长为 l(一般不等于 R),棒中感应电动势的值又为多大?

[解与析] 当金属棒 ab 的长为 R 时,根据对称性可虚设圆柱形区域内内有一个正六边形回路如图 5(a),ab 是它的一条边,于是,金属棒中的感应电动势应是正六边形回路中感应电动势的 1/6。所以,由法拉第电磁感应定律可得:

$$\varepsilon_{ab} = \frac{1}{6}\varepsilon_{总} = \frac{1}{6}S_{总} \times (\Delta B/\Delta t) = \frac{\sqrt{3}}{4}kR^2$$

在更为一般的情况下,金属棒 ab 的长 l 不等于 R,棒中的感应电动势又该如何计算呢? 当然,我们仍可虚设部分导体与金属棒 ab 构成回路,如图 5(b)。但是,选择哪一个回路来研究呢——是小弓形、包含圆心在内的大弓形、还是与圆心 O 点围成的 $\triangle Oab$? 为了使虚设的物理结构不破坏所给定的物理状态,我们必须深刻理解物理问题的本质——圆

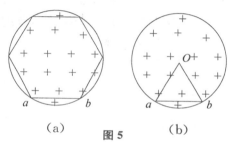

(a)   图 5   (b)

柱形区域内磁场的均匀增加,在其周围空间产生涡旋电场,正是涡旋电场使金属棒 ab 和圆周导体中产生感应电流,但该涡旋电场与半径垂直而不会使半径 Oa 和 Ob 中产生感应电流,Oa 和 Ob 的接入不破坏所给定的物理状态。于是,我们选择金属棒 ab 与圆心 O 点围成的三角形 Oab 来研究,三角形 Oab 闭合回路产生的感应电动势应就是金属棒 ab 产生的感应电动势。所以,由法拉第电磁感应定律可得:

$$\varepsilon_{ab} = S_{\triangle Oab} \times (\Delta B/\Delta t) = \frac{1}{2}kl\sqrt{R^2 - \frac{l^2}{4}}$$

深刻理解物理问题的本质对虚设物理结构具有十分重要的意义。在计算气体对器壁的压强、水流对煤层的冲力、空气对船帆的推力等物理问题时,只要认识到它们在本质上的相似,都不难通过虚设物理结构——微元柱体模型来加以解决(具体例题从略)。

综上所述,将结构不对称的物体虚补成空间对称结构、将物体运动过程进行时间反演虚构和注重物理效果等效的物理结构虚设等是虚设物理结构常用的方法,但无论如何,虚设物理结构决不可以破坏所给定的物理状态。虚设物理结构有助于学生开拓物理解题思路和突破思维障碍,有助于学生提高分析解决物理问题的能力和深刻理解物理问题的本质,因此,在物理教学中必须给予一定的重视。

三、数学方法在物理教学中的应用

数学作为工具学科,其思想、方法和知识始终渗透和贯穿于整个物理学习和研究的过程

中,为物理概念、定律的表述提供简洁、精确的数学语言,为学生进行抽象思维和逻辑推理提供有效的方法,为物理学中的数量分析和计算提供有力工具。中学物理《考试大纲》中对学生应用数学工具解决物理问题的能力做出了明确要求,要求考生有"应用数学处理物理问题的能力"。中高考特别是高考物理试题的解答离不开数学知识和方法的应用,借助物理知识考查数学能力是中高考命题的永恒主题。所谓数学方法,就是要把客观事物的状态、关系和过程用数学语言表达出来,并进行推导、演算和分析,以形成对问题的判断、解释和预测。可以说,任何物理试题的求解过程实质上是一个将物理问题转化为数学问题再经过求解还原为物理结论的过程。处理中学物理问题常用的数学方法有极值法、几何法、图象法、数学归纳推理法、微元法、等差数列和等比数列求和法等,以下只是不等式性质、不定方程等数学知识在物理教学中应用的具体案例。

(一)应用不等式性质求解物理问题

在许多物理极值问题中,物理量之间存在着确定的不等量关系,应用不等式性质不仅有助于开拓解题思路求得结果,而且有助于提高学生应用数学知识解决物理问题的能力。

1. 不等式的性质

数学知识告诉我们(证明从略),如果 a、b、c、$\cdots$ 是正值,则有:

$$\frac{a+b+c+\cdots}{n} \geqslant \sqrt[n]{abc\cdots}$$

特别的,当 $n=2$ 时,上述不等式为:

$$\frac{a+b}{2} \geqslant \sqrt{ab}$$

① 和定积大:当且仅当 $a+b+c+\cdots=$ 常数,且 $a=b=c\cdots$ 时,积 $a \cdot b \cdot c \cdots$ 取最大值。若只有两项,则当且仅当 $a+b=$ 常数,且 $a=b$ 时,积 ab 取最大值。

② 积定和小:当且仅当 $a \cdot b \cdot c \cdots=$ 常数,且 $a=b=c\cdots$ 时,和 $a+b+c+\cdots$ 取最小值。若只有两项,则当且仅当 $ab=$ 常数,且 $a=b$ 时,和 $a+b$ 取最小值。

下面举例说明上述不等式在求解物理极值问题中的应用。

2. "和定积大"极值问题

[例题1] 如图1所示,直线电杆长为 $H=4$ 米,上端拉有水平的电线,为防止其倾倒,现用一根长为 $L=4$ 米的钢绳系于 A 点,绳子的另一端系于地面木桩上 C 点。问:当 A 点距地面多高时,绳子所受拉力最小?($H \geqslant \frac{\sqrt{2}}{2}L$)

[解与析] 设 A 点距地面高为 x 米时,绳子中拉力最小。以 B 点为转动轴,此拉力的力矩为:

$$M_T = T\sqrt{L^2-x^2}\sin\alpha = \frac{xT\sqrt{L^2-x^2}}{L}$$

电线杆受水平外力 F 的力矩 M_F 是一定的。根据有固定转动轴物体的平衡条件得 $M_T = M_F$,即:

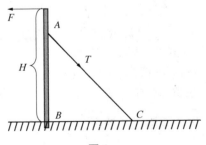

图 1

$$T = \frac{M_F L}{x\sqrt{L^2 - x^2}}$$

容易看出,当 $x\sqrt{L^2-x^2}$ 有最大值时,T 有最小值。令 $y = x\sqrt{L^2-x^2}$,则 $y^2 = x^2(L^2-x^2)$。由于 $x^2 + (L^2-x^2) = L^2$ 为定值,则当 $x^2 = (L^2-x^2) = \frac{L^2}{2}$ 即 $x = \frac{\sqrt{2}}{2}L = 2\sqrt{2}$ 米 ($\alpha = 45°$) 时,绳中拉力最小。

[例题2] 有一艘小帆船在静水中顺风漂行,风速为 v_0。设帆面与风向始终垂直,船帆的面积为 S,空气分子的平均质量为 m,单位体积内空气的分子数为 n,并设空气与帆面碰撞后相对帆面静止。问:当船速 v 为多大时,风提供给小帆船的功率最大?最大值为多少?

[解与析] 风(空气)相对船帆的速度为 (v_0-v),则在 Δt 时间内与帆面碰撞的空气分子数为 $N = nS(v_0-v)\Delta t$,每一空气分子与帆面发生正碰时作用于帆面的冲量为 $I = m(v_0-v)$,则根据动量定理可以求得帆面受到空气的平均冲击力为:

$$F_{平压}\Delta t = [nS(v_0-v)\Delta t]m(v_0-v)$$
$$F_{平压} = nmS(v_0-v)^2$$

于是,风提供给帆船的功率 P 为:

$$P = F_{平压}v = nmS(v_0-v)^2 v = \frac{1}{2}nmS(v_0-v)^2(2v)$$

由于上式中 n、m、S、v_0 均为定值,且 $(v_0-v)+(v_0-v)+2v = 2v_0$ 为常量,故当且仅当 $v_0-v = v_0-v = 2v$ 即当 $v = \frac{1}{3}v_0$ 时,$(v_0-v)^2(2v)$ 取极大值,亦即风提供给小帆船的功率 P 最大,最大值 $P_{max} = \frac{4}{27}nmSv_0^3$。

3. "积定和小"极值问题

[例题3] 一架直升机从地面由静止匀加速垂直飞行到高 h 的空中。已知直升机向上的加速度 a 与发动机每秒耗油量 m_a 之间的关系是 $m_a = ka + b$ ($k>0, b>0$),那么,驾驶员应该选用怎样的加速度匀加速上飞,才能使直升机上升到 h 高空时耗油最省?

[解与析] 设直升机匀加速上升的加速度为 a,则直升机自地面匀加速垂直上升到 h 高处经历的时间 $t = \sqrt{\frac{2h}{a}}$,因而,直升机的耗油量是直升机匀加速上升加速度 a 的函数,即:

$$m = m_a t = (ka+b)\sqrt{\frac{2h}{a}}$$

或者写成:

$$m^2 = (ka+b)^2\frac{2h}{a} = 2h\left(k^2 a + 2kb + \frac{b^2}{a}\right)$$

上式中 h、k、b 均为定值，且 $(k^2a)(\dfrac{b^2}{a}) = k^2b^2$ 为常量，故当且仅当 $k^2a = \dfrac{b^2}{a}$ 即 $a = \dfrac{b}{k}$ 时（负值舍去），直升机的耗油量 m 最小，其耗油量为 $m_{\min} = 2\sqrt{2hkb}$。

[例题4] 如图2所示，足球运动员在距球门 $L = 11$ 米处的罚球点准确地从球门的横梁下边沿踢进一球。横梁下边沿离地高度为 $h = 2.5$ 米，足球质量为 $m = 0.5$ 千克，空气阻力不计。运动员必须传递给这个足球的最小能量 $E_{\min}$ 是多少？

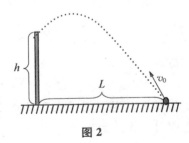

图2

[解与析] 设足球的初速度为 v_0（其水平分量为 v_x，其竖直分量为 v_y），足球被踢出至球门的横梁下边沿运动时间为 t。因足球做斜抛运动，由斜抛运动规律可得：

$$v_x t = L \quad 即 \quad v_x = \frac{L}{t}$$

$$v_y t - \frac{1}{2}gt^2 = h \quad 即 \quad v_y = \frac{h + \frac{1}{2}gt^2}{t}$$

所以，传递给足球的能量可表达成时间 t 的函数，即：

$$E_0 = \frac{1}{2}mv_0^2 = \frac{1}{2}m(v_x^2 + v_y^2) = \frac{1}{2}m\left(\frac{L^2 + h^2}{t^2} + gh + \frac{1}{4}g^2t^2\right)$$

由于 $\dfrac{L^2 + h^2}{t^2} \times \dfrac{1}{4}g^2t^2 = \dfrac{g^2(L^2 + h^2)}{4}$ 为常数，所以当 $\dfrac{L^2 + h^2}{t^2} = \dfrac{1}{4}g^2t^2$，也就是当 $t^2 = \dfrac{2\sqrt{L^2 + h^2}}{g}$ 时，$\dfrac{L^2 + h^2}{t^2} + \dfrac{g^2t^2}{4}$ 取最小值 $g\sqrt{L^2 + h^2}$。于是：

$$E_0 \geqslant \frac{1}{2}mg(\sqrt{L^2 + h^2} + h)$$

因此，运动员传递给这个足球的最小能量为：$E_{\min} = \dfrac{1}{2}mg(\sqrt{L^2 + h^2} + h) \approx 34$ 焦耳。

从上述例题可以看到，在应用不等式的性质求解物理极值问题时，首先要注意判定物理量各有关项（变量）是否满足"和定积大"即"$a + b + c + \cdots = $ 常数"或"积定和小"即"$a \cdot b \cdot c \cdots = $ 常数"的条件，然后再根据有关的数学知识求出问题的最后结果。

4. 拓展练习的设计

[习题1] 把电量 q 分配给两个相距为 r 的绝缘金属小球，则电量按什么比例分配时，两球之间的库仑力最大？其最大值为多大？（$q_1 = q_2 = \dfrac{q}{2}$，$F_{\max} = \dfrac{kq^2}{4r^2}$）

[习题2] 如图3所示，重为 G 的匀质球半径为 R，放在墙和 AB 板之间，板的 A 端由铰链连接，B 端由水平绳索 BC 拉住。板长为 l，和墙的交角为 α，重力不计。则当 α 为何值时，绳的拉力最小？最小值为多少？（$\alpha = 45°$，$T_{\min} = \dfrac{4GR}{l}$）

[习题3] 有12个电池，每个电池的电动势 $\varepsilon = 1.5$ V，电池内阻 $r = 1\ \Omega$，当负载电阻 $R =$

$0.75\ \Omega$ 时,怎样连接这些电池才能在负载中得到最大电流? 最大电流值多大?(4 组并联, 每组 3 个串联,$I_{max}=3\ A$)

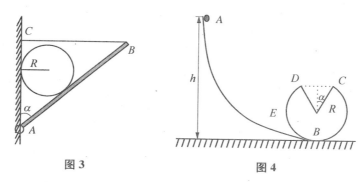

图 3　　　　　　　　　图 4

[习题 4] 如图 4 所示,小球在光滑的轨道上由 A 点从静止开始沿 $ABCDE$ 路径运动,其中半径 R 环形路径中段 CD 为缺口。问:当 α 角为何值时,小球完成沿 $ABCDE$ 路径运动时所需要的距水平面的高度 h 最小? 最小值为多大?$[\alpha=45°,h_{min}=(1+\sqrt{2})R]$

(二) 应用不定方程解决物理问题

在解较复杂的物理问题时,根据物理规律(原理、定理、定律等)、物理公式列出的数学方程有时会出现所列方程的元数(未知数的个数)多于方程个数的情况,从数学角度看它属于不定方程的求解问题,求解结果有一定的难度。认真研究不定方程在物理解题中的应用实例可以发现:注重分析问题情境进而明确物理条件的约束和利用数学隐元技巧进而减少未知数的个数是两条应用不定方程解决物理问题的有效策略。

1. 分析问题情境、明确物理限制

物理问题一般都涉及问题的情境、立意和设问等三个方面。分析问题情境、明确物理条件限制,从本质上讲就是为不定方程中的某一未知量施加约束,从而使不定方程有确定的解。

[例题 1] 位于水平面上的两条金属导轨 AB、CD 相距 L,与电动势为 ε(内阻不计)的电源和电阻 R 相连接(如图 1 所示),金属棒 MN 垂直于导轨放置并可在其上滑动。MN 及导轨框架电阻不计,MN 棒在滑动中受到的阻力为 f。整个装置处于方向竖直向下的匀强磁场中。问:磁场的磁感应强度 B 为多大时,棒的速度 v 达到最大值? 其值又为多大?

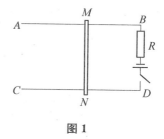

图 1

[解与析] 分析题意可知,金属棒 MN 受向左的安培力而运动、切割磁感应线产生出感应电动势 ε' 而使回路中电流 I 减小,因此做加速度逐渐减小、速度逐渐增大的向左的变加速直线运动,直到加速度为零时棒的速度达到最大值。

设磁感应强度为 B 时对应 MN 金属棒获得向左的最大速度为 v_m。根据法拉第电磁感应定律、闭合电路欧姆定律、安培力公式和牛顿第二定律等有:

$$\varepsilon'=BLv_m$$

$$I = (\varepsilon - \varepsilon')/R = (\varepsilon - BLv_m)/R$$
$$F = BIL = BL(\varepsilon - BLv_m)/R$$
$$BL(\varepsilon - BLv_m)/R = f(F - f = 0)$$

整理得：

$$L^2 v_m B^2 - L\varepsilon B + Rf = 0 \qquad\qquad ①$$

从上式可见，方程①的元数（B、v_m）多于方程的个数。尽管如此，上式可以看成是一个含有参变数 v_m 的关于 B 的一元二次方程，考虑到问题情景的物理条件限制——为使磁感应强度 B 有解，速度 v_m 应满足下述条件：

$$\Delta = L^2\varepsilon^2 - 4L^2 v_m Rf \geqslant 0 \qquad\qquad ②$$
$$v_m \leqslant \varepsilon^2/4Rf$$

即金属棒 MN 的速度达到最大值应取等号：$v_m = \varepsilon^2/4Rf$。相应的磁场磁感应强度取值 $B = \varepsilon/2Lv = 2Rf/L\varepsilon$。

[例题 2] 如图 2 所示，顶角为 2θ 的光滑圆锥置于方向竖直向下、磁感应强度为 B 的匀强磁场中，质量为 m、带正电 q 的小球沿圆锥表面做水平面内的匀速圆周运动。试求其运动方向和最小轨道半径 R_{min}。

[解与析] 设小球沿圆锥面做水平面内的匀速圆周运动，半径为 R 时其速度为 v，对小球进行受力分析并根据有关规律有：

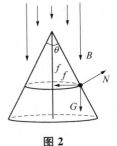

图 2

$$N\sin\theta - mg = 0$$
$$Bqv - N\cos\theta = \frac{mv^2}{R}$$

整理后有：

$$\frac{mv^2}{R} - Bqv + mg\cot\theta = 0 \qquad\qquad ③$$

方程③中含有两个未知数（R、v），满足这一要求的 R、v 值很多。分析问题情境的物理条件限制——考虑到小球运动的速度 v 具有某一确定值（实数解），③式可以看成是以 R 为参变量关于 v 的方程，因此应当满足：

$$\Delta = B^2 q^2 - \frac{4m}{R}(mg\cot\theta) \geqslant 0$$

$$R \geqslant \frac{4m^2 g\cot\theta}{B^2 q^2} \qquad\qquad ④$$

因此，最小轨道半径 $R_{min} = \dfrac{4m^2 g\cot\theta}{B^2 q^2}$，且带电小球逆时针（俯视）运动。

从例题 1 和例题 2 可以看出，注重对物理问题的情境分析、明确问题的物理限制条件，列出相应的辅助方程，是应用不定方程解决物理问题的行之有效的方法。

2. 分析数学关系、掌握隐元技巧

所谓数学隐元技巧，本质上就是把几个未知量（一般是两个）的组合当作一个整体未知量来看待，这相当于隐藏了一个物理未知量，从而使不定方程转化为可解方程，使问题得以解决。

应用数学隐元技巧解决物理问题,容易让我们想到十分熟悉的"利用不等臂天平和标准砝码准确称量待测物体质量"的复称法——物体放于左盘,右盘置 m_1 砝码时天平平衡;物体放于右盘,左盘置 m_2 砝码时天平再次平衡。设天平左臂长为 l_1,右臂长为 l_2,物体的质量为 m_x,根据有固定转动轴的物体平衡条件容易得到含有三个未知量(l_1、l_2 和 m_x)的两个方程,应用比例法——其实是把 l_1/l_2 看成一个未知的隐元方法——可得待测物体的质量为 $m_x = (m_1 m_2)^{1/2}$。为充分认识数学隐元策略及其在不定方程求解中的重要性,我们来看下面的例题。

[例题 3] 如图 3 所示,当电键 K 断开时伏特表 V_1 的示数为 12 伏特、V_2 的示数为 6 伏特;当电键 K 闭合时,伏特表的示数为 15 伏特。求电源的电动势 ε。

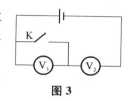

图 3

[解与析] 设电源的电动势为 ε、内电阻为 r,伏特表 V_2 的电阻为 R_2。根据题意和闭合电路欧姆定律容易列出 K 断开与闭合时的回路方程:

$$\varepsilon = 12 + 6 + (6/R_2) \times r \qquad ⑤$$

$$\varepsilon = 15 + (15/R_2) \times r \qquad ⑥$$

方程⑤⑥是含有三个未知数但只有两个方程的方程组(不定方程)。只有把 r/R_2 看成一个未知量——利用数学隐元技巧使未知数变为两个,才能求出 ε=20 伏特的结果。

[例题 4] 将一勺热水倒入量热器,这时量热器的水温升高了 5 ℃;再加入一勺同样的热水,温度又上升了 3 ℃。如果不断地向量热器内加同样的热水 n 勺,量热器内水的温度最终比开始时升高多少?(假设量热器的容积较勺的容积大得多)

[解与析] 设量热器内原有水的质量为 m_0,水的初温为 t_0;热水的温度为 t;一勺水的质量为 m;在量热器中加了 n 勺热水达到热平衡时系统的温度为 T。分别对加一勺热水、加两勺热水(温度升高了 8 ℃)和加 n 勺热水的混合过程列热平衡方程有:

$$c_水 m_0 \times 5 = c_水 m[t - (t_0 + 5)] \qquad ⑦$$

$$c_水 m_0 \times 8 = c_水 (2m)[t - (t_0 + 8)] \qquad ⑧$$

$$c_水 m_0 \times T = c_水 (nm)[t - (t_0 + T)] \qquad ⑨$$

在上述三个方程中,$c_水$ 为水的比热。联解上述不定方程(三个方程中含有五个未知量:m_0、m、t_0、t、T),应用数学隐元策略——把 $t - t_0$ 和 m_0/m 分别看作一个未知量,容易解得 $t - t_0 = 20$ ℃,$m_0/m = 3$,并有:

$$T = 20n/(3 + n) = 20/(3/n + 1)$$

当 $n \to \infty$ 时,$T_m = 20$ ℃。

[例题 5] 如图 4 所示电路中,当 A、B 两端断路时,$U_{AB} = 120$ V;当 A、B 两端接入一个额定功率为 100 W 的灯泡时,两端间的电压为 110 V;如果再在 A、B 间并联一个电炉时,A、B 间电压为 90 V。设灯泡与电炉的额定电压相同(但不等于 110 V 或 90 V),并且灯泡灯丝的电阻不随外电压而变化。求电炉的额定功率。

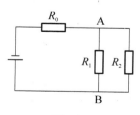

图 4

[解与析] 设灯泡的电阻为 R_1、电炉的电阻为 R_2、电源的内阻为 r,它们的额定功率分别为 P_1 和 P_2,且 $P_1 = 100$ W。据电路连接特点有:

$$P_1/P_2 = R_2/R_1 \qquad \text{⑩}$$
$$110/R_1 = (120-110)/(R_0+r) \qquad \text{⑪}$$
$$90/[R_1R_2/(R_1+R_2)] = (120-90)/(R_0+r) \qquad \text{⑫}$$

上述⑩⑪⑫三个方程中含有五个未知量(P_2、R_0、r、R_1 和 R_2),是不定方程,采用常规方法不可能由三个方程解出五个未知量的确定解。利用数学隐元策略——把 R_1/R_2 和 R_0+r 分别看作一个未知量,从⑪⑫两式可求得 $R_1/R_2 = 8/3$,于是解得电炉的额定功率:

$$P_2 = (R_1/R_2)P_1 = 100 \times 8/3 = 267(\text{W})$$

数学隐元技巧应用于不定方程求解物理问题是有前提的,它仅适用于几个未知量的组合在各方程或经变形后的方程中形式相同的情况(如例题 3 中的 r/R_2、例题 4 中的 $t-t_0$ 和 m_0/m、例题 5 中的 R_1/R_2),唯有如此方可应用数学隐元策略,从而把几个量的组合当成一个未知量,解出不定方程的确定解。

在应用不定方程解决物理问题的过程中,除了注重分析问题情境的物理条件约束和巧妙地应用数学隐元技巧外,还必须注重将其与其他方法如比例法和物理问题的实际可能情况等有机地结合起来,才能灵活地达到目的。

四、比较方法在物理教学中的应用

黑洞,作为宇宙中一种特殊的"星",由于它不容易被看到但却能将其近旁的物质无情地吸入和粉碎,从而牢牢地抓住了广大公众的想象力。在数学中则存在着另一类"黑洞",它同样能引起我们探究的兴趣。

(一)迭代使"数"坠入数学"黑洞"

我们来做一个有趣的数字游戏:请你随手写出一个三位数(要求各位上的数字不完全相同),然后按照数字从大到小的顺序重新排列,这样便得到一个新数。接下来,再把所得新数的数字顺序颠倒一下,又得到一个新数。把这两个新数的差作为一个新的三位数,再重复上述的步骤。如此不停地重复下去,你将会看到你所选择的三位数被拉入一个三位数的"黑洞"。

例如 323,第一个新数是 332,第二个新数是 233,它们的差是 099(注意以 0 开头的数也得看成是一个三位数)。接下来,990-099=891;981-189=792;972-279=693;963-369=594;954-459=495;954-459=495……

这样不断重复同一操作的过程,在计算机上称为"迭代"。有趣的是,经过几次迭代之后,上述三位数最终将会跌入 495 这个三位数"黑洞"。

对于四位数,也会发生类似的现象。任何数字不完全相同的四位数,经过上述的"重排"和"求差"运算之后,都会停在 6174 上——它仿佛是数的"黑洞",一旦被拉入这个"黑洞",便再也出不来了。

有时候，"黑洞"并不仅仅只有一个数，而是有好几个数，像走马灯一样兜圈子。例如，对于五位数，已经发现了两个圈——{63954,61974,82962,75933} 和 {62964,71973,83952,74943}。任何数字不完全相同的五位数，经过上述的"重排"和"求差"运算之后，都会被拉入这个"黑洞"圈。

（二）吸积将"物质"吸入物理黑洞

黑洞是引力造成的。牛顿发现了万有引力定律，在此基础上，法国著名数学家和天文学家皮埃尔·拉普拉斯以数学分析为工具，明确预言了宇宙中存在着黑洞。众所周知，为了使物体摆脱引力的束缚，物体飞离星球必须达到一定的速度——逃逸速度。地面上的物体逃逸地球的速度为 11.2 km/s（逃逸速度在本文指第二宇宙速度）。星体的质量越大，半径越小，其逃逸速度越大。计算表明，物体在某星体的逃逸速度为 $v=\sqrt{\dfrac{2GM}{R}}$，其中 M 为星体的质量，R 为该星球的半径。按照这一理论计算，可以设想存在这样一个"星球"，物体在其表面的逃逸速度超过光速，那时，即使这个星球发出的光也不能离开它而进入太空，这正是拉普拉斯所预言的黑洞。

人们对黑洞的正式研究是从 1915 年爱因斯坦发表了广义相对论后开始的。最早经严格计算来描述相对论引力坍缩的是美国著名的物理学家 R. 奥本海默（Oppenheimer）。1939年，奥本海默和 H. 斯尼德（Snyder）完成了这一经典工作，他们严格地预言了黑洞产生的可能性。50 年代末期，惠勒（Wheeler）等人对黑洞问题做了一系列严肃的探索，并于 1968 年正式为黑洞（Black Hole）命名。

黑洞具有强大的引力场，因此，黑洞周围的物质总是被它贪婪地、永不满足地吞噬进去。例如，在双星系统中，如果一个天体是黑洞而另一个天体是普通恒星，则恒星表层物质就会被黑洞拉过去而产生吸积。这些物质在被黑洞吸入的途中，它们会不断地释放引力势能并转化为热能，释放效率随黑洞的旋转可高达 6%～40%。在靠近黑洞（当然在视界之外）的地方，具有极高温度的物质会发出 X 射线，加之它的伴星能提供丰富的吸积原料，所以，双星中的黑洞可以成为很强的 X 射线源——这是证认黑洞的一个重要判据。与此同时，随着吸入物质的增多，黑洞的总质量也愈来愈大——这似乎会出现这样一种结果：黑洞质量的增大，势必会导致视界半径的增大，长此下去，黑洞会包摄一切。我们的宇宙可能就是一个大黑洞。

由于黑洞强大的引力，我们并不指望能看到有"东西"从黑洞中跑出来。相反，我们更多地关注外部的物质是如何被黑洞吸入的。事实上，对恒星级黑洞的认证正是从研究双星系统"吸积"入手的。唯有研究"吸积"（双星系统中黑洞的强大引力把其伴星表层物质源源不断地拉过去）及其所伴有的现象，我们才能最终地确认黑洞，因为"孤独的黑洞是目前无法观察的"。

黑洞吸积有两种不同的机制。当热等离子体沿着螺旋线被旋转的黑洞吸入时，气体或者是在到达视界之前释放出因引力势能的减少而转化成的热能能量——对应气体密度较高时气体的原子频繁碰撞的情形；或者是携带着能量闯入自己的坟墓——对应气体密度较小的情形。[①] 密度较小的热等离子体在被黑洞吸入之前,没有时间或因稀薄而不能辐射出热能,这些热能随着该物质一道被拖入黑洞而消失,再也不能被看到。这一消失并不违反质量—能量守恒定律,因为能量被纳入了黑洞的质量中。

黑洞的视界仅仅代表一个"有去无回"的临界表面(几何界面)。任何东西一旦穿过视界掉入黑洞,就从宇宙中不可挽回地消失了。而中子星等天体则具有一个有形的、硬的表面,伴随热等离子体落向中子星的过程中,其能量最终将被辐射掉——被热等离子体本身辐射掉或者被中子星的表面所辐射掉。由于密度较小的热等离子体携带着能量被吸入了黑洞,大大降低了黑洞发动机的"表观效率",正是这一区别导致了黑洞与具有相同吸积速率的中子星相比在"亮度上"看起来相对暗淡的事实,从而再也不会被观察者看到,这使我们有可能根据这一现象——外部物质如何被黑洞吸积而证认黑洞。

能量从宇宙中巨大的空间区域消失而不留下一丝踪迹,标志着黑洞的视界确实存在。哈佛-史密松森天体物理学中心的拉·让(Ramesh Narayan)小组及一批天文学家,他们利用 ASCA 天文卫星的 X 射线望远镜观察研究 X 射线新星(GRO J1655 - 40)在 1994 年和 1996 年 4 月的两次爆发,在观察中他们注意到气体原子和大约 99.9% 的热能从宇宙中消失了,永远不会再次被观察到,从而掌握了黑洞存在的直接证据[②]。

(三) 数学"黑洞"和物理黑洞之比较

数学"黑洞"是数学"迭代"运算的结果,上述"重排"和"求差"的运算仅仅是一种简单的"迭代"。当然,数学"迭代"并不保证一定能产生数学"黑洞"。

例如,考虑二次函数 $y = ax(1-x)$ 的迭代,即 $x_{n+1} = ax_n(1-x_n)$,式中 $x \in (0,1)$,a 为参数。对于定义域上一个确定的 x 值,都能得到唯一的 y 值。倘若我们在 $x \in (0,1)$ 取定 x_0,便得到一个 y_0 的值;把得到的 y_0 值看作一个新的 x 值 x_1 再次代入该二次函数,会得到一个新的函数值 y_1;再将 y_1 值看作一个新的 x 值 x_2 再次代入,可得 y_2……这样不断继续下去,会得到一系列的数值:y_0、y_1、y_2…若 a 取 2 时,并取迭代初值 $x_0 = 0.1$,进行迭代后得到一系列的 y 值为:0.18,0.295 2,0.416 114 0,0.485 926,0.496 604,0.500 00,0.500 00……可见,这个数列最终会被拉入恒定值 0.5 这个"黑洞"。

对于上述二次函数 $y = ax(1-x)$,若 a 取 3.2 时,同样取迭代初值 x_0 为 0.2,迭代数列的值最终会跌入恒定值 0.799 456 0 与 0.513 044 0 这两个"黑洞"。若 a 取 3.5 时,初值 x_0 仍取 0.2,迭代数列的值最终会交替跌入恒定值 0.382 820 0,0.826 941 0,0.500 840 与 0.874 997 0 这四个"黑洞"。当 a 继续增大时,会出现迭代结果是交替出现的八个数值、十六个数值……

但是,当 $a > 3.57$ 时,不妨取 $a = 3.58$,在同样的条件下,迭代后得到的一系列 y 值是一列毫无规律的数——好像随机取来的一样,它们不再被拉入交替出现的数值"黑洞"圈。

与数学"黑洞"不同,物理黑洞虽然神秘,但在宇宙中是真实存在着的天体。著名物理学

① Jean-Pierce Lasota. 揭开黑洞的神秘外衣[J]. 科学(中文版),1999(8):14 - 22.

② 黑洞存在的新的证据参见:左文文. 认识黑洞的首个直接"视觉"证据[EB/OL]. https://new. qq. com/omn/20190524/20190524A06ASA. html.

家钱德拉塞卡在 1983 年诺贝尔物理学奖获奖仪式上将黑洞定义为:黑洞将三维空间分为两个区域,一个是以称之为视界的二维光滑曲面为边界的内区域,一个是视界以外的渐进平直的外区域,而且内区域中的点不能与外区域中的点交换讯息。必须指出的是,视界仅为一个几何界面,无实体,不像恒星和中子星表面等有一个有形的界面,这一本质的差别导致了黑洞以不同于中子星的方式吸积邻近物质产生辐射,从而使我们有可能证认黑洞的存在。

　　黑洞本身是智力想象的产物,它虽然神秘,但并不虚幻,它在宇宙中实实在在地存在着。尽管绝大多数的恒星级黑洞或许根本不在双星系统中,或者虽在其中但两星之间相距太远因不能吸积而被观察到,尽管宇宙中星系级的黑洞仍处于间接论证的水平,但无论如何,视界的发现不仅使得人类在探测黑洞的历史上向前迈出了决定性的一步,而且还将继续激发人类无穷无尽的想象力……

　　物理黑洞在宇宙中实实在在地存在着,而数学"黑洞"则是数学"迭代"运算的结果,在这一点上,物理黑洞和数学"黑洞"有本质的不同。目前,人们采用数学"迭代"的方法不仅可以画出美丽的图形,可以产生拟随机数,还可以用来描述有关混沌的问题、研究数列的收敛等。研究数如何跌入"黑洞"对我们研究物理黑洞的吸积机制并进而证认黑洞具有一定的启发意义。

第六章　不同课型物理教学研究

"课型"是"课的类型"，它是基于一定分类标准对各种课进行分类的结果。根据教学任务的不同，人们将"课"分为单一课（在一节课内主要完成教学过程中某一特定教学任务，例如新授课、练习课、复习课、实验课、检测课、考试讲评课等）和综合课（在一节课内完成两个或多个教学阶段任务）；根据教学组织形式和教学方法的不同，人们将"课"分为讲授课、讨论课、自学辅导课、练习课、实践或实习课、参观或见习课等。本章并没有严格按照上述意义对物理课教学进行分类讨论，只是从众多的物理课中选择物理序言课的教学、基于科学探究的物理教学、物理复习课的教学和基于研究性学习的物理教学等特殊课型（例）展开分析，以启发读者分析自己的物理课教学。

一、作为先行组织者的序言课教学

绪言，发端之言也，今多作著作前概述部分，也叫绪论，以说明全书主旨和内容等的部分。[1] 序言是介绍评述一部著作或一篇文章的文字，说明书籍著述或出版意旨，编次体例和作者情况等的文章，也可包括对作家作品的评论和有关问题的研究阐发，置于书末的称"跋"。绪言和序言一般也可以通用，要看文章篇幅的大小来灵活掌握。相对而言，绪言可写得长一些，发挥可随意些，序言应短一些，简明扼要些。在高中物理课本编写和实际教学中，课本上的内容比较多（称其为绪言），而授课的时间则比较少，所以我们还是把它统称为序言课。本部分就物理学科序言课教学的重要意义、不同教材序言课的比较、序言课教学的内容分析、从序言课教学来看教师的资源意识等问题做一简单的讨论。

（一）序言课教学的重要意义

万事开头难，序言课、绪论课[2]难上。但是上好了，作用很大。由于序言课、绪论课是教师的亮相课，而第一印象又至关重要，所以对于教师来说，序言课、绪论课也就有着特别的意义。为此，序言课、绪论课的教学要内容丰富、语言生动、贴近生活、富有热情，这样便能够从一开始就将学生牢牢地吸引过来，从而为今后的教学工作打下良好的基础。

对于学生来说，绪论课也有着它特别的意义。绪论课的教学价值主要是让学生做好

---

①　中国社会科学院语言研究所词典编辑室. 现代汉语词典［M］. 北京:商务印书馆,2012:1472.

②　在本文中,序言课、绪论课指的均是初中物理和高中物理教学的第一课,实质相同.本文以高中序言课、绪论课教学为思考对象,初中物理序言课教学,读者可以自行思考.

学习高中物理的思想准备和方法准备。所谓思想准备,就是使学生产生学习高中物理的浓厚兴趣和积极愿望,树立正确的学习目的;所谓方法准备,就是使学生懂得学好高中物理的基本方法,改进自己的学习方法,适应高中阶段的学习要求。特别是,由于高中物理比初中物理在程度及要求上有很大的提高空间,致使初中物理与高中物理衔接中出现了很大的"台阶",学生刚开始学习时往往感到困难而不能适应,对此,绪论课教学必须要有客观而针对性的分析,并给学生一些学习方法的指导,以增强学好物理的信心。

事实上,高中物理难学,难就难在初中与高中衔接中出现的这个"台阶",它存在于物理教材内容、教学方法和学生的学习能力、思维方法、心理特点上。具体说来,初中物理学习的物理现象和物理过程,大多是"看得见,摸得着",而且常常与日常生活现象有着密切的联系;学生在学习过程中的思维活动,大多属于以生动的自然现象和直观实验为依据的具体的形象思维,较少要求应用科学概念和原理进行逻辑思维等抽象思维方式;初中物理练习题,要求学生解说物理现象的多,计算题一般直接用公式就能得出结果;高中物理学习的内容在深度和广度上比初中有了很大的增加,研究的物理现象比较复杂,且与日常生活现象的联系也不像初中那么紧密;分析物理问题时不仅要从实验出发,有时还要从建立物理模型出发,要从多方面、多层次来探究问题;在物理学习过程中,抽象思维多于形象思维,动态思维多于静态思维,需要学生掌握归纳推理、类比推理和演绎推理方法,特别要具有科学想象能力;高中物理练习题,不但需要通过发散性思维的分析,搞清物理过程,而且还需要辐合性思维的综合,才能建立方程求解,一般直接代入公式计算的较少,在计算过程中还需用到复杂的初等数学知识等。进一步的研究表明,"从定性到定量的突变、从形象思维到抽象思维的不适应、从简单的逻辑思维到多因素复杂的逻辑思维的跨越、数学工具解决物理问题要求的提高、重知识轻方法的习惯、重听老师讲解而轻于自主学习的学习方法"等原因,共同促成了初高中物理之间学习台阶的形成,让学生明确这一点(学生大都从过来人的口中听说过物理难学的说法),有助于学生克服物理学习中的畏惧心理,从而在今后的物理学习中能对症下药。

序言课、绪论课教学的特别价值也应该体现在相应内容的教材设计上。对教材设计者和教师而言,学生不再是教材的被动的受体,而是对教材进行能动的实践创造的主体;教材不再是只追求对教育经验的完美的预设,而要为学生留有发展的余地,使教材编制过程本身延伸到课堂和学生的学习之中。传统教材的设计,对学生因素考虑欠缺是显而易见的,一些学科的教材受到难度和深度等限制,仅仅是教师"教"的材料,离开教师的帮助,学生对教材的学习和理解常常产生不可逾越的困难。作为学生学习活动主要媒介,教材要成为"学材",需要去掉生硬和冷冰冰的面孔,增加对学生的亲和力。为此,教材就需要提供丰富的与学生生活背景有关的素材,从学生的已有经验和兴趣出发并体现这种已有经验和兴趣,让学生亲身体验探索、思考和研究的过程;需要积极引导学生将所学知识应用于实际,从学科角度对某些日常生活、生产和其他学科中出现的问题进行研究;需要有利于引导学生积极参与教学活动过程,在学习活动的设计上提倡主动的、建构的、体验的、发现的学习方式,使学生真正成为学习的主体,从而为终身学习打好基础。如果以这一条(改善学生的学习)作为标准,从

《甲种本》到《试验本》再到《新课标本》①，高中物理教材的序言部分（有的换了一种说法，例如物理学与人类文明，它不叫序言）的这一变化趋势是非常明显的，也是非常成功的。特别是在《新课标本》中，另辟一块单独讨论物理学的未来发展问题，不仅富有新意，更重要的是，它能激发学生积极奋进的勇气。

从版本设计来看，《甲种本》教材比较呆板，加之版本是 32 开，又几乎是纯文字叙述，很难引起学生的学习兴趣。在这方面，《试验本》与《新课标本》改变了过去常用的满篇文字的写法就好得多，它们采用大 16 开本，彩色印刷，图文并茂，用了七到八个彩页，完全从学生（特别是这个年龄段的学生）的阅读心理考虑，因而受到师生的欢迎。由于每一部分都用几幅图和简单的文字进行介绍，力图概括地、形象地展现物理学的广博和深远以及它对科学和社会的重要作用；力求在有限的篇幅中多一些信息量，多一些现代气息，多介绍我国的新成就，因而在一定程度上能够激发学生学习、探索的志趣和积极性。不过比较而言，《新课标本》的选图和叙述就不如《试验本》做得好，（《试验本》的第三部分主要介绍物理学在自然科学中的基础地位，并着重说明物理学的研究方法对其他各领域的重要作用；第四部分介绍物理学是现代技术的基础）逻辑性也不明显，物理学作为自然科学的基础和作为现代技术的基础，两者毕竟还是有些区别的。

从基本内容来看，绪言的编写有一些共通的地方，例如，他们涉及的知识面较广泛，许多内容在本册书甚至高中阶段都不可能讲授，在此只是做一般性的介绍，并不要求学生对诸多具体问题深入理解和掌握。有些则可作为"悬念"留待学生以后探讨。教学中要根据学生的实际情况注意恰当引导。除了这些共性之外，《甲种本》《试验本》和《新课标本》也都有一些独特之处。在《试验本》中，突出了物理学研究的一个基本研究背景（时间空间问题），特别是作为序言的压轴之笔的"高中物理怎么学"对于学生学习的指导作用。在《新课标本》中，序言"物理学与人类文明"之前单独增加了赵凯华教授的"走进物理学之前"（这其实是赵凯华教授主编的《新概念高中物理》的一篇序言）文章，着重阐述了"观察—假设—验证"这一物理学的研究方法，丰富了同学们对于科学探究的认识。这种设计鼓励学生提出个人的创造性的意见，适当地强调学生个人的鉴赏感悟和富有个性的个人体验、感情和想象，以及这种个性化感受、见解和启示的发表、交流和分享，引导学生在主动探索和创造的过程中，培养探索技能、澄清和反思自我的能力、与别人交流看法的能力、搜集和整理信息的能力，以及思想的开放性、对事实的尊重、愿意承认不确定性、批判地思考等。稍微欠缺的是，《试验本》和《新课标本》都没有向学生交代：他们究竟需要学习哪些东西，在哪些方面他们可以做出选择。

（二）序言课教学的主要内容

序言课（绪论课）的教学应当包含哪些内容，这是一个仁者见仁、智者见智的问题。笔者以为，无论序言课的教学包含哪些内容，它都应当使学生通过序言课的学习能够对"物理学是什么、高中物理学什么、学物理为什么、物理学怎么学"等有一个大致的了解，从而使序言

① 张同恂,方玉珍,马淑美. 高级中学课本(试用)物理(甲种本)第一册(简称甲种本)[M]. 人民教育出版社,1983. 人民教育出版社物理室：高级中学教科书(试验修订本必修)物理(第一册)(简称试验本)[M]. 人民教育出版社,1983. 人民教育出版社等：高中课程标准实验教科书物理(必修 1)(简称新课标本)[M]. 人民教育出版社,2006,第二版.

课的教学真正起到"先行组织者"的作用。根据美国教育心理学家奥苏贝尔（David Ausubel,1918—2008）的解释,学生面对新的学习任务时,如果原有认知结构中缺少同化新知识的适当的上位观念,或原有观念不够清晰或巩固,则有必要设计一个先于学习材料呈现之前呈现的一个引导性材料,可能是一个概念、一条定律或者一段说明文字,可以用通俗易懂的语言或直观形象的具体模型,但是在概括和包容的水平上高于要学习的材料（因此属于下位学习）,构建一个使新旧知识发生联系的桥梁。这种引导性材料被称为先行组织者。先行组织者在学生学习较陌生的新知识,或者是学习缺乏必要的背景知识准备的不熟悉的教材内容可以起到明显的促进作用。事实上,作为"先行组织者"的序言课教学还将起到为学生建构良好的认知结构做好准备,因为新旧知识相互作用,必须遵循渐进分化和综合贯通原则,才能促进知识的组织,从而促进良好的认知结构的建构,而序言课的内容正是学生今后物理课程学习渐进分化的基础。为此,笔者认为,序言课的教学应当包含以下一些内容:

1. 物理学是什么——介绍物理学的特点及研究领域

物理学是以实验为基础,运用思维和数学工具研究最基本最广泛的物质运动规律和物质结构层次的一门精密的自然科学。时间上,物理学前溯到宇宙起源,后推到宇宙的归宿;空间上,小到基本粒子,大到宇宙天体,近乎无所不在,无所不容。物理学是自然科学六大基础学科（天文、地理、生物、数学、物理、化学六大基础自然学科）的两大支柱之一,是现代技术（包括信息技术、生物技术、通信技术、航天与空间技术和激光技术）的重要基础。现代科技的三大支柱（材料科学、能源科学和信息科学）和现代科研的三大前沿阵地（基本粒子、天体演化和生命起源）也处处离不开物理学的研究成果和研究方法。物理学的高技术和强渗透性也使之成为社会发展的重要推动力.

2. 物理学学什么——介绍高中物理研究的具体内容

高中物理学什么,这是一个既有硬性规定又有弹性选择的问题（必修和选修）。一般来说,高中物理分为力学、热学、电学、光学、原子物理与核物理和相对论初步六部分内容,涉及宏观和微观粒子的规律和结构特征。在力学部分,高中物理主要研究运动和力的关系问题,重点学习牛顿运动定律、机械能和动量等知识。例如,小球从竖直圆环的斜轨道上不同位置释放后在竖直圆环上的不同运动情况以及小球恰能沿圆环做完整圆周运动的临界情况等。高中物理热学部分主要研究分子动理论和气体的热学性质。在电学部分,高中物理主要研究电场、电路、磁场、电磁感应和交流电等内容。简单介绍这部分内容在科学技术及日常生活中的应用,如磁悬浮列车、超导技术、电磁继电器等。高中物理的光学部分,主要研究光的传播规律和光的本质属性。在原子物理与核物理部分,高中物理主要研究原子和原子核的组成与变化规律以及人类了解微观世界的科学方法。另外还有主要研究物体在光速、准光速和近光速情况下运动的相对论物理知识,介绍高速空间尺缩、质增、钟慢效应以及"光子飞船""黑洞"和"引力透镜"等的知识。由此也可以看出,高中物理与初中物理相比,知识面加宽了,内容也加深了。

3. 学物理为什么——为什么要学习高中物理

为什么要学习高中物理,这也是物理序言课教学应当关注的内容,因为只有明确了为什么学习高中物理,懂得了学习高中物理的意义,才会勇敢地担负起学习物理的责任,为了回答为什么要学习高中物理的问题,我们可以从社会需要与个人价值两个方面加以分析。

首先,物理学与人类的生活、生产活动关系最为密切,人类社会发展至今经历了三次大的工业革命,每一次都是物理学的发展为之拉开了序幕:第一次工业革命发生于18世纪,由于物理学的一个分支——热力学的发展,导致第一台蒸汽机的出现,从此工业进入了机械化时代;第二次工业革命发生于19世纪(1831年),法拉第发现了电磁感应现象并得出了电磁感应定律,于是发电机、电灯、电唱机等相继问世,从此工业进入电气化时代;第三次工业革命发生于20世纪中叶(1946年),电子计算机的诞生到今天电脑网络的大规模使用,标志着工业进入了自动化时代,同时也标志着人类即将进入知识经济时代。事实证明,任何一种新的物质运动形式的发现和理论上的突破,总会导致重大技术革命,从而促进科学技术突飞猛进地向前发展,而科技的发展同时又向物理学提出了更高的要求,两者相互促进,今天电子计算机的迅速更新换代正是这一点的例证。

其次,学习物理学是提高学习者自身素质的需要,它使人能适应现代社会的需要,也使人能够进一步学习。学习的根本目的在于提高人的素质,通过物理学的学习,人的各方面素质都会得到显著的提高。物理学是一门以实验为基础的科学,通过物理学的学习,一方面提高我们的动手操作能力和观察能力,同时也培养我们尊重实验、实事求是的科学作风,提高我们的思想素质;另一方面,学习物理学,很重要的一个方面就是学习科学认识自然、探索规律的方法和途径,锻炼学习者科学的思维方法,提高认识世界的能力。第三,通过学习科学家献身科学研究和实验,不怕挫折和失败的坚韧不拔的意志品质,使学习者的智力因素和非智力因素都得到发展,提高学习者的心理素质。第四,物理学充满了对立统一,是活的唯物辩证法。通过学习物理学,学习者自觉或不自觉地就受到辩证唯物主义思想的教育(例如,这世界只有"变化"是唯一不变的),坚持唯物论和辩证法,反对唯心主义和形而上学,坚持真理、崇尚科学,提高辨别是非的能力。

4. 物理学怎么学——学习高中物理的一些方法

物理这门自然科学课程比较难学,靠死记硬背是学不会的,一字不差地背下来,题目还是照样不会做。那么,如何学好物理呢?如何能够不管学什么(数学、化学、语文、历史等课程)都能学好它呢?实际上在学校里,我们见到的学习好的学生,哪科都学得好,而学习差的学生哪科都学得差,基本如此,除了概率很小的先天因素外,这里确实存在一个学习毅力、学习方法、学习习惯的问题。要想成为一名真正学习好的学生,第一条就是要敢于吃苦,就是要珍惜时间,就是要不屈不挠地去学习。树立信心,坚信自己能够学好任何课程,坚信"能量的转化和守恒定律",坚信有几分付出,就有几分收获。这是最重要的。另一方面物理学的学习方法与物理学的研究方法①也还是有些不同的,尽管我们提倡用科学探究的方法来学习

---

① 例如可以是:观察——提问——假设——实验——数学规律——美(简洁)——新的观察——新的问题——……,亦即:看——问——猜——验——果——美——…….见赵凯华,张维善编著:新概念高中物理读本(第1册)[M].北京:人民教育出版社,2006,写在走进物理课堂之前.

物理,但那还不是中学阶段学生最主要的学习方法。一般地说,搞好物理学科的学习还需要注意以下几个方面:

第一,做好实验,学会观察。学习物理,要认真做实验,因为实验是学习物理的出发点,也是从生动直观到抽象思维的第一个飞跃;通过实验课,学生可以获得感性认识,提高实验技能;因此实验时,不应只当观察员和记录员,要亲身感受知识的获取过程,学会探索,学会创新。

第二,认真阅读,学会自学。学好物理,要认真阅读物理课本,重要的概念和规律都用黑体标出,其中每个词语都经过专家的反复推敲,必须逐字逐句加以理解。阅读课本时,要抓住关键词语,弄清语句间的逻辑顺序和因果关系,领会文章段落所表达的物理内容,掌握课本叙述物理问题的表达方法。学习物理不能满足于阅读课本,还要自学大量的课外读物与科普期刊。自学能力是人的素质的重要组成部分,很多科学家是自学成才的典范,他们的大部分知识是通过自学获得的。自学能力表现在会认真阅读、会独立思考、会查找资料,自己能解决一些疑难问题。自学能力是一个人能获得知识、能理解与运用知识的基本保证。学生增强自学意识,学会自学,对学好高中各门学科都非常有利。

第三,认真听讲,独立思考。学好物理,上课要认真听讲。教师经过大学本科四年的培养,又经过多年教学实践的磨炼,注意学习教师提出问题的思路和解决问题的方法,是掌握知识的捷径。要在老师的引导下,积极思考问题,主动参与教学过程。教得好不好,主要在老师;学得好不好,主要在学生自己。俗话说:“师傅领进门,修行在自身。”这个“修行”的功夫要下在独立思考上。独立思考就是要善于发现问题和解决问题。不会提问的学生,不是学习好的学生。有一位乘火车去旅游的中学生,当他注视窗外的远景和近景时,发现看到远处的村庄好像是向前运动,而近处的树木则好像是向后运动。他想,按照相对运动的观点,无论是远处的村庄还是近处的树木都应向后运动,为什么观察到的现象与学过的物理知识不符呢?经过反复的独立思考,他终于自己找到了答案。

第四,独立练习,反思提高。学习物理,要认真而又独立做练习,这是怎么强调也不为过的。任何人学习物理不经过这一关是学不好的。独立解题,可能有时慢一些,有时要走弯路,有时甚至解不出来,但这些都是正常的,是任何一个初学者走向成功的必由之路。与实验不同,测验和作业则是学习物理的落脚点,是从抽象思维到实践的第二个飞跃。学好物理,需要通过习题课,提高解题能力,掌握思维方法,这对学好物理有重要意义。由于高中物理比初中物理内容更广更深,题目也更多更难,要求也更高更全,同学们需要要在理解和运用上多下功夫。在理解的基础上运用,在运用的过程中加深理解,而独立思考又是理解和运用的关键。

古希腊哲学家苏格拉底曾说过,“我知道,我不知道”,要正视自己的无知,所以我们才要学习。学习是一个人的真正看家本领,是人的第一特点、第一长处、第一智慧。其他一切都是学习的结果、学习的恩泽。而“学会学习”则是人们更需要去学习的。但是,坦率地说,学习并无捷径,如果说学习有什么特别有效的学习方法的话,那也需要自己在学习过程中不断地摸索和总结、反思和实践,别人的方法也要通过自己去检验才能变为自己的东西。

（三）序言课教学设计案例分析

序言课（绪论课）是教师的亮相课，教师教学的第一印象至关重要。序言课要内容丰富、语言生动、贴近生活、激发学生学习热情，从一开始就将学生牢牢地吸引过来，为今后的教学工作打下良好的基础。为此，序言课教学可以运用物理学史上一些生动活泼的实例，激发学生学习物理学的兴趣，树立正确的学习动机；帮助学生了解物理学的主要内容，理解为什么要学习高中物理，明确怎样才能学好高中物理，使学生在今后的学习中处于主动、自觉、乐学的地位，为完成由初中向高中的过渡及进一步学习物理做好思想上和方法上的准备；用老一辈科学家献身我国科学事业的崇高精神鼓舞和激励学生，使他们明白，不仅要有爱国之情、报国之志，更要有报国之能，培养远大的学习志趣。

《绪论：物理学与人类文明》的教学设计

教学目标：

1. 激发学生学习物理学的兴趣，培养远大的学习志向。
2. 高中物理研究的主要内容以及学习高中物理的基本方法。

教学过程：

（一）介绍物理学的特点、研究领域和地位

物理学是以实验为基础，运用思维和数学工具研究最基本最广泛的物质运动规律和物质结构层次的一门精密的自然科学。时间上，物理学前溯到宇宙起源，后推到宇宙的归宿；空间上，小到基本粒子，大到宇宙天体，近乎无所不在，无所不容。

......

（二）高中物理研究的主要内容

高中物理分为力学、热学、电学、光学、原子物理与核物理和相对论初步六部分内容，涉及宏观和微观粒子的规律和结构特征。讲解与演示相结合：

演示：小球从竖直圆环的斜轨道上不同位置释放后在竖直圆环上的不同运动情况以及小球恰能沿圆环做完整圆周运动的临界情况。

演示"水流星"节目，使同学们看到小水桶过最高点且开口向下时水竟一点不流出来。

演示：竖直方向弹簧振子的运动。

演示：自感现象。

从上面介绍中可以看出，高中物理与初中物理相比，知识面加宽了，内容加深了——从定性到定量。

（三）为什么要学习高中物理

1. 物理学与人类的生活、生产活动关系最为密切。

人类社会发展至今经历了三次大的工业革命，每一次都是物理学的发展为之拉开了序幕。

第一次工业革命：18世纪，由于物理学的一个分支热力学的发展，导致第一台蒸汽机的出现，从此工业进入了机械化时代。（瓦特并不是蒸汽机的发明者，只是改良者，在他之前，早就出现了蒸汽机，第一台蒸汽机是一个名叫纽克曼的苏格兰铁匠发明制造的）

……

18世纪后半叶,蒸汽机得到了广泛的应用,社会生产力得到了极大的发展。

19世纪初,许多人都想到了把蒸汽机作为运输牵引力来改变落后的陆地交通运输状况。一些富有创造精神的人开始了这方面的探索。

……

1784年,瓦特的助手、英国人默克多也制成了一台蒸汽车。一天晚上,他把蒸汽车模型拿到离镇子1.6千米外的平坦小路上做试验。他点着了锅炉,机车呼啸着向前驶去。不凑巧的是,教会的一位牧师正好从教堂里走出来。他看到喷着火焰,发出奇怪叫声的蒸汽车冲过来,以为受到恶魔的袭击,吓得大叫救命。这件事闹得满城风雨,人们谈"车"色变。默克多的老板知道这件事后,大为恼火,不准默克多再去试验那吓人的"怪物",并惩罚他做加倍的工作。默克多的试验没能得到人们的理解和支持,甚至他的老师瓦特也担心他埋头于无谓的研究而耽误工作,劝他停止这方面的探索。默克多不得已只好放弃了有关蒸汽车的研制。

英国人特勒维西克继承了默克多的事业,在1803年制造出一台蒸汽机车,并在伦敦公开展出,一时引起极大的轰动。

1804年,特勒维西克又制成了一台蒸汽机车。这是世界上第一台在铁轨上行驶的机车,总重量为5吨,每小时可拉10多吨的货物行驶8千米。

1812年,英国人莫莱等人设计并制造了一种使用齿轮的蒸汽机车,并使它行驶在有齿轨道上。

第二次工业革命:19世纪(1831年)法拉第发现了电磁感应现象并得出了电磁感应定律,导致发电机、电灯、电唱机等相继问世,从此工业进入电气化时代。

第三次工业革命:20世纪中叶(1946年)电子计算机的诞生到今天电脑网络的大规模使用,标志着工业进入了自动化时代,同时也标志着人类即将进入知识经济时代。

事实证明,任何一种新的物质运动形式的发现和理论上的突破,总会导致重大的技术革命,从而促进科学技术的突飞猛进地向前发展,而科技的发展同时又向物理学提出了更高的要求,两者相互促进,今天电子计算机的迅速更新换代正是这一点的例证。

2. 学习物理学是提高自身素质的需要。(略)

上述序言课的教学设计,体现了序言课作为未来物理课程学习的先行组织者的作用。教学能够从物理学的特点、研究领域和地位;高中物理研究的主要内容;为什么要学习高中物理;怎样学习高中物理等方面展开教学,较好地完成了序言课的教学任务,其讲授教学与演示实验相结合,以及借助于物理学发展在工业技术革命中的具体角色的分析,更加凸显了物理学科的价值与特色。

教学过程作为一种实践活动,学生和教师都是主体,因此,教材设计除了考虑学生的需要外,还应当最大限度地满足教师的专业创造,满足教师的教学创新,引导而不是禁锢、规范而不是限制教师利用教材对教学进行建构和创造,是教材编制不容忽视的问题。教材编制的主要目的,不是为教师提供"法定"文件,让教师屈从于教材的要求,而是定位在为教师的教学服务,为教师精心打造和提供可资利用的课程资源。教材无论编制得多么出色,它依然只是教师在教学过程中被加工和重新创造的对象,是教师在教学活动时需要加以利用的课程资源,尽管它是一种主要的资源。为此,教材的呈现方式应考虑教师的需要和创造,应改变那种将所有事实和原理全部直接呈现的方法;在教学内容的安排上要给教学留有余地,即教材不是教师的"圣经",而是教师要去加工和创造的东西,教材设计要有意识地引导教师能动地乃至个性化地解读教材;对教学策略进行开放性的设计和建议,例如主体性教学、探究—发现教学、合作性教学、反思性的教学等,那种单纯规定和建议教学方法,反而会窒息和扼杀教师的教学创新。

相对于教材这一种课程资源,生活则是更为丰富的课程资源,这正如人们通常所说的,"书本是科学的世界",而"世界才是科学的书本"。物理教学应该引导学生从身边熟悉的自然现象和生活现象,探索和认识物理规律,并尽量把认识到的知识和研究方法与生活、生产中的应用联系起来,体会物理学在社会进步中的作用。这就是"从生活走向物理,从物理走向社会"的课程理念。在高中阶段,随着学生认知水平和能力的提高,应该从更高、更深、更广阔的自然现象和生活现象入手,并力求取得更普遍、更准确、更深刻的认识。在联系生活、生产中的实际时,也应该着眼于高新科技,跟上科技与社会的发展步伐。事实上,从生活走向物理的一个重要含义是从常识走向科学。物理教学在把常识之中的模糊不清之处提升到科学层次的同时,还要在这一过程中发展学生的科学思维能力。对于科学工作者而言,一个科学问题就是他的一道"习题"。为了求解,他要调动已有的科学知识及科学方法。当他得到满意的解答时,他就更新了知识,而这种新知识的获得定会发展新的科学思维与科学方法。对于学习者而言,一道习题应该看作一个"科学问题",像科学家那样去思考和探求,才能有所收获。成功的教学不仅在于解决了学生们已有的问题,而且应该启发出新的科学问题,哪怕是一些尚未解决的难题,这也是序言课教学需要考虑的。

二、基于物理问题解决的教学探索

在建构主义教育改革的浪潮中,以问题为基础来展开学习和教学过程似乎已经成了一条基本的改革思路。基于问题的教学之所以越来越热,在根本上源于它确实能够有助于促进学生打下灵活的知识基础,发展解决实际问题、批判性思维和创造性思维能力,发展合作能力与自主学习能力,这与信息社会对人才培养的新要求是完全一致的。[①] 为此,本文主要就指导学生探究学习的教学原则和教学模式进行了有益探索和实际构建,并通过"用不规则重物做摆锤测定重力加速度 g"教学实例的具体给出,期望能引起广大教师和教学研究人员对学生探究学习给予更多的关注。

(一)基于物理问题解决的教学原则

在认知主义基础上发展起来的建构主义不仅形成了全新的学习理论,而且也逐渐形成

---

① 刘儒德. 基于问题学习对教学改革的启示[J]. 教育研究,2002(2). 另可参见:王天蓉,徐谊,冯吉,等. 问题化学习:教师行动手册(第二版)[M]. 上海:华东师范大学出版社,2015:20.

了全新的教学理论和与之相关的教学模式、教学方法和教学设计思想,它的一些基本观点为我们提供了一种与传统教学完全不同的教学理念和教学指导原则。

1. 激发学生学习兴趣、发挥学生主体性原则

建构主义认为,学习应该是积极的。学习者必须积极地做一定的事情,他们不是被动地接受外在信号,而是主动地根据先前认知结构注意和有选择性地知觉外在信号,并对信号加以重新解释,重新构造其意义。因此,在物理课堂教学中,教师要想方设法在教学的各个环节中促使学生主动学习,积极思考,像磁铁一样紧紧地吸引学生的注意力,这是学生能够主动建构知识的前提。

2. 营造良好学习环境、加强多方互动性原则

人们的认识活动总是在一定的社会环境中完成的,因此建构活动具有社会性。事实上,每个学习者都以自己的方式建构对于事物的理解,由于不同的人看到的是事物不同的方面,学习者通过合作可以使理解更加丰富和全面。因此,建构主义学习特别强调学习者之间的充分沟通与合作,强调学习者之间有效的交流和互动,强调学生从动手实践中获得知识。

3. 设立具体教学目标、确保目标指引性原则

目标定向是建构主义学习的又一特征,只有学习者清晰地意识到自己的工作目标,并形成与获得所希望的成果相应的预期时,学习才可能是成功的。因此,在物理问题解决教学中教师应首先把教学目标具体化(问题情境、明确问题),并在此基础上将其进一步转化为学生的学习目标,确保学生在目标指引下自主建构,实现对问题的真正解决。

4. 发展学生学习策略、突出自主建构性原则

学习是建构性的。学习过程不仅仅是简单的信息输入、存储和提取,在这一过程中,学习者必须对新信息进行精制并将其与其他信息关联起来,深刻理解新信息、新知识,才能实现"意义建构"这一教学过程的最终目标。与此相适应,教师在物理教学中必须由传统的权威角色转变为学生学习的辅导者和学生学习的高级合作者,教师除了在教学内容方面辅导学生,更应在新的学习技能和技术方面指导学生,促使学生在学会的过程中获得物理学习的策略,学会独立地探究,学会学习。

5. 优化学生认知结构、注重学习累积性原则

学习是累积性的。一切新的学习都是以决定学什么、学多少、怎样学的方式建立在以前学习的基础上或是在某种程度上利用以前的学习建构自己的理解。因此,在物理问题解决教学中,教师不能忽视学习者的已有知识经验并简单强硬地从外部对学习者实施知识的"填灌",而是应当把学习者原有的知识经验或知识层次作为新知识的生长点,引导学习者从原有的知识经验中生长新的知识经验,通过问题解决形成合理的问题结构图式。

6. 提高学生元认知水平、实施主体取向评价原则

建构性学习不是简单地占有别人的知识,而是建构自己的知识经验,形成自己的见解。建构性学习要求学习者承担更多的管理自己学习的任务,更注重主体取向的质性评价方式,

要求学习者必须从事自我监控、自我测试、自我检查、自我评价等活动。因此,在物理问题教学中,教师应努力提高学生的元认知水平,通过问题解决中的诊断与反思,判断自己的学习进展及与目标之间的差距,进而采取各种增进理解和帮助思考的策略,完成问题解决的任务,进而实现对知识的深层次建构①。

(二)基于物理问题解决的教学模式

教学设计理论指出,针对不同的教学目标和教学内容要选择不同的教学模式。为此,笔者以有关教学设计理论为参照,同时将自己的教学实践经验规范化、系统化、理论化,构建了以学生主动建构为特征的基于物理问题解决课堂教学模式,为物理开放问题教学提供了具体的操作指导。

1. 核心思想

物理问题解决课堂教学模式的设计以学生学习为出发点和归属,对学生的心理发展历程和师生之间的互动作用给予了特别的关注和强调,较好地把握了"问题、探究、合作、建构、创新"等诸多因素的辩证统一关系,并在一般意义上规定了教师和学生的双边活动,特别是学生的主体活动程序:以合适问题(物理问题的开放度)为切入点、以积极思考为手段、以合作讨论为依托、以意义建构为目标、以实践创新为最终目的;反过来实践创新又促进了学生自主学习和问题意义的建构,促进学生学会分享与合作,从而实现在物理问题解决教学中培养学生自主学习能力、发展学生良好合作意识、帮助学生建构问题意义和提高学生实践创新能力的互动和互补。

该教学模式的核心教学目标是:在学生积极思考、共同合作和个体问题解决的基础上,发展学生以创新精神和实践能力为核心的素质,特别是提高信息时代学生学会学习和主动发展的能力,增强学生的现实适应性。

2. 理论基础

物理问题解决课堂教学模式以建构主义和布鲁纳的发现学习为理论基础,提倡在教师指导下的、以学习者为中心的学习和解决问题。也就是说,既强调学习者的认知主体作用,又不忽视教师的指导作用。教师是意义建构的帮助者、促进者,而不是知识的传授者与灌输者;学生是信息加工的主体、是意义的主动建构者,而不是外部刺激的被动接受者和被灌输的对象。

从认识发展角度看,以学生主动建构为特征的物理问题解决课堂教学模式符合人类认识发展的一般历程,特别强调问题解决在新知识建构中的重要作用——从提出问题、分析问题、共同研究、解决问题,到再提出新的问题,通过问题解决的连续思维序列实现个体的认知发展。

3. 教学流程

以学生主动建构为特征的物理问题解决课堂教学模式流程图如下:

---

① 张建伟,陈琦.简论建构性学习和教学[J].教育研究,1999(5).

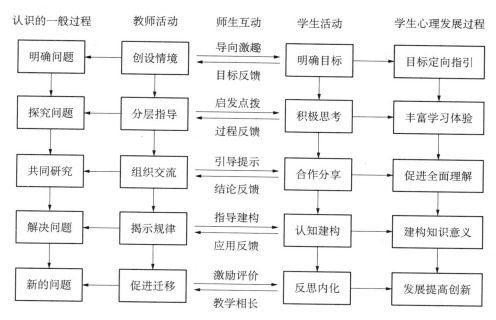

图 6-1　课堂教学模式流程图

4. 教学步骤

一般而言,以学生主动建构为特征的物理问题解决课堂教学模式是由创设问题情境、实施分层指导、组织学生交流、揭示问题意义、促进学生迁移五步构成。这五步可以构成一堂课的完整教学,也可能一堂课的教学只是该模式的一个环节。

① 创设问题情境:这一过程实质上是启动学生思维活动的过程,同时又是激发学生内在机制运转、促进学生识别问题关键和明确探究学习目标的过程。

② 实施分层指导:由于不同的人看到的是事物的不同层面,每个学习者都以自己的方式建构对于事物的理解和思考,因此,实施分层指导有助于学生更加积极地以自己的方式思考问题、表征问题,制订问题解决计划等。

③ 组织学生交流:人的认识活动总是在一定的社会环境中完成的,学习者通过合作可以使理解更加丰富和全面、使问题解决得更为圆满,并在这一过程中学会合作和分享。

④ 揭示问题意义:是学生思维突破的关键过程,也是学生深刻理解所学知识、进而实现有效的认知建构——对科学概念体系的深刻理解,并将其转化为个体内在的认知结构。

⑤ 促进迁移创新:对问题解决的反思可以使学生更好地理解某一具体方法的适应性,通过对一种方法在一种情境的不适用的仔细考虑,可以使学生在其他情境中更好地迁移和利用。有关元认知与自我调节的研究表明,大部分的发展性成长和学习经验上的改进发生在源于有效反思和评价问题解决过程和成果之中,这是提高学生问题解决能力最为重要的一步。

(三) 基于物理问题解决的教学实例分析

为改变教学方式单一沉闷局面和鼓励学生积极参与教学过程,笔者结合高中物理"用单摆测定重力加速度 g"的学生实验,选择了情境是真实的且为学生所熟悉、问题解决的策略也多样化的"如何用不规则的重物做摆锤测定重力加速度 g"这一物理开放问题[①],应用上述物理开放问题的课堂教学模式,对如何促进学生主动建构进行了有益探索和尝试。

1. 用不规则物体做摆锤测定重力加速度 g 的差值方法

课始,首先带领学生复习单摆的组成和周期公式,进一步理解公式的成立条件和公式中每一物理量的意义及其测量方法;然后通过实验室中的单摆与实际生活中的摆相比较创设问题情境,向学生介绍"如何用不规则的重物做摆锤测定重力加速度 g"的问题,确保学生明确学习目标、知道问题的实质含义——问题的困难在于无法确定摆锤的质心位置,从而不能直接测定摆长。

接着,学生就如何回避测量摆长的困难来解决测定重力加速度 g 的问题进行个体思考。这时,针对不同层次和不同水平的学生,需要教师提供适时、适量的帮助和指导,因为适度的困惑可以诱发深入的探究,但过度的困惑则可能使学生丧失兴趣。教学实践表明,在教师提示和帮助下,学生大多能领会和掌握解决这一问题的差值方法。

进一步,组织学生交流讨论。由于每个学生都以自己的方式建构对于事物的理解,不同学生看到的是事物的不同方面,通过学生之间的讨论和交流既可以改善学生个体思考的缺陷,又有助于培养学生的合作能力。事实上,要减小测量 g 的相对误差,必须减小测量摆长差值 L 的相对误差,所以 L 值要适当地取大些,如 40～50 cm;为了使装置接近单摆,l_2 也不能取得太短,可取 70～80 cm;在 L 值较大条件下,T_1 与 T_2 之差也较大,上式中分母($T_1^2-T_2^2$)的相对误差也会小些。对差值方法的上述分析和讨论为学生全面理解和意义建构提供了良好条件……

最后,引导学生对差值方法进行反思总结,并适当介绍差值方法在其他方面的应用实例,从认知、情感、社会性、创造性等方面帮助学生全面达成教学目标,促进学生将学习结果及学习策略广泛迁移。

2. 用不规则物体做摆锤测定重力加速度 g 的图线方法

使用差值法的要点是选择合适的差值。从教学中可以看到,即使选择了较好的条件,用差值法测得的 g 值误差还是较大。基于减小误差和开阔学生思维的目的,可以启发学生去探寻其他的方法,图线法则是能够回避由于无法确定摆锤质心位置所造成困难的又一种方法。

在摆线上靠近摆锤的地方标出一个 P 点(图略),P 到悬点 O 的距离为 L,并设 P 点到摆锤质心 C 的距离为 d,则有 $T=2\pi\sqrt{\dfrac{L+d}{g}}$,将此式展开,得到

$$T^2=\frac{4\pi^2}{g}L+\frac{4\pi^2}{g}d$$

上式中 g、d 恒定,则 T^2 为 L 的一次函数。

---

① 阎金铎. 物理典型课示例[M]. 济南:山东教育出版社,2001:82-86.

实验时取若干不同的 L 值并测出相应的 T 值,画出 T^2-L 图线(一条直线),再求出此图线的斜率 k,就是上式中变量 L 的系数 $\dfrac{4\pi^2}{g}$,于是 $g=\dfrac{4\pi^2}{k}$。

得到 g 值后,还可以求出上述的 T^2 关于 L 的函数式中的 d 值,从而确定摆锤质心 C 的位置。

最后,引导学生对差值方法与图线方法进行分析比较,在比较中更好地体会现实问题的开放性和问题解决方法的多样性,以丰富、改善和发展自己的学习策略。

教学模式是教学理论的具体化,是教学经验的系统概括[①]。从模式的角度来研究课堂教学的基本结构和程序,不仅使得教学指导原则不再是晦涩的理论高高在上,而且有助于动态地、有机地把握教学过程的全局,同时在教学理论和教学实践之间架起了一座桥梁。当然,如何在本文论述的指导学生探究学习的课堂教学模式中更好实施主体取向的"质性"评价、如何更好地利用现代教育技术支持学生的探究学习等问题都还有待今后进一步地研究和探索。

三、物理复习教学的问题及改进

复习课是一种常见的教学课型。每一个新知识点的教学都需要知识的复习和巩固,每一个单元或章节教学完毕都需要一两节课的复习与整理,每学期临近结束时都会安排近一周的学期总复习,学段结束学生临近毕业时还有半个学期乃至一学期(年)的系统整理复习。作为一种常见的课型,复习课就是以巩固梳理已学过的知识、技能为主要任务,并促进知识系统化,提高解决实际问题能力的一种课型。与新授课的重点是"理解知识产生过程"相比,复习课要把平时相对独立的知识,以再现、整理、归纳的方式串联起来,进而使学生加深对知识的理解,发现知识间的逻辑关系,提升分析问题与解决问题的能力。复习课也不同于练习课、实验课、测验课、讨论课、自学课,作为一种基本课型,复习课既不同于新授课的探索发现,也有别于练习课的巩固应用,它有助于帮助学生巩固知识、有助于学生建立认知结构、有助于学生创造新知,承载着"回顾与整理、沟通与生长"的独特功能,在整个教学活动中处于承前启后的重要一环。复习课教学还存在哪些问题,如何有效提升复习课教学质量,这是广大教师需要关心和直面的问题。

(一)复习课教学存在的问题

提起复习课,人们往往想到许多试卷和大量练习。老师不辞辛苦地把学生投入题海里,使学生疲惫不堪,但效果不尽如人意。对于学生来说,这种做法会使他们失去兴趣,厌烦学习。观察课堂我们发现,目前复习课教学主要存在以下问题。

1. 教师缺乏复习课教学的课型意识

不同课型有不同的教学任务。复习课不同于新授课,也不同于练习课,它不是知识的简单再现和练习的机械重复,而是对许多知识点的系统梳理、呈现联系、变式练习和方法提升,

---

① 高文.现代教学的模式化研究[M].济南:山东教育出版社,2000:480.

复习课教学不仅是学生对知识的内化(形成认知结构)和外化(知识的应用)过程,更是学生能力的提升和人格的发展与完善。

复习课教学帮助学生把平时相对独立进行教学的知识条理化、系统化,并通过相应的练习加深对知识的理解掌握,实现从意义建构向能力生成的跨越。作为一种专门的课型,复习课教学因复习目标设定、复习内容组织及教学活动安排的不同而表现出丰富的内涵。实践中,经常见到以下三种(远不止这三种)具体的复习课课型:① 先理后练型——在教师的指导下,先放手让学生整理知识,由学生个体或小组通过阅读课本回忆,再现所要复习的主要内容,通过讨论交流,捕捉知识间的联系和区别,利用文字、图表等形式,对知识进行梳理,形成网络,再组织交流。通过师生之间、生生之间互相质疑,互相补充,互相评价,完成知识网络的构建,最后进行针对性的练习;② 边理边练型——将所要复习的知识分成相对独立的若干块,每一块内容的复习通过回忆、再现、梳理、整理后及时有针对性练习,知识的整理与练习交替进行,以夯实基础;③ 以练带理型——通过练习来带动复习整理,在练习—整理的过程中引导学生进行总结,提炼思考方法解题规律等。

然而,多次观察实践中的复习课教学,看到教师复习课教学的随意性比较大,复习课教学如何明确目标和突出重点,如何实现目标与内容的有机统一,如何凸显知识联系、变式练习和方法提升,往往缺乏综合的考虑,说明了教师缺乏复习课教学的课型意识。课后与一些授课老师交流观课意见也证实了这一判断,复习课究竟是怎样的课型,与新授课、练习课等课型有什么不同,教师不能很好地加以把握。

2. 学生卷入复习课教学的程度不深

与教师缺乏复习课教学的课型意识不同,学生卷入不深是复习课教学的又一问题。我们不得不承认,大多数常态下的复习课,依然是教师言之谆谆、一厢情愿,学生听之藐藐、无动于衷。也正因为学生缺乏牢牢地记住知识的态度[①],加之卷入复习课教学程度不深,致使复习课教学失去了应有的精彩。

学生的主体地位没有在根本上得到改变,学生卷入复习课不深,致使复习课教学低效和无效,根本的原因还在教师身上。老师往往一厢情愿地"表现自我",过度发挥了主导作用,照顾不到学生会怎么想、怎么说、怎么做,严重挫伤了学生学习的积极性。教师在处理教学内容时,过多地依赖自己的讲解,贪多求全,不分重点,忽视了对学生学情的了解与反馈,教师眼中看到的只有教材与教学内容,而不是学生和学生所从事的智力活动。实际上,人的技巧和能力是通过运用这种技巧和能力的活动才发展的。[②] 表面上教师是顺利"完成"了复习任务,"越俎代庖"地代替学生复习整理知识,使学生失去了思考的机会,留给学生则是"抄""记""背诵"等机械任务[③],导致学生常以机械记忆作为复习阶段学习的主要形式。

实践中,学生已有的知识水平是参差不齐的,复习课如果组织不好,先进生会觉得索然

---

① [日]佐藤正夫. 教学原理[M]. 钟启泉,译. 北京:教育科学出版社,2001:276.

② [日]佐藤正夫. 教学原理[M]. 钟启泉,译. 北京:教育科学出版社,2001:61.

③ 客观地说,一些陈述性知识的记忆也是完全必要的,而大脑的长久记忆的储量也是巨大的,这为陈述性知识的记忆提供了可能.

无味,后进生也听不进去,这样复习显然是低效甚至无效的。在教学中经常发生"讲过了还错、复习过了还错"的现象,就是明显的复习课教学无效的反映。

3. 复习目标、内容、方式之间的匹配失谐

复习课的课型意识如何转化为现实,涉及复习课的目标设计、内容取舍、方式选择以及它们之间的匹配问题,这是复习课教学存在的主要问题。

复习目标单一,以巩固知识技能为唯一目标,这是复习课教学最为普遍的情况。不少教师认为,上复习课就是为了巩固知识,因此让学生将过去学过的知识温习一遍,把所有做过的作业重新抄一遍,学生忙于做、听、抄、背,教师忙于出、讲、改、评,不去研究复习课究竟该如何上,出现复习效果差和师生身心俱疲的结果也就不难理解。

复习目标单一决定了复习内容枯燥乏味。以巩固知识技能为唯一目标的复习课教学,其内容不会给学生带来任何新意。教师只是遵循教材的编排,罗列一个个独立的知识点,带领学生把教科书上的例题、概念、法则等统统走一遍,教科书上的练习题再做一遍,学生头脑中呈现的知识点是孤立零碎的,形成不了整体的知识模块,复习课成了"开水泡饭",空洞、乏味、无趣就不足为奇。本可以为形成学生认知结构或生长个人新知的具有新颖性和挑战性的内容也消失殆尽。

目标单一决定内容枯燥进而又决定了复习形式与方法的单一。知识的简单重复,大量练习的操练、讲解,使得复习课索然无味,无法调动学生的积极性。一些教师大量收集习题、试卷,让学生在题海里苦战;有的"爆炒冷饭",让学生机械重复地练习;有的采用"练习—校对—再练习—再校对"的简单的教学方式,把学生会做每一道题作为教学目标,逃脱不了"灌输式"复习教学的窠臼。

单一的复习课教学方式直接影响复习课的教学效果,而复习方式的多样化也不一定就能够保证复习课取得好的效果。如何基于课程标准选择内容,如何基于课程标准和内容选用适宜的教学方式,老师们很少具有这一意识,更缺乏将课程标准、教学内容、教学方式综合考虑的课程创生能力。

4. 复习课教学与发展性评价相互背离

评价是一种价值判断。对同一事物或现象使用不同的价值标准可能得到不同的判断结果。传统教育评价由于其目的重在甄别、选拔,所以只关注教育活动的结果,对教育活动过程很少关注。这种把社会性评价简单地搬移到学校日常的复习课教学中,在一定程度上导致了复习课教学的被动,使得复习课教学效果受到影响。

评价不只是发挥鉴别和选拔的功能,更应实现其教育和促进发展的功能。评价的基本目标是为了教育并促进表现,而不仅仅是为了检查学生的表现,其目的在于提高学习的效率。评价不是完成某种任务,而是一种持续的过程;评价被用来辅助教学,贯穿于教学活动的每一个环节。传统评价偏重于知识和技能,即学生掌握了多少知识,获得了多少技能,不把着眼点放在被评价者的未来发展可能上,不关注获得基础知识和技能的过程与方法,以及学习中情感态度和价值观的变化,漠视被评价者个体的处境、需要和个体差异,也使评价不可能发挥它应有的价值。

在复习课教学中,用什么标准来评价教学,由谁来评价学生课堂行为,也是一个非常重

要的问题。教师的肯定,同学的鼓励,能够为学生提供强有力的信息、洞察力和指导,是促进学生进步和成长的动力。

(二)复习课教学的改进策略

如何上好复习课,如何让学生喜欢上复习课,如何让老师享受复习课教学,并不是一个容易回答的问题。不同学科、同一学科不同内容与主题、不同复习目标等,对复习方法的要求肯定有所不同。尽管如此,我们依然可以从"目标、教学与评价一体化"的视角对这一问题进行一般性的思考。与新授课等课型相比,复习课教学不仅需要教师具有复习课课型意识,更需要教师具有学生主体意识和课程创生能力[1],即能够在复习课的教学目标设计、内容取舍、方法选择、活动安排、效果评价等做出系统的考虑。

1. 促进学生深度卷入复习课教学过程

以学生为主体,促进学生主动参与和卷入教学活动,是有效教学的关键,也是有效复习的前提。我们之所以给出这一判断,不仅源于不同个体的身心发展状况并不完全相同,更源于人的心理发展归根结底是个体的自我建构。基于工业化社会背景和对于教学效率的追求,现实中发生的大多是教师面对全体学生的教学活动,要使教学活动最终有效地落实到学生个体,只有学生主动参与和卷入教学方可实现,也唯有如此才能实现学生的差异性发展。

为了保证学生的积极参与和卷入,我们首先需要为学生营造一个宽松融洽、积极和谐的心理氛围,亦即建立一个积极的心理场。[2] 有研究表明,心理场能触及学生的精神需要,积极的心理场不仅能消除学生的紧张心理,而且对学生的注意力、情感始终都有较强的统摄力,因而有助于激发学生的学习动机,使学生参与和卷入教学有足够的深度、广度、自觉程度和效度。

心理场是由一个人的过去成长经历、现在生活经验和未来思想愿望所构成的,它有点类似于我们平常所说的认知结构,但它更偏重于人的情意因素。心理场包括一个人已有生活的全部和对将来生活的预期,主要用来描述一个人的需要、紧张、意志等心理动力要素,因此又常被称为心理动力场。就每一个体而言,心理场的过去、现在和未来这三个组成部分都不是恒定的,它们会随着个体年龄的增长和经验的累积在数量和类型上不断丰富和扩展,并表现出个体的差异性。

宽松融洽的课堂氛围激发了学生的课堂投入情趣,也增加了学生参与和卷入的机会。为了让学生真正地参与和卷入复习课教学,还需要每一位学生主动思考、自我反思、多向互动和主动实践[3]。为此,教师要尽可能地发挥学生的主动性和创造性,尽可能地给予学生自主复习的机会,坚决摒弃越俎代庖的做法,给学生以足够的学习时间和空间。能让学生思考的尽量让学生思考,能让学生表达的尽量让学生去表达,能让学生下结论的尽量让学生下结论,教师则适当地引导、点拨和评价。只有这样,学生才能逐步地学会学习,学会思

① 郭元祥. 教师的课程意识及其生成[J]. 教育研究,2003,24(6).
② 俞国良. 社会心理学[M]. 北京:北京师范大学出版社,2006:53.
③ 张天宝. 试论活动是个体发展的决定性因素[J]. 教育科学,1999(2).

考,学会表达,主动发展。

为了真正实现复习课教学时学生的主体在场,教师切忌"垄断"复习课堂。教师考虑得最多的是哪些地方需要讲解,哪些地方需要指导,怎样指导;说得最多的话是启发的话,点拨的话、激励的话;做得最多的是巡视、倾听、参与、引导和赏识;重点是引导学生寻找知识规律,归纳复习方法。

2. 系统设计复习课教学目标与教学内容

教学目标是课堂教学的核心和灵魂,在教学活动中有定向的作用。复习课教学也应具备准确而清晰的复习目标,以确保每一节复习课教学都有明确的方向。为此,教师要基于课程标准明确复习课教学的总目标和具体目标;吃透教材的重点、难点和特点,特别是单元训练重点;了解学生的学习情况和个体差异,以使各个层次的学生都能通过复习有所提高和发展。

在教学实践中,仅有目标意识还不够,还需要根据复习目标选择和组织合适的复习内容,并就复习课教学目标与教学内容进行系统设计。"巩固旧知"是复习目标的最基础的层次,常见于新课结束时的当堂复习中。与"巩固旧知"比较,"优化知识结构,形成综合能力"则是提高层次的复习目标,它常见于单元结束时的单元复习或专题复习中,因而具有一定的难度。复习课不仅有"温故"的功能,更有"知新"的要求,这是复习目标中的更高层次。为了实现这些目标,人们比较倾向于采用"以问题为中心"的方法进行复习,即根据复习教学目标设计一定数量、具有不同层次与梯度要求的问题,让学生在问题解决过程中复习旧知旧能,优化知识结构,提高解决问题的能力。

知识结构实际上包括两个部分,一是特定学科的关键思想或关键概念,二是该学科的研究方法,即知识创造者实际做了些什么[①]。人们对于前者强调的比较多,而对于后者人们还没有给予更多的关注。因此,复习课教学需要设计适时、适量、适度问题,以启发学生思考,提升复习质量。所谓适时,就是当学生处于"愤悱"状态时教师能及时提问和适时点拨,促使学生积极热情地投入到学习活动中去,在学生"心求通而未得""口欲言而未能"时教师能恰当地从不同角度提出一些新颖问题,调动学生积极思维的主观能动性。所谓适量,就是指教师恰到好处地掌握提问的频率,确保问题设置疏密相间,能留给学生充分的思考时间和空间。所谓适度,不仅指问题的难度要适合学生的"最近发展区",还指问题的广度、深度、坡度和问题开放程度。教师要善于运用一个问题作为教学讨论中心,围绕这一中心引出多个问题。问题的解答可以是教师也可以是学生,使课堂交流呈现多向性,这样做有利于激发学生学习的主动性和创造性。

当然,复习课内容的组织形式并无定规,它需要根据复习目标、教学内容与学生年龄特点具体分析。有些内容的复习适应安排情境串的形式,有些内容则适应题材变式的形式,不能一概而论。复习课教学目标和内容设计还需要注意复习的针对性,重点应放在学生难点、弱点、易错之处,确保复习教学有的放矢。

---

① [美]亚瑟·K·埃利斯.课程理论及其实践范例[M].张文军译.北京:教育科学出版社,2005:132.

3. 合理匹配复习课教学内容与教学方式

相对于新授课来说，复习课缺少了一定的新鲜感，学生的学习热情不再如新授课教学时那样饱满。如何激发学生对于复习课教学的学习热情，不仅需要我们采取多样化的复习方式[①]，更需要针对不同知识类型及知识迁移过程，寻求复习方式与复习内容之间的合理匹配[②]。

当代认知心理学家安德森将知识分为陈述性知识和程序性知识。知识的类型不同，有效复习的方法也就有所不同。

就陈述性知识而言，复习课教学不仅要注重单一知识点的落实，还应该使知识系统化、网络化。教师在教学中可以有意识地指导学生将教材中的零碎知识点通过网络结构法、比较整理法、流程图法、纲要信号图示法等复习方法对知识进行深加工，删除、替换或保留某些信息，从而加深对陈述性知识的理解，促进陈述性知识的保持、提取和应用。在复习课教学中善于设疑，适时设疑，激发学生的探究欲望，调动所学的知识解决问题，也有助于提升陈述性知识的复习效果。

与复习陈述性知识不同，程序性知识复习涉及基本概念、原理的掌握，并进而创造性地解决问题。任何一种技能的学习过程都是从陈述性知识向程序性知识转化的过程，虽然这一过程在一定程度上受智力因素的制约，但是通过一定的教学策略可以促进陈述性知识向程序性知识转化。技能学习的过程最关键的是"定型阶段"，因而需要认真地对待和分析几个"技能样板"，形成对外办事的"如果……则……""产生式图式"。而学习程序性知识到程序性知识使用的熟练化与自动化[③]则需要大量的针对性训练。经验告诉我们，一项技能学生需要练习多次才能达到基本的掌握水平。要准确而迅速地使用这项技能，需要人们反复的练习使用，变式练习则是技能熟练和提高的最有效的练习。

分散的、片段的、杂乱的知识总是记得不多，也不能长期保持，如何抓住物理知识本身的内在规律，把知识条理化、系统化、概括化，有利于牢固地掌握所学知识。法国物理学家庞加莱曾说过："物理学是一系列事实、公式和法则建立起来的，就像一座房子是用砖砌成的一样。但是，如果把一系列事实、公式和法则看成物理学，那就犹如把一堆砖看成房子一样。其实，物理学要比组成它的事实、公式和法则深刻得多!"循着这一想法，依据人类认识物理世界的历史，可将与中学物理有关的一串光辉名字：牛顿、伽利略、开普勒、卡文迪许、麦克斯韦、奥斯特、法拉第、赫兹等，联系鲜活的科学事件，以楼梯式框架构建出物理知识形成的流程图，让学生了解科学源流，品味科学成就，掌握科学方法，欣赏和体验科学理论本身和谐对称美。[④]

---

① [日]佐藤正夫. 教学原理[M]. 钟启泉，译. 北京：教育科学出版社，2001：278.

② 这一思想受益于庞维国老师关于学习方式与学习内容相匹配思想的启发. 参见庞维国：论学习方式[J]. 课程·教材·教法，2010(5).

③ 根据脑科学的研究，程序性知识到程序性知识使用的熟练化与自动化非常重要，因为它可以为大脑节省能量资源，从而使得大脑有足够多的能量去应付新的情境和问题.

④ 夏桂钱. 鸟瞰·解剖·会通：人文视角构建物理知识框图[OL]. http://blog.sina.com.cn/s/blog_6a9e23120100rexx.html.

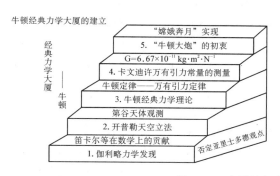
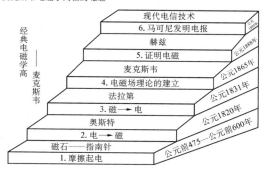

图6-2 人类认识物理世界的历史简图

完善认知结构和生成心智技能是同一个实际教与学过程的两个方面。能否使完善认知结构和生成心智技能协调好,很大程度上取决于学生的认知水平高低,这对教师教学设计能力有较高的要求。实践表明,注重构建知识体系和知识到能力的各类台阶,应用"知识梳理—基础回顾—发散串联—收敛反馈—讲评矫正—总结提炼"①复习课教学模式,将会产生比较好的复习效果。在实际教学过程中,要想让复习课能够发挥最大的效率,首先要正确地规划好一节课的整体安排,将教师的教与学生的学整合在一起。一方面,教师的教学设置需要按照不同类型复习课的要求分别制订,大致如下表所示:

表6-1 不同类型复习课的教学安排

复习课型	引 入	主体教学	反 思	总结与交流
概念	概念知识点回顾	阐述及应用,练习	独立	书面小结
规律	规律及公式回顾	阐述及应用,练习	独立	书面小结
习题	典型例题回顾	方法具体体现分析,练习	独立	堂上小测
实验	基本实验回顾	实验原理、操作、数据处理、实验改进	独立	堂上练习
讲评	评卷分析建立参考	方法类比知识点类比和对比	独立	近似题(相关题)检测

鉴于变式练习在学生由知识获得转化为能力生成中的教育价值,无论是哪种类型的复习,都不能离开一定量的练习,只有通过针对性的训练和螺旋式的练习,才能切实提高能力和技巧,而只有通过课内进行有效的技能训练,才能很好控制学生的错误理解及"懂而不会"现象的形成和扩大。所以每节复习课一定要安排适量的练习和布置适量的课后作业。同时,要让学生学会反思和总结,所以每节课都要留出点时间给学生,对主体教学或课堂小测进行总结和归纳,要自己再反思一下,一是反思知识、二是反思过程。

---

① 陈龙文. 青年教师成长之路[EB]. http://www.njsmsw.com/sx/shownews.asp? T_id=198&NewsId=2679.

另一方面,学生在课堂中要充分地了解教师在课堂的安排与设计,发挥学生自我主导作用,完整地参与到一堂课中去。对于学生而言,一堂课的完整组成应该是:看、听、讲、练。看:看书和材料,看老师的板书,看同学的板演,看投影和视频资料。听:听老师的讲述,组内讨论时听同学的观点,听其他同学的发言。讲:将解题的思路讲出来,将自身的疑惑讲出来,参与讨论,将讨论的结果讲出来,将反思的小结讲出来。练:练习用语言表达,练习总结和归纳,练习具体的思考和分析,练习进行反思。

4. 发挥评价对于复习课教学的促进功能

评价的实质在于促进人类活动日趋完善,是人类行为自觉性与反思的体现。实际上,评价应渗透于人类有意识的活动之中,是活动的一个有机组成部分。基于这一分析,评价过程也应该是教学过程的一个有机组成部分。事实上,课堂教学和教学评价相结合,不仅能对学生的学习及时进行判断,也能及时调整教师的教学实践,从而更好地支援学生的学习。为此,在复习课教学中,教师可以综合应用标准参照评价和个体内差异评价,使评价与教学真正地融为一体,从而发挥评价对于复习教学的促进功能。

从比较的标准来看,标准参照评价的"标准"是外在的,它反映了社会发展一定阶段对于人才培养规格的要求,因而自有其存在的价值与理由。与标准参照评价不同,个体内差异评价则是根据尊重个性、发展个性的观点提出来的,它是以评价对象自身状况为基准,就自身的发展情况进行纵向或横向比较而做出价值判断的过程。个体内差异评价既不和客观标准比较,也不和集体内平均结果比较,而是和自身的状况比较,包括自身现在与过去的纵向比较和自身若干不同侧面之间的横向比较。个体内差异评价能够充分照顾到评价对象个性的差异,不会给评价对象造成压力,评价标准也更加符合评价对象的实际。这一观点也得到了基于脑的学习研究的证明:"创设学习的条件,让学习者感觉到安全、与学习者建立信任关系、为学习者提供表达机会、激活学习者先前的有关学习(复习),通过提供更频繁的复习、反馈和补习支持以减小测验和等第压力,承认学习者哪怕是微小的进步等,都将使评价更加真实和有意义。"[①]正是在这一层意义上,复习课教学更需要关注个体内差异评价的应用及其与教学的整合,真正实现评价促进学生发展的功能。

当然,与复习巩固、复习掌握目标相比,学会复习并养成良好复习习惯则更为重要。为此,在复习课教学中,确立以学为中心的教学观,重视学生复习方法的指导,组织学生有效的复习,帮助学生逐渐养成经常概括所学内容、经常将自己想法与同伴进行交流、经常根据所学内容自己提出问题,探索总结分析与解决问题的角度、途径、规律和方法,养成良好复习习惯等,这是复习课教学的更高境界。

(三)复习课教学的案例分析

物理复习课的教学具有一定的难度。物理课时少的原因,使得教师多忙于新授课与习题课的教学,很少进行复习课的教学,加之复习课的教学内容是学生曾经学过的,学生没有新奇感,采用"教师复习基础知识→学生解题→教师点评→学生整理"的复习教学模式很难

---

① [美]E·詹森. 基于脑的学习:教学与训练的新科学[M]. 梁平译. 上海:华东师范大学出版社,2008:200.

满足各层次学生的需求,导致教学效率低下。如何提高复习课的教学效率?如何引导学生厘清知识间的逻辑关系、自主建构有机的知识体系?如何培养学生的思维能力及运用知识的能力,并使各层次的学生都能得到较大的发展?为了解决这一问题,我们必须设法让学生对于新知识的学习及复习达到概念化、结构化、条件化、自动化、策略化的水平。这里,结合思维导图教学就知识结构化做一点讨论,关于知识学习的概念化、条件化、自动化、策略化等维度,有兴趣的读者可以参考其他文献。

　　思维导图是由英国的心理学家、教育家托尼·布赞(Tony Buzan)在 20 世纪 60 年代提出的一种图解形式的记笔记的方法。思维导图运用图文并重的技巧,把各级主题的关系用相互隶属与相关的层级图表现出来,将主题关键词与图像、颜色等建立记忆链接,充分运用左右脑的机能,利用记忆、阅读、思维的规律,协助人们在科学与艺术、逻辑与想象之间平衡发展,从而开启人类大脑的无限潜能。它是将人类大脑的自然思考方式——放射性思考可视化的图形思维工具。它既可呈现知识网络,是组织陈述性知识的良好工具;也可以呈现思维过程,是组织程序性知识的良好工具。

　　在复习课教学中,教师可以用思维导图动态呈现每单元或每章的知识网络图,并能根据需要与新课中的情景进行超链接,能有效地激活学生的记忆。例如图 6-3 电场专题复习思维导图,每一个分枝可以很方便地展开与收拢,既有利于学生在宏观上把握电场整章的知识结构,又有利于学生在微观上复习具体的知识要点。

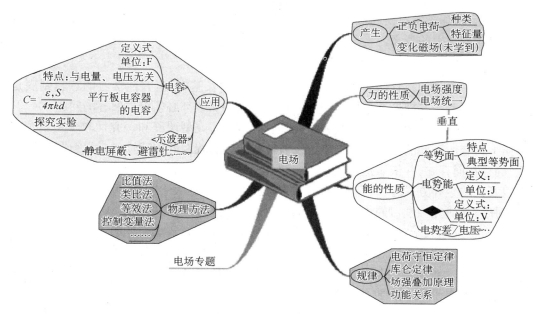

图 6-3　电场专题思维导图

　　基于思维导图的复习课教学,也可以采用以下的教学流程:选择某一复习课题→课前学生独立绘图→课上师生共同评图→师生共同改图→学生用图讲解→师生共评。课前学生独立绘图,旨在表达自己对于复习课题的个人理解;然后引导学生从结构合理性、思维深度与广度、色彩运用、认真程度等方面来评价;再借助于互相交流、讨论和修改,画出具有个人风格、集众人智慧的思维导图;最后请学生代表用思维导图讲解自己的研究专题,充分调动学生的积极性,发挥学生的主体作用。在整个过程中,教师适时进行指导。

思维导图和基于思维可视化原理的理念引入到教育领域以来,已经在教育教学过程中产生了积极的影响,尤其是基于思维导图的学习过程很好地体现了建构主义学习理论的理念,国外对于思维导图在教学中应用的研究已经比较成熟,它已成为中小学教学中很常用的一个方法,有着很好的教学效果。借助于思维导图开展复习课教学,能够激发学生的学习兴趣,促使学生积极思考,加强对知识结构的理解,也增强了他们的成就感,引导学生逐步掌握学习与思考的方式,促进学生学习能力、思维能力的提高,使各层次的学生在复习课中都有较大的收获。

当然,复习课内容的组织形式并无定规,它需要根据复习目标、教学内容与学生年龄特点具体分析。有些内容的复习适应安排情境串的形式,有些内容则适应题材变式的形式,不能一概而论。复习课教学目标和内容设计还需要注意复习的针对性,重点应放在难点、弱点以及学生易错之处,确保复习教学有的放矢。

四、以研究性学习开展物理教学

作为一种普遍的学习方式,研究性学习将基础教育教学中显示强大且持续的生命力,基础教育学科课堂教学中如果引入研究性学习也将会焕发新的生机与活力。为此,认真分析研究性学习与基础型课程相互整合的前提条件,积极探索研究性学习与基础型课程相互整合的现实途径,深刻反思研究性学习与基础型课程相互整合的障碍与对策,对于拓展物理学科教学也有着特别的意义。

(一)研究性学习与基础型课程的整合

作为新一轮基础教育课程改革的新的生长点和生长基础,研究性学习的意蕴到底是什么? 基础型课程的基础性又怎样去理解? 这是理论和实践都必须首先回答的问题。

在教育理论研究和教育教学实践中,研究性学习、研究型课程和探究性教学是三个相近而本质上又有所不同的概念。从方法论来看,"研究型课程"和"探究性教学"因研究性"学习方式"的存在而存在,并依靠这种"学习方式"来确证其存在的合理性与必要性;从广泛性、渗透性以及人的生存方式看,研究性"学习方式"的时空要远远大于"研究型课程"和"探究性教学"的时空;从研究性学习的价值定位看,研究性学习作为一种"学习方式"而进入人们的视界,其意义也远远大于"研究型课程"和"探究性教学",从而处于决定性的主导地位。

研究性学习的核心思想在于它促进学生通过采用与研究相类似的认知方式和心理过程进行学习[①],是一种对"学习方式"的特别强调,其深层理念是对"人"的关怀和解放。与研究性学习主要着眼于学生的学习方式不同,基础型课程(传统的观点)则特别体现出对学生学习内容的关注。由于基础型课程的价值在于为学生素质的发展奠定基础,正确把握基础型课程的核心概念"基础"之本意并切实保持基础型课程的"基础性"则显得尤为重要。

---

① 文新华. 关于研究性学习的研究[J]. 教育发展研究,2002(4).

　　"埋墙基为基,立柱墩为础"[①],"基础"的原义是指建筑物的地下部分,引申为事物发展的根本或起点,似乎含有"不变"之本意。"基础"既然作为建筑物的地下部分,它的动摇则意味着建筑物的倒塌。然而,对基础教育课程改革中"基础型课程"意义的把握则必须纳入"时间"之维的思考——基础型课程中的"基础"是不断变化和发展的,社会的变化和进步使"基础"的含义发生变化几乎成为不可避免的事件。事实上,根据每一个特定社会情境进行"基础"的变化和改造,将使"基础型课程"充满不断生长和发展的活力,这在新课程改革中已经得到了充分的体现:一方面,新课程的目标设置中加入了"情感、态度、价值观",强调学生参与知识的建构过程,已经显示学生学习不再是简单地对教材中既定知识结论的接受和记忆;另一方面,基础型课程重在打好基础,但是这种基础还必须面向创新,离开创新打基础,这样的基础再好也只是基础,因为它缺少"创新"的种子,很难长出符合时代要求的参天大树。为此,面对生动的、变化的基础知识,学生可以反思、批评、运用,以促进他们自己重新理解知识,而教师则必须创造性地进行教学。[②]

　　作为一种有效的学习方式,研究性学习表现出其独特的生命力。研究性学习与基础型课程的整合,既能为僵硬的基础型课程教学寻找新的突破和发展,使绝大多数的学生掌握基础型课程的核心和重点;同时也能为学生学习方式的形成提供多方位的帮助,促进学生养成良好的学习习惯。

　　研究性学习与基础型课程的整合,其目的并不是否定传统的"双基",也不是将研究性学习局限在基础型课程的知识框架内,而是对传统的基础型课程教学的超越。多年来,基础型课程教学倡导"注重双基",却否定了构成学力的最活跃要素——学习者的学习动机与态度,其表现是注重现成知识的灌输和应试技能的训练,忽视了终身学习的动机与态度的形成,从而直接导致学生的"学力"停留于表层、局部、不能持续发展。与此相反,研究性学习与基础型课程的有机整合,不仅有利于绝大多数学生能够更好地掌握课程体系的核心和重点,同时也能为学生学习方式的形成提供多方位的帮助,促进学生形成良好的学习习惯。因为研究性学习与基础型课程的整合将为学生良好的学习习惯和学习方式的形成提供多方位的教育手段,使面向全体学生的学习方式的变革成为可能。自主性、探究性和合作性是考察学习方式的三个维度[③],实现学习方式从"他主"到"自主",从"接受"到"探究",从"独立个体的学习"到"合作学习",这正是基础型课程中进行研究性学习所要实现的学习方式转变的目标。

　　研究性学习与基础型课程的整合不仅是必要的,而且是可行的。随着知识理论领域以及知识实践领域所发生的从旁观者知识观到参与者知识观的转换,作为一种普遍学习方式的研究性学习逐渐被大家所接受,并在许多学科教学中从理论探讨走向了教学实践。

　　首先,研究性学习是一种问题解决的学习[④],好的问题便成了学生开展研究性学习的一个必要条件,而基础型课程中确实存在着相对于学生现有知识水平的大量问题,这些问题和内容为研究性学习提供了丰富的素材。尽管有研究表明,问题越真实,对理解知识、应用知

① 辞海编辑委员会编.辞海[M].上海:上海辞书出版社,1979:538.
② 钟启泉,崔允漷,张华.为了中华民族的复兴　为了每位学生的发展:《基础教育课程改革纲要(试行)》解读[M].上海:华东师范大学出版社,2001:8.
③ 赵静.学习方式的变革与创新教育[J].学科教育,2002,8.
④ 钟启泉.研究性学习:"课程文化"的革命[J].教育研究,2003(5).

识的要求就越高，所要实现的教学目标就越具有全面性、整体性以及综合性①，但问题的真实性、综合性程度要根据教师和学生实际的水平、所要实现的目标的类型与层次而定，并不是越真实、越综合越好，这意味着，选择研究性学习的"问题"必须在知识的基础性与任务的真实程度之间找到一个平衡点。

其次，高考改革也促进了基础型课程与研究性学习的整合。在基础型课程中进行研究性学习，不可回避考试的问题，我们要克服一提考试就认为是"应试教育"的片面看法。随着课程改革的不断深入，高考本身也在改革，要改变"应试教育"片面追求分数、追求升学率，置学生各方面能力的发展于不顾的做法，由此可见，高考改革的方向与研究性学习的理念是一致的。从最近几年高考命题的情况看，命题中"注重能力立意"方面已迈开了很大的步伐。

研究性学习与基础型课程之间的关系不是对立的，而是相辅相成、互补还流的。一方面，研究性学习中开展高品质的探究活动，必须有基础型课程所提供的知识和能力的支撑；另一方面，基础型课程也要求从研究性学习所产生的问题意识中得到激发，并借助问题解决的过程，形成学生自主学习、独立思考、主体判断的能力。研究性学习与基础型课程互为条件、相互补充的关系为实现研究性学习与基础型课程的整合提供了前提。

（二）研究性学习与基础型课程整合的途径

研究性学习与基础型课程的整合具有理论和实践上的必要性与可行性，但要真正实现研究性学习与基础型课程的有机融合，则必须深入课堂教学这一学校教育的内核来加以研究，因为课堂教学为研究性学习与基础型课程整合提供了现实的道路。于是，重构课堂教学理念、关注课堂教学环境、渗透研究性学习策略、变革课堂教学评价等，已经成为我国基础教育课程改革深化发展的必然选择。

课堂教学理念——从"知识课堂"到"生命课堂"的重构。如果说"接受学习"所对应的课堂是一种"知识课堂"，研究性学习方式所倡导的课堂将是一种"生命课堂"，其教学目标不是仅仅为了知识，而是着眼于人的发展。与"知识课堂"相比，"生命课堂"更富有开放性、多元性和不确定性，它既关注学生的生命活动——使学生主体性得以充分发挥，也使教师能够根据变化的课堂教学情境和各种各样信息及时做出判断与决策，从而使教师的教学工作更富有挑战性和创造性。

课堂教学环境——教学时空的变革及"生态环境"的创设。从时间和空间上看，"研究性学习"是一种基于学习资源的开放式学习，研究性学习与基础型课程的整合能拓展课堂教学新的学习时空——课前、课中、课后活动融为一体从而使得课前与课后成为课堂时空延伸，校内学习与校外学习紧密联系从而使得课堂教学置身于更加真实和广阔的背景之下，学习时间也大幅度地弹性化。从课堂教学环境看，研究性学习与基础型课程的整合强调以学生发展为中心，通过"教师、学生、内容、环境"四因素的整合，使得课堂教学环境变成一种教师与学生、学生与学生等相互作用的、动态的、生成性的"生态环境"。

课堂教学目标——从学会到会学，渗透研究性学习的策略。在课堂教学目标设置中，研

---

① 刘儒德. 基于问题的学习在中小学的应用[J]. 华东师范大学学报（教育科学版），2002(1).

究性学习与基础型课程的整合不但关注"知识与技能"的理解与掌握,同时还强调课程在"过程与方法"和"情感、态度、价值观"方面的教育功能,在"学会"的基础上达到"会学"的目标。目前,人们已经识别出一些基本的研究性学习策略,例如产生和维持动机、使焦虑衰减、产生热爱学习的积极情感、在所学材料各个部分建立联系、通过各种精致方法使新信息与已有信息相关、利用认知监控集中注意力、运用理解监控检查理解和协调学习活动等,而在什么条件下分别运用这些学习策略、了解自己偏爱的信息加工方式和清楚自己的认知风格等正是研究性学习与基础型课程整合的更为根本的目标,也是促进学生在基础型课程学习中表现出色的根本保证。

课堂教学内容——"课前预设"与"课中生成"的结合。真实的课堂教学必然有课时、教学进度或教学任务的考虑,但依然充满了不确定性,针对动态的、生成性的"课堂生态环境",研究性学习与基础型课程的整合就需要教师在课堂教学不确定情境中就地构建并超越目标预定的要求,也正是通过真实的教学情境来不断生成、不断建构新的知识,使课堂教学成为不可重复的激情与智慧综合生成的过程,才能体现研究性学习的生命活力。当然,强调课堂教学"生成"取向并不是不要"预设",只不过这类"预设"要富有弹性,也唯有在"预设"基础上的"动态生成"这种"预设与生成的统一"才便于为学生把握。

研究性学习的内容特征

研究性学习的课题内容与通常的学科课程有着显著差异,它不再是由专家预先设置的特定知识体系的载体,而是一个师生共同探索新知、共同完成学习内容选择、组织和发展的过程。

1. 研究性学习内容选择上的开放性

研究性学习所涉及的内容相当广泛,既可以是传统学科的,也可以属于新兴学科;既可以是科学方面的,也可以是人文方面的;既可以是单科性的,又可以是多学科综合、交叉的;既可以偏重于社会实践的,又可以偏重于文献研究或思辨性质的。就是在同一主题下,研究视角的定位、研究目标的确定、切入口的选择、过程的设计、方法手段的运用以及结果的表达等均有相当大的灵活度,为学习者和指导者的个性特长发挥留下了足够空间。

2. 研究性学习内容呈现上的问题性

研究性学习的内容是通过需要探究的问题来呈现的,学习内容大多是学生在主动探究中或在指导者的启发帮助下通过自主选择确定的。在研究性学习活动中,指导者通常不是提供一篇材料,让学生理解、记忆,而是呈现一个需要学习、探究的问题。这个问题可以由展示一个案例、介绍某些背景或创设一种情境引出,也可以直接提出;可以由教师指出,更多由学生自己发现和提出。

3. 研究性学习内容组织上的综合性

为了较好地实现前文所提出的研究性学习目标,研究性学习的内容选择和组织集中反映在它的综合性上——围绕某个专题组织多方面或跨学科的知识内容、以利于知识的融会贯通和多角度、多层面地思考问题。与此相关,社会性(加强理论知识和社会生活实际的联系,特别关注与人类生存、社会发展密切相关的重大问题)、实践性(学习直接经验并在探究实践中获得积极情感体验)、时代气息等也是研究性学习的内容选择和组织必须予以重视的几个方面。

4. 研究性学习内容难易上的层次性

学生参与研究性学习是有层次差异和类型区别的,因而在目标定位上可以各有侧重,在内容选择上也可以有所偏爱。实际中,由于研究性学习专题所涉及内容的综合程度、与社会生活实际联系紧密程度、学术水平的不同,研究性学习内容在难易上表现出很大层次性;即使对同一研究问题,研究结果在量与质方面也可能有很大的差异。

课堂教学评价——多主体、多元化、情境化的教学评价[①]。研究性学习与基础型课程的整合突破了原有的基础型课程的框架,具有多方面、多层次的教育价值,其着眼点在于转变学生的学习方式、激发学生主动学习、培养学生解决问题能力和提高学生实践创新意识,这决定了基础型课程中研究性学习的结果更多的是一种内在的、质的东西,因此,传统课程中的"一元评价"必须转向"多元评价"——评价主体的多元化、评价内容的多元化、评价标准的多元化、评价形式的多元化。加德纳指出,评价原来就是教学里的一环,评价应该成为自然学习情境的一部分,而不是在额外的时间里外加进来的,我们应该让教育评价在自然参与的学习情境中发生[②]。正是这样一种情境化的评价,教师在教学过程中只是把测验看作教学过程中的一个组成部分;学生也不再把考试看作是可怕的"审判日",而是另一个学习机会。

研究性学习走入高考和竞赛,对改变目前学校研究性学习课程开设可有可无的状况将会起到良好的促进作用。以下分别就物理高考和竞赛中的物理实验研究性问题各选一例加以分析。

[例题1][③] 研究性学习是一种重要的学习方式,有利于培养学生的实践能力和创新精神。"M3 型电池和普通碱性电池性价比的研究"是某校学生摄影协会提出的一个研究课题,目的是通过研究,为摄影协会选择性价比(可拍摄照片张数与所用电池费用之比)较高的电池提供依据。他们分成 A、B 两组开展了调查和实验,A 小组利用两台相同型号的照相机,分别装上两种电池各 4 节在暗室中连续拍摄,每次都用闪光灯,直到两种电池都不能使相机闪光为止。B 小组用同样装置,在校外不同地方拍摄,有时用闪光灯,有时不用。结果 A 小组用 M3 型电池拍了 293 张照片;用普通碱性电池拍了 184 张照片。B 小组用 M3 型电池拍了 583 张照片;用普通碱性电池拍了 364 张照片。

① 你认为_____小组实验结果更可靠,原因是他们控制了_____等影响实验结果的因素。如果 M3 型电池每 4 节 36 元,普通碱性电池每 4 节 28 元,试参照拍摄张数直方图,画出该组的性价比直方图(略)。

② 你认为他们的实验还存在的问题是(举出一例)_____。

请你提出一个与 M3 型电池有关的新的、有价值的课题名称。

[解与析] 由于 A 小组采用了控制的思想——控制了相同的实验条件,即每次拍摄时都在暗室进行,用闪光照亮物体,因而 A 小组实验结果更可靠。实验还存在的问题是所选用的样品太少,或实验次数太少,结果缺乏重复性支持。"M3 型电池寿命较长的原因探究""M3

① 张晓峰. 对传统教育评价的变革:基于多元智能理论的教育评价[J]. 教育科学研究,2002(4).

② Armstrong. T. Multiple. Intelligences in the Classroom[M]. Alexandria, Virginia. 1994.

③ 2002 年上海市高考试题,第 18 题.

型电池放电规律实验研究""M3 型电池的环保问题研究"等都是与 M3 型电池有关的新的、有价值的课题。

　　[例题 2]①物理小组的同学在寒冷的冬天做了这样的实验:他们把一个实心的大铝球加热到某温度 t,然后把它放在结冰的湖面上(冰层足够厚),铝球便逐渐陷入冰内。当铝球不在下陷时,测出球的最低点陷入冰中的深度 h。将铝球加热到不同温度,重复上述实验 8 次,最终得到如下数据:

实验顺序数	1	2	3	4	5	6	7	8
热铝球的温度 t/℃	55	70	85	92	104	110	120	140
陷入深度 h/cm	9.0	12.9	14.8	16.0	17.0	18.0	17.0	16.8

　　已知铝的密度约为水的密度的 3 倍,设实验时的环境温度及湖面冰的温度均为 0℃。已知此情况下,冰的熔解热 $\lambda = 3.34 \times 10^5$ J/kg。

　　1. 试采用以上某些数据估算铝的比热。

　　2. 对未被采用的实验数据,试说明不被采用的原因,并做出解释。

　　[解与析]首先将表中 8 组数据画在题目所给的 $h \sim t$ 中,得到了与数据相对应的点。从图中可以看出,除了第 1、7、8 组对应的数据点而外,其余五组数据点可拟合成一条直线(如图 1 所示)。

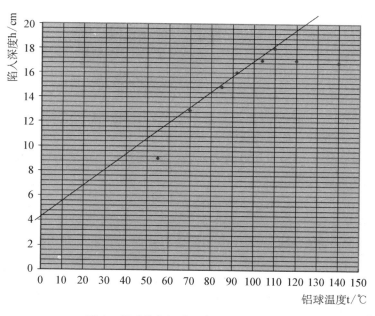

图1　铝球陷入深度 h 与温度 t 的关系

　　然后,确立物理模型。问题涉及的物理本质非常简单:铝球放热使冰融化。为此,设当

---

　　① 第十八届全国中学生物理竞赛预赛试题,第 6 题.

铝球的温度为 t_0 时，能融化冰的最大体积恰与半个铝球的体积相等，即铝球的最低点下陷深度 h 与球的半径 R 相等（临界点的确立便于分析各种可能情况）。当热铝球的温度小于 t_0 时，铝球最低点下陷深度 h 小于 R，融化冰的体积小于半球体积（球冠体积）；当热铝球的温度大于 t_0 时，铝球最低点下陷深度 h 大于 R，融化的冰的体积等于一个高为 $(h-R)$ 圆柱体体积与半个铝球体积之和。

设铝的密度为 ρ_1，比热为 c，冰的密度为 ρ_2，熔解热为 λ。则铝球的温度从 t ℃降到 0 ℃的过程中放出的热量为：

$$Q_1 = \frac{4}{3}\pi R^3 \rho_1 ct \qquad\qquad ①$$

融化的冰吸收热量为（$h < R$ 时）：

$$Q_2 = \rho_2 \left[\frac{1}{3}\pi h^2 (3R-h) \right] \lambda \qquad\qquad ②$$

或者（$h > R$ 时）：

$$Q_2' = \rho_2 \left[\pi R^2 (h-R) + \frac{1}{2} \times \frac{4}{3}\pi R^3 \right] \lambda \qquad\qquad ③$$

假设不计铝球使冰融化过程中向外界散失的热量，则有：

$$Q_1 = Q_2 \ \text{或} \ Q_1 = Q_2' \qquad\qquad ④$$

联立上述①、②、④式和①、③、④式分别解得：

$$12R^3 ct = h^2 (3R-h)\lambda \qquad\qquad ⑤$$

$$h = \frac{4Rc}{\lambda}t + \frac{1}{3}R \qquad\qquad ⑥$$

即只有在铝球温度 $t > t_0$（相应有 $h > R$）时，h 与 t 才构成线性关系。

基于 $h \sim t$ 实验数据图象描绘和关于这一问题的上述建模分析，直线应与⑥式一致，这样便可以在直线上任取两点数据代入⑥式，即可求出比热 c 及球半径 R 的值。例如，在直线上选取相距较远的横坐标为 10 和 100 的两点，它们的坐标可由图读得：(10,5.4)；(100,16.7)。将此数据及 λ 值代入⑥式得：

$$c = 8.6 \times 10^2 \ \text{J/(kg℃)} \qquad\qquad ⑦$$

在 $h \sim t$ 实验数据图中，由于第 1、7、8 组数据对应的点偏离直线较远，未被采用。

当然，第 1 组数据对应的点与第 7、8 组数据对应的点都偏离直线较远，但原因不同。因为当 $h = R$ 时，从(6)式得对应的临界温度 $t_0 = 65$℃，即⑥式只有在 $t > t_0$ 才成立。第 1 次实验时铝球的温度 $t_1 = 55$℃ $< t_0$，融化冰的体积小于半个球的体积，所以其对应的点偏离直线，数据不被采用。而第 7、8 组数据对应的点偏离直线较远，原因在于铝球的温度过高（120℃、140℃），使得一小部分冰升华成蒸汽，加之铝球与环境的温度相差较大致使损失的热量过多，④式不成立，因而⑥式也不成立，数据不予考虑。

（三）研究性学习与基础型课程整合的实例分析

基础型课程中确实有很多可以让学生进行研究性学习的好素材，对这些问题进行研究性学习,将有利于激发学生对基础性知识和技能的直接兴趣与间接兴趣。当然,基础型课程的内容有很多需要经过转换才更具有研究性,这就要求各学科教师在实施研究性学习与基础型课程整合的教学过程中,一方面要注意学习内容的筛选和呈现方式(并非所有内容都适用于开展研究性学习,也并非任何呈现方式都适用于研究性学习的进行),另一方面还要注意一个"度"的把握问题。

例如,在高中物理学科教学中,可以结合一些诸如单摆、带电粒子在电磁场中的运动的具体问题所开发的案例[①],能够使"研究性学习与基础型课程的整合"更加显示出它的活力。当然,并非所有的内容都适用于研究性学习案例的开发,这是必须注意的。

高中物理拓展型课程教学案例分析[②]

教学背景及教学目标:

当前,学习物理越来越重视实际应用能力的培养,学生运用所学的物理知识分析和解决问题,是中学物理教育改革面临的重要任务之一。本节高三复习课是在学生复习了力学和热学知识以后,学生利用所学的物理知识解决实际问题的一次综合尝试,以物理方法论——善于观察和思考为主线,努力提高学生解决实际问题的能力的新思想,是高三的专题复习内容之一。

1. 运用物理概念(路程、位移)、物理规律(匀速、变速直线、平抛运动和玻意耳定律、压强差和水流速度的关系)来解决实际问题。

2. 会用数学方法(图象)、物理方法(实验)来解决实际问题。

3. 培养学生的知识的迁移能力和实验设计能力。

4. 让学生体会生活中充满了物理知识,并学会观察生活,提出问题和解决问题的良好习惯。

教学重点:培养学生理论联系实际并解决实际问题的能力。

教学难点:知识的迁移和实验设计能力。

教学过程:

幻灯片1 创设情境观看《猫和老鼠》的动画片,激发学生学习的兴趣。

幻灯片2

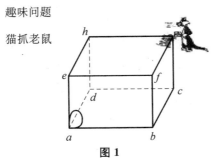

趣味问题

猫抓老鼠

图1

教师活动:刚才同学们看了猫和老鼠的故事,接下来我们就以猫和老鼠为话题展开讨论

---

① 房久凌,等.复习教学中进行研究性学习的尝试[J].物理教学,2003(08):6-8.参见陈元.汽车——高中学生研究性学习的好素材[J].物理教师,2004(9):15-17.

② 吴东林.高中物理拓展型课程教学案例分析[EB/OL].http://www.fyeedu.net/info/14999-1.htm

（强调立方体大木箱）。

学生活动：学生根据教师的介绍学生得到老鼠的路程是 $3a$，猫的最短路程是 $\sqrt{5}a$ 师生共同活动：$3a/v=\sqrt{5}a/V$。

教师活动：生活中的问题都可以用物理知识来解决，我们要善于观察和思考。

幻灯片 3

设计实验

若老鼠窝开洞穴沿直线前进，它的速度与到洞穴的距离成反比，当它行进到窝洞穴距离为 d_1 的甲处时，速度为 v_1 试求：
（1）老鼠行进到窝洞穴距离为 d_2 的乙处的速度多大？
$$d=k\times 1/v \quad v_1 d_1=v_2 d_2$$
（2）从甲处到乙处要用去多少时间？

图 2

教师活动：刚才我们所讨论的老鼠在作匀速率运动，那么实际老鼠的运动又是怎样的呢？教师适时提出问题，让学生回答。

学生活动：学生很容易回答问题(1)，但在回答问题(2)时遇到困难。

幻灯片 4

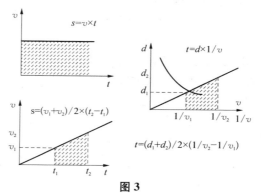

图 3

教师活动：教师适时指导，抓住题目中"距离和速度成反比"，指出利用图象来求解。

师生共同活动：利用图象让学生自己设计，并利用知识的迁移得出图象的物理意义。

幻灯片 5

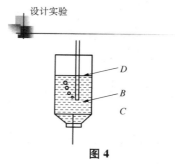
设计实验

图 4

学生活动：学生动手实验并观察，利用生活中的奇特现象——"可乐"瓶滴水现象，引发学生的思考。

教师活动：教师适时提出问题，让学生提出水滴匀速滴注的实验方案。

幻灯片6

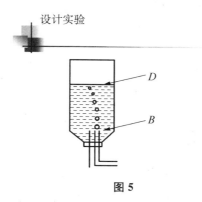

图5

学生活动：让学生进行创造性的设计，得出不同的实验方案。

教师活动：演示压强差和水流速度关系的实验。

幻灯片7

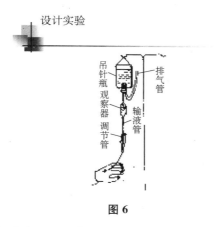

图6

教师活动：教师适时提出问题，让学生理论联系实际，提出"吊针"匀速滴注的原因。

……

通过专题作业的布置，让学生的学习延伸到课后，开拓学生的视野，让学生进行研究性的学习。

本课通过生活中的两个趣味问题，引申拓展到两个物理问题，用图象和实验加以分析解决，收到较好的效果。问题解决是中学物理教学改革的主要任务，本课充分利用学生已有的知识和方法，理论联系实际，取得较好的教学效果。本课媒体运用恰当，多媒体动画和实验的有机整合，不但把抽象的问题形象化，降低教学难度，而且提高了学生学习的积极性。在教学过程中充分体现学生主体性作用，通过各种手段创造和谐的讨论和研究气氛，引导学生观察体验物理现象,不断激发学生思考和交流的欲望,有效调动学生积极性,使学生在主动积极地参与活动中得到智力发展,体现了以学生为主体的教学理念。

对于学生的"学"来说,课堂教学的质量直接影响学生多方面的发展和成长;对于教师的"教"来说,课堂教学的质量也直接影响着教师对其职业的感受、态度、专业水平的发展及生命价值的体现。因此,构建对于参与者而言具有生命价值①的课堂教学,不仅是我们实现"研究性学习与基础型课程有机整合"的现实途径,也是我们实施"研究性学习与基础型课程整合"的理想追求。

研究性学习与基础型课程的整合,在不同程度上涉及传统教学观念、教学环境、教学目标、教学过程、教学模式、教学组织管理、教学评价等的方方面面,这势必会引起教学实践中来自于教师、学生、学生家长和社会各方面的阻碍。大量的调查和访谈表明,阻碍研究性学习与基础型课程整合的教师方面的主要因素涉及理念和技术两个问题,在学生方面则更多的是由于升学考试所带来的时间和空间资源上的紧张。

尽管研究性学习理念内化为实践者的教学行为还存在着明显的困难,研究性学习与基础型课程的整合也还存在着诸多的阻碍,但是作为一种有效学习方式,基础型课程中的研究性学习依然为学生提供了一个多渠道获取知识、并将所学知识加以综合应用的机会,也为进一步开展跨学科的综合性研究性学习活动奠定了坚实基础。为了实现研究性学习与基础型课程的有机整合,笔者提出如下的对策与建议:

① 研究性学习基础理论研究的重要性。研究性学习的理念必须转化并落实在操作性的实施中,"理念"只有真正融入教师的意识深处,才能成为教师日常教学的"习惯",因此,基础理论的研究是第一位的。例如,研究性学习特别注重学生对所学知识的实际运用、注重学习过程和学生的亲身体验,其目标定位与一般学科教学目标既有联系,也存在差异,研究性学习的目标定位问题,是一个首先需要回答的问题。

② 为了使"观念"与"操作"之间能有机联系起来,应重视中间环节的研究。在具体的操作上可以考虑以学科研究为中介,把研究性学习的理论同学科情境联系起来;以案例采编为中介,把研究性学习理念同具体实施联系起来。

③ 在研究性学习的实践研究层面,理论的指导与政策的引导具有重要的意义。研究性学习的理论研究、政策研究只有走向对自身的批评与反思,才能在实践中发挥更大的效用。笔者以为,与那种仅仅在综合实践活动课程中开设跨学科的综合性研究性学习课程比较起来,倡导"研究性学习与基础型课程整合"的学科教学,在一定程度上更具有特别重要的现实意义。

④ 研究性学习与基础型课程的有机整合,需要人们就有关教学体制方面的综合问题展开讨论。研究性学习与基础型课程的整合,涉及从"理念"到"操作"的全过程,它带给教学方面的转变,不仅影响到教师,还影响学校或学校的部分体制,甚至涉及教育理论者、管理人员和学生家长。因此,要实现研究性学习与基础型课程的有机整合,需要人们就有关教学体制方面的综合问题展开讨论,而这些问题涉及的范围如此广泛、又具有层次性,所以又往往需

① 叶澜.让课堂焕发出生命的活力:论中小学教学改革的深化[J].教育研究,1997(9).

要教育行政工作者、教育理论工作者、教育实践工作者的共同努力,而从高考选拔考试的改革入手将会发生积极的导向作用。

以评价指导研究性学习的开展,也有助于在实践层面更好开展研究性学习。以往,人们往往把教学评价作为评定教学、调控教学的工具,目的在于对已取得的教学成就进行评定,看其是否达到预定的教学目标。今天,人们已不满足于把教学评价作为评定教学或调控教学的工具,而把它直接作为指导的工具。随着研究性学习活动的进一步深入,教师的教学观念和教学行为必须相应地随着改变,教学内容也应当给予适当补充。高考和物理竞赛中出现一些物理实验的研究性问题,就是从教学效果的最终评价上促进人们重视研究性学习的开展,真正发挥评价的导向作用。

第七章　物理教学变革实践探索

　　长期以来,物理教学主要是教师讲解教科书,使学生掌握教科书的内容,因而逐渐形成了教学时教科书通过教师"咀嚼"喂给学生、考试时教科书经过教师加工变为考题去检查学生的稳定关系。社会转型和经济结构变革对人才素质提出了新的要求,因而对物理学科教学提出了新的挑战。在物理教学过程中,如何体现"学生是教学活动的主体"这一教育观念,如何切实关注和利用学生的"个体差异",如何实现学生学习方式的根本变革,如何培养学生的认知能力和学习能力,以及科学态度和科学精神,使学生的主体意识、能动性、独立性和创造性得到不断发展,并逐步养成正确的人生观和价值观,这是中学物理教学变革必须直面回答的问题。本章只是从这些问题中选择一些侧面,分别从物理教学如何凸显科学本质教育、如何培养学生的创新能力、如何在习题教学中渗透学科前沿内容、如何提升学生的元认知能力等方面的一些教学实践与思考。

一、超越知识传授的物理教学——以牛顿第一定律教学为例

　　我们生活在一个充满运动的世界中。自古以来,人们就对物体运动以及力与运动关系等问题充满着好奇。从人类认识的历程来看,牛顿第一定律的发现是人的创造性思维活动、实验活动和逻辑推理交互作用的过程,它不仅揭示了力与物体运动两者间的基本关系,也反映了科学探究在科学认识和科学发现中的重要作用。因此,我们既需要从超越知识授受的高度来看待牛顿第一定律的科学地位和教学地位,更需要在牛顿第一定律的具体教学过程中充分体现科学的教育价值。

(一) 重演与体验科学的发展历程

　　艾萨克·牛顿(Isaac Newton,1642—1727)在谈及自己对科学发展所做的工作时曾谦逊地说:"如果说我看得远,那是因为我站在巨人的肩上。"①那么,在当时的条件下,牛顿是如何站在巨人肩上的呢? 难道仅仅是由于他的"大家风范"和"王者气度"? 我们来看两位教师的教学片段的整合:

　　亚里士多德的观点,"凡运动着的事物必然都有推动者在推动着它运动"(亚里士多德《物理学》②),即"力是维持物体运动的原因"。

　　思考:(举例)黑板擦原来是静止的,现在要让它运动,我们应当怎么办? 如果停止用力,

---

　　① 申漳.简明科学技术史话[M].北京:中国青年出版社,1981:174.
　　② 这是引用授课教师的教学幻灯片上的内容,特此注明(下同).

黑板擦将会如何呢?

　　伽利略的观点:(意大利科学家伽利略对类似的实验进行了分析,通过推理得出了这样的结论)一个运动的物体假如有了某种速度以后,只要没有增加或减小速度的外部原因,便会始终保持这种速度(伽利略《两种新科学的对话》),即"一个运动的物体,在没有受到任何阻力作用的时候,它的速度不会减小,将以恒定不变的速度永远运动下去"。

　　具体实验如下:让小车从斜面上同一高度滑下,分别滑到铺有毛巾、木板、玻璃的平面上,观察小车前进的距离。

表 1

运动表面	毛巾	木板	玻璃	理想平面
光滑程度	不光滑	较光滑	很光滑	特别光滑
阻力大小	很大	小	很小	等于零
运动距离	近	远	很远	无穷远

　　从实验中看到,在小车从斜面上同一高度滑下时,平面越光滑,小车受到的阻力越小,它就前进得越远。

　　伽利略的理想实验介绍,实验演示。

　　法国科学家笛卡尔补充和完善了伽利略的论点,提出了:如果没有其他原因,运动的物体将继续以同一速度沿着一条直线运动,既不会停下来,也不会偏离原来方向。

　　在伽利略的观点中,"一个运动的物体假如受到力的作用"将会如何呢?"一个原来没有运动的物体假如受到力的作用"又将如何呢?"一个原来没有运动的物体假如不受力的作用"将会怎样呢?"和运动状态相对的是什么状态? 处于这一状态下的物体如果不受力的作用又会怎样?""一个物体"如此,是否"一切物体"也是这般? ……而在笛卡尔的观点中,"如果没有其他原因"的"原因"又意味着什么呢? ——对于这些问题的回答既需要观察和实验,更需要人们在实验和观察的基础上大胆而合理的假设和推想。①

　　牛顿的观点:一切物体总保持匀速直线运动状态或静止状态,直到有外力迫使它改变这种状态为止。这就是著名的牛顿第一定律。

　　在听课过程中看到,有几位老师就是采用这一方法引入新课教学的(这也是课本上采用的叙述方式),但是,能够从简单告诉走向共同经历和体验,并不是每一位教师能够真正做到的。一些老师依然只是处于"简单告诉"的层次(尽管用上了电脑多媒体的现代教育技术来"告诉"学生),其效果当然只能是"要求学生记忆",因而不能真正地触动学生,课堂教学的"思维含金量不高、情感融会度不够"。相反,从简单告诉走向共同经历和体验,不仅是联系科学发展历程教学的理想方式(有效果),还能回答"牛顿是如何站在巨人肩上的"的问题——牛顿本人是怎么"建构"出自己的运动定律的思想历程,从而有助于拉近我们常人与伟人的距离,正确看待所谓的"大家风范"和"王者气度"。当然,从简单告诉走向共同经历和

---

　　① 漆安慎、杜婵英.力学基础[M].北京:高等教育出版社,1982:68.

体验,它应当以简约和浓缩的形式(有效率)。

科学家对他们所从事的工作以及他们如何看待自己的工作都有一些基本的信念和态度,他们普遍坚信世界的可知性,并因此表现出对世界充满好奇、疑问和探寻。① 科学教学又何曾不是如此。"和运动状态相对的是什么状态? 处于这一状态下的物体如果不受力的作用又会怎样? ……"这是一位教师在授课中为了过渡到牛顿第一定律教学逐步引导学生思考的两个小问题,也是设问非常精彩的一个教学小片段,它引导学生对这一问题逐渐深入地进行思考。笔者思考的是,授课教师是如何想到问学生这样两个"简单的问题"的? 当时的牛顿又是如何想到和解决这样一些问题的呢?

(二)关注科学知识的价值和意义

英国科学家牛顿在总结了伽利略等人的研究成果的基础上指出:一切物体在没有受到外力作用的时候,总保持匀速直线运动状态或静止状态,直到有外力作用改变物体的运动状态为止。这就是著名的牛顿第一定律。那么,我们该怎样去理解牛顿第一定律的完整思想,又该怎样引导学生全面理解牛顿第一定律以完成教学规定的任务?

我们先来看一位老师在教学生如何去理解牛顿第一定律的教学片段:

一切、一切、一切(故意重复、加重语调)物体在没有受到外力作用的时候,总保持、总保持、总保持(故意重复、加重语调)匀速直线运动状态或静止状态,直到、直到、直到(故意重复、加重语调)有外力作用改变物体的运动状态为止。

这就是说,牛顿第一定律有三层意义:

① 指出了一切物体都有惯性;

② 物体维持自己的运动状态并不需要力(不受力时物体怎样);

③ 外力是使物体运动状态改变的原因(受力时物体又怎样)。

在促进学生的理解上,这样的教学无疑是十分成功的,因为在师生的"共同阅读"与"仔细咀嚼"中,绝大部分学生实现了牛顿第一定律的"意义生成"。但是,这样对牛顿第一定律的理解合乎"科学本身的逻辑"吗?

由于有高考这一选拔性考试的存在,我们的教师和一些教学参考书非常"擅长"于对知识的理解,把任何知识都能"条分缕析"为1、2、3、4等支离破碎的要点,缺失了对知识意义性的全面领悟。事实上,牛顿第一定律包涵了两层含义:一方面,牛顿第一定律"定性"地描述了物体的运动和物体受力之间的关系,即"物体维持自己的运动状态并不需要力,外力是使物体运动状态改变的原因";另一方面,牛顿第一定律也揭示了任何物体都具有惯性的性质,即"不受力的物体有保持匀速直线运动状态或静止状态的惯性,而受力的物体虽不再能保持匀速直线运动状态或静止状态,但物体仍然具有不想改变原来状态的惯性"。与这种理解相比较,有好几位教师对牛顿第一定律的"三点理解"的教学并没有科学性错误,而且这种做法对学生的"应试"非常有帮助,难怪是一种较为普遍的现象。但是细想起来,这样做的结果是

① 刘克文,曾宝俊.什么是"科学本质"[J].探秘(科学课),2011(7).

容易将"牛顿第一定律的价值与意义"层面遮蔽了。而事实上,在诸多参赛老师的教学中,约有四分之三的教师都没有提及"牛顿第一定律的价值与意义",无论是在"直接"或"间接"的水平上,实质上,牛顿第一定律却正确揭示了力的概念;惯性的概念;力和运动的关系——力不是维持物体速度的原因,而是改变物体速度的原因;定义了惯性参照系——牛顿第一定律成立的参照系是惯性参照系。这就使人们的认识走上了正确的道路,为力学的发展奠定了坚实的基础[①],这不能不引起我们的思考:我们仅仅是为了培养一批"考生",还是为了培养一堆"工匠",抑或是为了培养一些"大家"?

"牛顿第一定律所描述的是一种理想化的状态,即物体不受外力作用的状态。但是,任何物体都和周围的物体有相互作用,不受外力作用的物体是不存在的。当物体受到几个力的作用,如果合力为零,即几个力互相平衡,这时物体的运动状态并不发生改变,即物体保持静止或匀速直线运动状态,这是牛顿第一定律的推广形式。这就是说,物体所受的合外力为零和物体不受力在保持物体运动状态上是等效的。"[②]笼统地说,物体所受的合外力为零和物体不受力并不是完全等效的,许多老师在赛课中就没有仔细地加以区分。

事实上,从牛顿第一定律的"理想形式"到牛顿第一定律的"推广形式",我们研究的内容在不知不觉中拓展了。物体受到相互平衡力的作用,其结果是物体"保持匀速直线运动状态和静止状态",即保持"平衡";而要物体保持"平衡",物体必须受到平衡力的作用。在这里,牛顿第一定律与后来要学习的"物体的平衡条件"便融会贯通了,知识便显示为一个整体。牛顿第一定律与牛顿第二定律也有着非常重要的关系:牛顿第一定律并不是牛顿第二定律的简单特例,相反,它为牛顿第二定律的建立提供了赖以成立的"惯性参考系"。后来了解到,由于赛课所在学校的教学调整,这些学生实际上已经学习完了"物体的平衡条件"知识,然而,真正能够注意到他们之间相互联系的教师和教学并不很多。

知识具有整体性,也具有结构性。知识的这种整体性和结构性在复习阶段能更容易地,也能更好地体现出来,这话不假。但是,在新课授受的阶段,如果利用知识的这种整体性和结构性作为"先行组织者"来帮助学生把握所学内容在"整体中的地位",从而进一步建构所学内容的"意义",是否会产生更好的效果呢?

(三)合理设计练习促进学生能力生成

能力表现在所从事的各种活动中,并在活动中得到发展,能力生成的过程蕴含着知识的建构。根据冯忠良教授的研究成果,知识与技能是能力结构的基本构成要素,能力作为活动的稳定调节机制是在获得知识、技能的基础上,通过广泛迁移和不断概括化、系统化而实现的。知识是人脑对客观事物的主观表征,知识因素主要在活动的定向环节中起活动的定向工具的作用;技能是人们通过练习而获得的动作方式和动作系统,是一种合乎客观法则要求本身的活动方式的动作执行经验。技能因素主要在活动的执行环节中起控制

---

① ［美］R・瑞尼克斯,D・哈里德. 物理学(第一卷,第一册)［M］.郑永令,等译. 北京:科学出版社,1979:101 – 104.
② 源于一位老师在课堂教学中所使用的幻灯片中的语言。

活动程序执行的作用,使其按合乎法则的要求来执行活动方式。技能可分为操作技能和心智技能。操作技能是控制操作活动动作的执行经验。操作活动的动作是由外现的机体运动来实现的,其动作对象是物质性的客体,即物体。心智技能是一种调节、控制心智活动的经验,是通过学习而形成的合乎规则的心智活动方式。心智活动的动作通常借助于内潜的、头脑内部的内部语言来实现,其动作对象为事物的表征,即观念。① 这就是说,关注练习的作用,将有助于帮助学生实现从知识的意义建构到学生能力生成。由于这一节内容的特殊性,教师的练习设计对于能否取得良好的教学效果将发挥着重要的影响。

学生对力与运动关系的前概念不是一下就能解决的,也许他们能够流利地背出牛顿第一定律,但在实际解决问题中还是会暴露出自己的前科学概念。为此,教师最好联系实际问题来阐述牛顿第一定律中学生易混淆的内容。例如可以用图7-1来阐述对不受力的物体"总保持匀速直线运动状态"的理解。

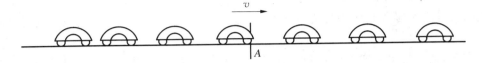

图 7 - 1 汽车运动的闪光照片

事实上,在各学科教学中,存在着一种比较普遍的现象:学生懂而不会。为了探询学生"懂而不会"现象的背后原因,我们需要对学生的学习过程进行深入地分析。很多教育学者认为,学习过程中的各个阶段是设计和实施有效教学的基础。许多教育学者都认为学生的初始水平是教学设计的关键。史密斯认为学习过程有五个阶段,该理论得到了教育界广泛的认可和接受。这五个阶段是:初级和高级获得阶段、熟练阶段、保持阶段、迁移阶段和调整阶段。在获得阶段的开始时刻,学生对学习的内容可能一无所知(也可能略有所知,或略有错知——前概念),教学目标的重点是帮助学生提高正确率,为此,教师必须做示范、手把手地教、反馈、标准化评估和奖励等,同时注意课程内容的编排,以保证学生理解知识之间的关联性,准确无误地获得新知识和技能(正确率应达到$90\%\sim100\%$)。在熟练阶段,教师应着重培养学生学习的自觉性,提高学生的学习效率。因此,教师应当帮助学生确定学习目标、明确教师期待、强化变式训练、监控学习进程。在熟练阶段这一较高水平的学习阶段之后,学生进入了保持阶段的学习,本阶段的教学目标是保持和巩固学生的积极学习状态和高学业表现。一般地说,处于这一阶段的学生无需教师的指导和强化训练就能熟练掌握知识和技能,但是对于学习困难的学生,教师还需要应用内在强化、间歇强化、过量学习等教学策略。很多研究表明,积极的教学效果只是短期的,出现这一现象的原因虽然很多,但缺乏对保持阶段的关注是其中很重要的一个原因。在迁移阶段,学生应该在不同的时间和条件下

① 李文光,何克抗. 以知识建构与能力生成为导向的教学设计理论中认知目标分类框架的研究[J]. 电化教育研究,2004(7).

完成指定的学习任务,处于这一阶段的学生能够举一反三、触类旁通。[①] 而在调整阶段,学生已经不需要教师的直接教学或指导,能够独自地在全新的领域里应用已学技能。处于这一阶段的学生能够举一反三、触类旁通,具备了一定的创新能力。[②]

(四)为学生质疑和批判性思考创造条件

质疑是什么? 质疑是经过较充分的分析后提出的疑问。善于发现问题,提出质疑,进行释疑是思维的批判性高的重要表现。质疑不仅是思维的开始,正确的质疑往往还是成功的开始。纵观物理学发展历史,每一个阶段的进展几乎都是从质疑开始的。例如古希腊的亚里士多德认为力是维持物体运动的原因,这一思想统治了人们长达两千年之久,伽利略对此提出质疑,后经牛顿进一步研究,总结出了牛顿运动定律,从而奠定了经典力学的基础。又如,当爱因斯坦看到洛仑兹等人依据牛顿的时空观研究电动力学遇到了极大的困难后,对牛顿的时空观大胆质疑并提出了相对论时空观,从而建立了狭义相对论。质疑能力是如此重要,难怪爱因斯坦指出:"提出一个问题,往往比解决一个问题更重要。因为解决一个问题也许仅仅是一个数学或实验上的技能而已,而提出新的问题,却需要创造性的想象力,而且标志着科学的真正进步。"在优质课的听课过程中,我们也深感在"质疑、批判、想象和创造"这方面的教学薄弱与紧迫。

牛顿第一定律是正确的吗? 这样的问题,没有学生提出。他们不会提出这样的问题,他们也不敢提出这样的问题。学生如此,那么教师对这一问题的态度又是怎样的呢? 在 12 位教师的实际教学过程中,也只有一位老师对牛顿第一定律的正确性给予了说明和交代:"牛顿第一定律不像其他定律是由实验的直接归纳得出的。它是牛顿总结前人的研究成果,以可靠的事实为依据、以伽利略的理想实验为基础、加之丰富的想象而提出来的,这个理想的实验虽然实际中永远无法做到,但它确实具有可靠的事实作为基础。牛顿第一定律的正确性我们没有办法加以直接地证明,但是由它推导出的一些结论却无数次得到了确认。"[③] 再比如,惯性是力吗? 有的学生认为,推出去的铅球之所以向前运动,是由于受到了一个向前的推力的作用,这种认识是正确的吗? 有时候,将牛顿第一定律称为惯性定律。但是,将牛顿第一定律称为惯性定律有什么不好呢? 惯性与牛顿第一定律的区别是明显的:惯性描述的是物体保持匀速直线运动或静止状态的性质;牛顿第一定律反映的是物体在不受外力作用时,将会保持匀速直线运动状态或静止状态。正因为物体有惯性,才能使物体在不受外力作用时,会保持原来的运动状态不变;当物体受到外力作用时,物体仍然具有惯性,但它却不能再保持匀速直线运动状态或静止状态。但是,把"牛顿第一定律"叫作"惯性定律"有什么不好倒是不太明显的。

一般来说,物体在地球表面沿水平面的匀速运动应该是匀速圆周运动,这话是正确的。

---

① 〔美〕Cecil D. Mercer, Ann R. Mercer. 学习问题学生的教学[M]. 胡晓毅,谭明华,译. 北京:中国轻工业出版社,2005:161 - 163.

② 〔美〕Cecil D. Mercer, Ann R. Mercer. 学习问题学生的教学[M]. 胡晓毅,谭明华,译. 北京:中国轻工业出版社,2005:103 - 105.

③ 源于一位老师在课堂教学中所使用的幻灯片中的语言,能够如此,确实是难能可贵的.

然而,伽利略的"水平面"的含义应为与垂直下落运动相垂直的平面。他依据欧几里得几何提出类似的说法,"让我们设想一个高度抽象的水平线或平面 ab,一个物体以匀速沿 ab 线或面从 a 到 b 运动"。伽利略还进一步指出:这个假设是允许的,因为实际上我们的仪器和涉及的距离与离地球中心的巨大距离相比是这样小,以致我们可以把一个大圆周上的小弧看作一个直线,并且可以把从其两个顶部落下的垂直线看作平行的……笔者可以补充说,在他们的所有讨论的问题中,阿基米德等人把这些点看作处在离地球中心的无限远的位置上,在这种情况下,他们的假设并未错,因之他们的结论是绝对正确的。应该说,这样的做法是有道理的。

如何提高学生的质疑能力,这是一个需要人们给予特别关注的研究内容。为此,我们除了把"教会学生质疑"作为一项重要的教学目标外,更需要在平时的教学过程中逐渐地教给学生"联系实际引发质疑、变换条件进行质疑、逆向思考提出质疑、类比联想进行质疑、追因求果进行质疑、逻辑推理产生质疑"等质疑方法[1],并且为学生的"质疑"做出良好的示范。

质疑、批判、想象和创造,这是科学发现的逻辑。关于质疑的典型例子如:我们的大脑真的是仅仅利用了 10%吗?[2] 以及对水煮青蛙故事的质疑等。"把一只青蛙放进沸水中,它会立刻跳出。而把青蛙放进冷水中慢慢加温时,青蛙会习惯这种环境微变直到被煮熟。"果真如此吗? 有人真正地做了水煮青蛙的实验研究,而且每小时水温升高不超过 10℃,在水温比较低时,青蛙确实很慵懒;但水温超过 30℃时,青蛙"醒了";而当水温超过 40℃时,青蛙在反复"助游"之后终于起跳。[3] 为了发现,让我们从质疑开始,问问题,去批判,去想象,去创造,一步一步地走下去。这也许没有"近效",但一定会有"长效"的。

(五)培养学生的人文精神

在对科学本质的理解中,仅仅把科学理解为人类的一种探究和思维是不够的,科学还是一种态度和精神。[4] 这种精神不仅包括怀疑、求实、进取、创新、严谨、公正、合作和奉献,还含有对人的价值和尊严的尊重。许多有远见卓识的人们形象地表示,在新世纪的发展中,科学技术是桨,人文精神是舵。科学不能成为教育的唯一依据和唯一目的,科学知识、科学方法和科学精神本身就需要人文精神的制约和引领。如果说科学精神旨在追求纯科学的客观性、严密性和精确性,有求真、求实,敢于对世界的利用和改造,由此增加人类的幸福和力量的一面,那么人文精神则主要指执着地追求理想世界和理想人格,高扬人的价值,追求人自身的完善,谋求个性解放,并坚持理性,反对迷信和盲从。如果在人生的范畴内,摒弃了人性而追求纯粹的科学规律,势必造成人性的扭曲和社会的畸形。所以,教学目标既要引导学生追求科学精神,又要让人文精神渗透于科学精神,坚定地捍卫人的感情、欲望和生命的尊严,

---

① 张本善. 中学生质疑能力的培养[EB/OL]. http://www.pep.com.cn/82/200406/ca434788.html.
② 钟启泉,高文,赵中建. 多维视角下的教育理论与思潮[M]. 北京:教育科学出版社,2004:171-178.
③ 苏扬. 我用温水煮青蛙[N]. 报刊文摘,2006-09-11,转引自:群言[J]. 2006(6).
④ 陈琴,庞丽娟. 论科学本质与科学教育[J]. 北京大学教育评论,2005(2).

并向科学提出挑战,反对理性扩张和科学对人的压抑。[1] 但是,在传统观念里,似乎理科教学和人文精神是毫不相关的,人文学科和科学学科隶属于两类完全不同性质的学科范畴,人文知识和科学知识分别属于两类不同的学科,这两类学科各自具有特定的价值,而人文精神和科学精神只有在这两类学科中各自得到培养和激发。因此,以往在制订教学目标时,人们仅仅关注理科教学的科学知识、科学方法和科学精神的目标达成,没有把培养学生的人文精神列入教学目标之中,这种状况应该得到改变。

新课引入:力是如何控制物体运动的? 圆满解决"力与运动的关系"的问题构成了工业社会的基础。(科学是为人的)

新课引入:牛顿是如何站在巨人肩上的? 从亚里士多德、到伽利略、再到笛卡尔、牛顿,其思想是如何发展的?(历史是延续性的)

新课教学:关于物体的惯性这一概念的理解。"当物体不受力时,物体保持原来的匀速直线运动状态或静止状态;而当物体所受合力不为零时,物体则力争保持(这个'力争'词语确实恰如其分)原来的匀速直线运动状态或静止状态,但是,物体最终的运动状态还要决定于物体所受到的合力与物体的质量(这一对矛盾的对立和统一),因为物体的质量是物体惯性大小(状态是否容易改变)的量度。"人是否也有"惯性"(惰性)呢? 在这样一个迅速变化的社会,人又该如何看待或者说是克服自己的"惯性"(抵抗状态变化的惰性)呢? 如何在保持习惯与适应新环境之间获得一种平衡呢?(鼓励学生主动学习和行动自觉)

补充练习:如果地球突然停止转动,那么将会出现什么情况?(人的想象力的激发)

补充练习:如果高速公路上行进的汽车被后面的车追尾,两辆车上的乘客受伤的部位相同吗?(真实世界,亦即生活世界具有绝对的优先性和根本性)

补充练习:你知道"惯性导航"是怎么回事吗?"惯性导航"对于人类社会的价值是什么?(对于科学发展的正确认识)

……

任何学科的教学目标,最基本之点是由该学科本身的构成和属性所决定的。虽然从表面上看,理科教学和科学精神紧密相关而与人文精神形同陌路,但是,通过对理科教学的许多内容和方法深入分析,不难发现,近现代的人文精神并不是孤立地在人文范畴内成长的。无数事实表明,人性是随着科学发现而一步一步提升的。科学,作为一种认识真理的探究活动,是培养民族新观念、新精神的催化剂。新的科学知识一旦进入人们的认识结构,必然会同原有的认识结构发生作用,从而丰富、深化或改变人们的思想观念、文化传统。科学的发展,并不局限于研究对象本身所发生的进步和变化,它总是要提出新的概念,开拓新的传统,使原有的思想观念、价值观念以至整个文化传统发生巨大的变化,使人类能重新定位自己,进而拥有一个逐渐进步、更为深刻的人文观念,为人的生命寻找更有意义的人文价值。

---

[1] 施静翰. 培养人文精神:综合理科不可或缺的教学目标[J]. 全球教育展望,2001(9).

当然，人文精神的教学目标的正确定位，要求人文精神和科学精神互相依存。没有科学精神方面的目标，学生的理科学习将失去最基本的意义，而人文精神也失去了存在和发展的基础；没有人文精神方面的目标，学生日益增长的精神需求得不到满足，也不能很好地把握科学精神，将来不能很好地造福于人类。而两者的对立和缺乏，都将导致难以预料的灾难。人文精神的教学目标的正确定位，还要求这两者之间互相渗透和互相促进。从当前社会和中小学生的学习现状分析来看，通过理科教学培养学生的人文精神，不仅是必要的，而且也是有效的。

"历史的顺序所直接表明的是：自然造就了人，人造就了社会。社会因人而生，而存在，社会和人一起在自然中。这种历史的顺序还说明了什么呢？年轻的社会是不是应对先生于它的人有更多的尊重呢？"[①]"描述和刻画自然的科学是价值中立的。而科学课程就已经不应当具有如此的中立性，不应仅有事实判断，价值判断将或明或暗地以不同形式进入科学课程。此时，发生的便是人文作用，实则人文引领作用的显示。"[②]牛顿在临终以前，对自己的生活道路是这样总结的："我不知道，在世人眼里我是什么样的人；但是在我自己看来，我不过像是在海边玩耍的孩子，为不时捡到一块比较光滑的卵石、一只比较漂亮的贝壳而喜悦，而真理的大海在我面前，一点也没有被发现。"[③]这是牛顿本人的谦逊，也是牛顿之所以能够站在巨人肩上的原因所在。从这里，我们也再一次地体验到，在"真理的大海"中，牛顿依然在关注自己是什么样的人。牛顿是这样，爱因斯坦又何曾不是如此。我们可以从爱因斯坦为什么会成为家喻户晓的人物——作为一位有社会责任感和科学良心的世界公民，作为一位具有独立的人格，仁爱的人性，高洁的人品的人的爱因斯坦，也许比作为科学家和思想家的爱因斯坦还要伟大，还要有意义。[④] 因此，我们的科学教学在关注学生的当下生活、利用学生已有的生活经验、帮助学生体验人生的尊严和意义等方面，还需要做进一步的努力。

二、培养学生创新能力的物理教学

培养学生的创新精神和实践能力，全面实施个性化素质教育，是当前基础教育改革的根本任务之一。中小学教育教学改革虽然取得了长足进展，但是，重书本知识传授轻实践能力培养，重学习结果轻学习过程，重间接知识的学习轻直接经验的获得，重教师的讲授轻学生的探索，重视考试成绩忽视整体素质提高等弊端依然未得到根本解决，物理教学也在不同程度上存在这些问题。为了改变这一现状，明确创新能力生长的内在机制，教育学生学会自己发现问题，培养学生的批判性思维能力，构成了物理教师新的时代挑战。

（一）创新能力生长的内在机制

在新世纪发展中，知识经济将起着愈来愈重要的作用。但是，支撑知识经济的"知识"绝

---

① 张楚廷. 课程与教学哲学[M]. 北京：人民教育出版社，2003：382.
② 张楚廷. 课程与教学哲学[M]. 北京：人民教育出版社，2003：385.
③ 申漳. 简明科学技术史话[M]. 北京：中国青年出版社，1981：174.
④ 李醒民. 爱因斯坦为什么会成为家喻户晓的人物？[J]. 民主与科学，2004(4).

非是书本上人人都可以读到的知识,它以知识创新为特征,以知识创新为动力。因此,全面把握创造的本质特征及创造学的基本原理、认真分析创新能力的静态结构和创新活动的动态流程、深刻揭示创新能力的内在生长机制和外在发展模式并结合物理实验的创新设计教学进行探索尝试,对创新教育的理论研究和实践操作都将具有积极的意义。

1. 创造——本质特征及其基本原理

创造,即创造主体通过综合各方面的信息及自己的思维和实践活动,产生具有社会价值的、前所未有的新成果的活动和过程,亦指创造主体产生某种新颖、独特、有社会或个人价值的精神或物质产品的行为[①]。

创造是人与人类最重要、最根本、也是最有价值和最有意义的实践活动。区别于对前人及他人劳动成果"量"的扩大和活动过程的模仿和再现,创造是在继承和借鉴的基础上产生了"质"的突破,它使劳动成果和活动过程达到了一个新的水平。创造必须要解决前人及他人所没有解决过的问题,其成果必须含有过去及别人所没有的新的因素和成分,唯有"新颖"才具有优势,唯有"独特"才具有无限生命力。因此,相对于社会个人价值的创造条件特征,新颖性、独特性,亦即首创性构成了创造最为重要、最为本质的特征。从这一层意义来说,创造即创新,创造能力亦即创新能力。

人们根据创造的新颖独特性和社会个人价值的不同情况,把创造划分为三个层次:高级创造、中级创造和初级创造。初级创造仅对小范围群体而言具有相对的新颖独特性和个体或小范围的群体价值,不涉及社会价值的创造。中学生一般具有的创造多属这一层次,其范围也多指小组、班级和学校。初级创造虽是低层次的创造,对人类社会的发展没有多大价值,但对个体、尤其是成长发展中的中学生来说,却有着极为重要的意义。对中学生创造能力的培养,正需要从这一层次上着手,并向高层次引导。

人人都具有创新的潜能,但每个人所表现出来的现实创新能力则取决于对潜在能力的开发程度。国内外从脑生理学到教育改革成效方面的大量实践证明:人的创新能力可以通过一定的方法激发出来,全面、系统地实施创新教育有利于开发和提高人的创新能力。

创新能力普遍存在,创新能力可以培养(开发),创造学的这一基本原理[②]昭示我们:宇宙间最丰富的资源就在我们的"帽子之下",发展学生的创新能力构成了每一位教育工作者义不容辞的责任。

2. 创新能力的静态结构分析——注重知识和智力、更注重创新性人格

创造是人类智慧的高度表现,创造力的本质意义即为创新能力。研究表明,决定创新能力(创造力)的基本因素有个性品质因素、知识因素和智力因素,但又不等于这三个要素的简单相加,它是一个以一定要素为核心的、多维的、多层次的动态综合体系,其静态结构可以概

---

①　卢家楣. 学习心理与教学[M]. 上海:上海教育出版社,2000:119.

②　王慧中. 实用创造力开发教程[M]. 上海:同济大学出版社,1998:4-28.

括为[1]：

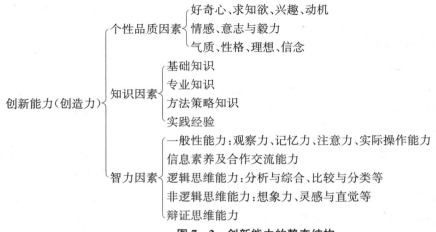

图7-2　创新能力的静态结构

在这一静态结构中，个性品质（有无创新意识、创新精神和创新性人格）表现为创新的动力因素和导向因素，对创新活动起着激励和保证作用；知识经验是创新的基础，它制约着创新活动的性质和水平；而智力因素则是创新的核心，直觉思维、灵感思维、创造想象等非逻辑思维方式和发散思维具有重要的作用，同时必须辅以强有力的逻辑思维和聚敛思维的支持。三要素之间及与创新能力之间相互联系、相互依存、相互促进。分析创新能力静态结构可以看出：培养学生创新能力必须注重学生认知结构的优化和学生智力技能的训练，注重学生认知结构、智力技能和个性心理品质三要素的有机结合，而且要尤为注重发展学生的创新性人格。

3. 创新活动的动态流程研究——关注问题意识和质疑能力

创新过程实质上是问题解决的过程，它是一种超乎寻常、新颖独特的问题解决活动。近百年来，许多专家学者对创新活动过程和创新思维进行了深入的研究，其中英国心理学家华拉斯（G. Wallas）在上20世纪20年代提出的著名四阶段理论具有代表性[2]。

图7-3　创新活动的动态流程

华拉斯认为，无论是科学还是艺术，创新活动及创新过程大体上都经历以下四个阶段：① 准备期——准备和提出问题阶段，并进一步明确自己提出问题的意义，其目的是收集必要事实和资料、积累知识和经验、为创新做准备。② 酝酿期——对问题和资料的思考、探索与多方假设阶段。③ 豁朗期——顿悟和突破阶段，是指新思想、新观念、新形象产生的时期。④ 验证期——评价、完善和充分验证阶段，是指创新主体对新思想或新观念或从逻辑

① 刘炳升.科技活动创造教育原理与设计[M].南京:南京师范大学出版社,1999:174.
② 叶奕乾,何存道,梁宁建.普通心理学[M].上海:华东师范大学出版社,1997:306-308.

的角度在理论上求其周密、正确,或是付诸行动让实践来检验其结果的正确性,实施进行验证补充和修正,使其趋于完善。

在创新活动过程四阶段中,第一阶段的提出问题、收集和整理资料与第四阶段的评价论证主要借助于逻辑思维或抽象思维的帮助,第二阶段的沉思与假设和第三阶段的灵感与直觉主要靠非逻辑思维或形象思维的作用来完成。研究创新活动的动态流程可以看出:学生各种思维能力的和谐发展对创新有着重要影响,而提高学生的问题意识和质疑能力则更为迫切。

4. 活动是创新能力生长的土壤

创新教育旨在运用科学方法开发和发展学生的创新能力,而这种外部的促进作用只有建立在学生创新能力生长的内在机制上才会更为有效。现代心理学认为:学生的创新才能更容易表现在他们的兴趣和好奇心所关联的内容上;每个能从事正常学习的学生都具有创新能力的生长点。在学习动机中,最现实、最活跃的部分是认识兴趣,或叫求知欲,这是学生、人类乃至动物创新的生理基础。

好奇,又称好奇动机,它是个体对新奇事物的注意、探索和操弄等行为的内在动力[1]。引起好奇动机的刺激要具备新奇性和复杂性。刺激愈新奇或愈复杂时,个体对它愈好奇。教学实践表明,适当的发现问题更容易引起学生的好奇和兴趣,更容易激发学生的认知内驱力,从而更容易使学生形成对问题探索活动的主动参与态度和积极的情绪反应。而一旦学生对某事物或某问题产生浓厚的兴趣和强烈的好奇心,他们就会持之以恒、全神贯注地去钻研。通过锲而不舍地探究和努力,他们终将能够合理地解决所探究的问题,并在问题解决的过程中获取解决这一领域或者这一方面问题的专门才能,形成一定的特长或专长。与此同时,由于他们取得的具有一定水平或一定价值的创新成果、他们将会赢得老师、同学及家长的欣赏和赞许,学生的成就动机得到了加强,个人的抱负水平也得到了提高。在这一过程中,学生不仅能在创新活动中体验到与创新成果相联系的愉快经验,而且他们的创新性人格也得到了丰富和发展。

人们对创新活动过程和创造性人才特征的大量研究结果表明:创新过程始于合适问题的发现,并通过问题的合理解决或产生新问题的创新活动得以"生长"、在好奇动机向成就动机的转化过程中得到进一步发展,而维持成功感或产生对成功的期待,包括强化"第一体验"以及在第一体验基础上形成连续的成功体验[2]则有助于发展学生的创造性人格。综合人们对创新活动过程和创造性人才特征的研究结果,我们可以得到创新能力的下述因果关系生长链,亦即创新能力的"内在生长机制":

① 叶奕乾,何存道,梁宁建. 普通心理学[M]. 上海:华东师范大学出版社,1997:459-460.
② 熊川武. 论理解性教学[J]. 课程、教材、教法,2002(2).

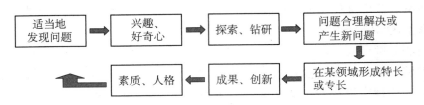

图 7-4　创新能力的内在"生长机制"

5. 创新能力的外在发展模式——促进动机转化、丰富成功体验、塑造创新个性

创新能力的生长过程是一个诸多主客观因素、外部环境和内部环境、教育者与受教育者相互能动作用的过程。在这一过程中,认知内驱力、自我提高内驱力和附属内驱力等内外动机的共同作用是推动学生发展和创新的根本力量,而实现学生好奇动机向成就动机转化、提高学生抱负水平和丰富学生成功体验则至为关键和重要。正是在后一层面上,教育有责任、也有可能在创新能力的"生长"过程中大有可为——为其创造条件并施加积极影响。基于创新能力"内在生长机制"的深刻分析和大量教育教学的实践探索,我们可以把促进创新能力生长的外在发展模式概括为图 7-5:

图 7-5　创新能力的外在发展模式

为使教育的责任及其可能性转变为学生创新能力的现实发展,教师还需要付出辛勤的劳动,而优化教学环境、着力构建和谐民主的课堂教学气氛是教师的首要任务。罗杰斯认为:"心理的安全"和"心理的自由"是创造的两个条件[①]。有高度创造性的人常常偏离文化常模,他们喜爱"标新立异",这就需要教师态度民主、支持学生发表不同意见、鼓励学生以不同寻常的方式理解事物、不赞成不经思考的依赖和顺从。因此,在学科教学中构建和谐、民主的课堂教学气氛,有利于学生心情舒畅、思维敏捷;有利于师生的平等相处和信息的有效交流;有利于各种创新相关因素都被激活在最佳的活动状态,从而形成有利于创造性人才成长的"气候"和"土壤"。

第二,教师要善于鼓励学生质疑巧问,着力培养学生发现问题并提出问题的问题意识和积极主动参与创新活动的主体意识。在学科教学中,教师要对教材的重点和难点知识设计恰当的——难度适当、富有探索性——问题,要突出学生的认知矛盾,想方设法激发学生思考,为学生质疑做出示范。教师要留给学生发表自己观点的机会,不急于肯定或否定,要努力引导学生在看似平淡处发现新意,在与他人的讨论中发现自己的价值。

第三,教师要拓展学科教学内容,注重教学内容的实践性和时代性。在教学过程中,教师要结合现代科技的最新前沿、所教学科的发展历史和自身特色等精心选择或组织教学内容,开发或设计有利于培养学生创新能力的切入点,激发学生的创新欲望,并实施有针对性

① 刘电芝.学习策略研究[M].北京:人民教育出版社,1999:143.

的创新训练。

第四,教师要丰富和发展原有的教学评价方式,使评价主体多元化、评价手段多样化。教师要注重从思维方法、思维过程、思维成果、学生体验等多个标准和评价标准个别化方面对创新及创新成果加以判断,既评判,又鼓励,让学生看到自己的创新成就,分析自己创新的得失,从而提高学生的创新能力,丰富学生的创新个性,进而激发学生新的创新欲望……

6. 开展物理实验创新设计教学,促进学生创新能力现实生长

联合国教科文组织国际教育发展委员会在《学会生存》报告中曾经指出:"教育可以培养创造性,也可以扼杀创造性。"因此,教育究竟能做些什么,是培养还是扼杀学生的创造性,教师的行为至为重要和直接,而指导或影响教师行为的教育观念的转变已成为培养学生创新能力的必然要求。

教育观念的转变首先是人才观的转变。在20世纪初及以前,人们推崇的是百科全书式的"知识型"人才;在20世纪中叶,由于科学技术的激烈竞争,人们欣赏的是"能力型"人才;而自20世纪下半叶以来,世界各国更关注教育功能的前瞻性,关注学生在未来社会中的作用和价值,着意于为未来培养人才,这便导致了人们对具有创新精神和创新能力的"素质型"人才的偏爱。其次,教师必须具备正确的学生观。从"知识型""能力型"到"素质型",人才观的转变意味着教育必须确保学生学习的主体地位、让学生成为学习活动的主角;教育必须关注全体学生、关注学生的全面发展和关注每一位学生的个性发展,在学生个性张扬的基础上(目标下),关注学生创新精神和创新能力的发展。人才观的转变要求发展新的教学观。促进每一个学生进行有效的学习、使之按自己的性向得到尽可能充分的发展,这就要求教育目标、教学内容、教学过程、教学模式和教育教学评价必须做相应的变化。

当然,教育观念的转变必须转化为教师的现实行为方能对发展学生创新能力产生实实在在的影响,而学生的创新能力也只有在实实在在的创新活动中才能得以真正的"生长"。正是在这一层面上,积极开展物理实验创新设计教学具有十分重要的意义,也引起了更多人的关注。与此同时,物理实验创新设计也将实验考试推向了更新的高度,这在近几年的全国高考上海物理卷上表现得十分突出。

总体上,物理实验创新设计教学应注重实验思想和方法的迁移拓展、调动学生的发散思维、开阔实验设计的思路,其主要内容具体表现在以下几个方面:实验情境的创新与拓展——例如用打点计时器和纸带测量转动物体的角速度;实验原理的创新与理解——例如用光电脉冲方法测量车速和行程;实验仪器的创新设计与使用——例如用"力电转换器"测物体的质量和设计表针顺向偏转的欧姆表电路;实验过程的计划与安排——例如设计实验判定地下电缆的故障所在位置;实验结果的分析与推理——例如材料形变的相关因素及其关系的确定和弦振动频率的相关因素及其关系的确定;实验方案的评价与改进——例如对物理学史上伽利略气体温度计这一经典实验仪器的不足加以分析与批判等。

创新能力的发展是一个渐进的过程,创新能力的"生长"更是学生自身内部的变化。长期以来,尽管许多教育家、心理学家和一线教师对如何发展学生的创新能力进行了不懈努力,并为我们积累了许多宝贵经验,但在物理实验创新设计的教学实践中如何才能更有效地促进学生创新能力的"生长",这依然是一项艰巨的任务,它需要实践、探索和总结,更需要我

们教师去发挥自己的创造性。

(二) 培养学生批判性思维能力

知识的时代正推动着全球经济的发展,教育领域和人脑研究等领域的新发现正推动着教育改革的进程。教育工作者认识到为了培养批判性、创造性思维,应该把学习这种行为和所要学习的特定内容赋予同样的重要性。所谓批判性思维,是泛指个人对某一现象和事物之长短利弊的评判,它要求人们对所判断的现象和事物具有独立的、综合的、有建设意义的见解。学者们一致认为,提高批判性思维能力的目的在于帮助学生在现实生活中更广泛、更灵活地运用多种思维技巧,并进而形成一种创造性的人格和个体的自我完善。

物理教学中如何培养学生的批判性思维呢? 如何在日常教学中培养学生不迷信权威,善于质疑、批判、基于证据地推理和论证? 我们一起来看具体的实例。

在初中物理《声现象》的教学过程中,我们经常会遇到与此类似的题目——小明拎起水壶向保温瓶中灌开水,妈妈在一旁提醒他:"小明,快满了!"说话间,水真的满了。小明奇怪地问:"妈妈,你怎么知道快满了?"妈妈说:"听出来的。"小明不明白其中的原因,你能帮助他弄清其中的奥妙吗? 很多教辅资料上面的答案是这样写的:妈妈是通过听到的音调升高而知道的。因为随着水量的增多,空气柱越来越短,振动的频率越来越高,音调也就越来越高。

这个解释的理论依据是:发声体振动发声的音调与发声体的尺寸大小有关,尺寸越大的发声体振动频率越低,音调就越低;发声体尺寸越小,振动的频率越高,音调就越高。空气柱振动发声时,空气柱越短,振动的频率就越高,发出的声音音调就越高,相反音调就越低。变音哨就是利用这个原理而发出了不同音调的哨音。这一现象究竟该如何加以解释? 下面一位老师的两个教学实验比较好地回答了这一问题。当然,我们也可以完全将它应用于物理课堂教学过程中,带着学生一起去质疑、批判、讨论,让学生学会用证据说话。

到底是谁在振动——向保温瓶内倒水音调变化的实验探究[①]

向保温瓶里倒水时真的主要是空气振动发声的吗? 倒水时,水面在不断受到新倒入水的撞击,为什么振动发声的主体却不是水面呢? 这些资料上面所给的答案是否正确? 为了弄清楚向保温瓶内倒水时,到底是由于水面振动还是空气振动而发声的,笔者和几个同事一起进行了实验。

【实验一】取一个五磅[②]的保温瓶,逐渐往瓶内倒水,倒水的时候尽量保持水的流量和出水口与水面高度差不变,聆听瓶内发出的声音。实验现象:开始时,声音的音调并没有发生明显的变化,当快满的时候音调才明显变高。分析:开始时,水量增加,空气柱也在变短,音调却没有随之变高,说明音调的变化与空气柱的长度似乎没有直接关系。

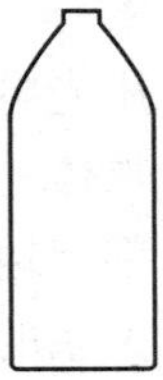

图1

---

① 赵兴华.到底是谁在振动——向保温瓶内倒水音调变化的实验探究[J].中学物理教学,2012(5).

② 1磅=0.454千克。

由于保温瓶的瓶身横截面只在靠近瓶口处才逐渐变小（如图1所示为保温瓶内胆纵向剖面示意图），而音调也是在水靠近瓶口的位置才逐渐变高，所以我们一致猜测：倒水的声音是由于倒下去的水撞击水面，水面振动而发出的，开始时瓶内的水面面积不变所以音调也不改变；水面达到瓶口位置的时候，振动的水面逐渐变小，振动的频率逐渐变高，所以音调也就随之变高。

为了证明音调的高低与水面的面积大小有关，我们进行了下面的实验。

【实验二】取五磅和八磅的保温瓶各一个，保持水的流量和出水口与水面高度差不变，分别向瓶内倒水，聆听瓶内发出的声音。实验现象：五磅的保温瓶发出的声音音调比八磅的略高。

分析：五磅和八磅的保温瓶瓶身的横截面积大小不同，倒水时振动的水面面积不同，所以水面振动的频率也不相同，音调也就不相同，而且，水面的面积越小，振动发出的声音频率越高。可见振动发声的主体是水面，而并不是保温瓶内的空气柱，空气柱在这里只是起到了共鸣腔的作用，使声音显得更好听一些。由此，笔者认为：保温瓶内倒水声音的音调变化的主要原因是振动的水面面积发生变化而引起振动的频率变化。

为了定量研究音调高低与水面面积的关系，笔者又利用电脑录音系统录制向（五磅的）保温瓶里倒水时产生的声音（为了缩短录音时间，实际是从倒入了半瓶水后开始录音）。然后利用音频编辑软件 Cool Edit Pro 2.1 进行查看，图2表示用音频编辑软件查看录音在 18.065—18.085 s 时间段的波形，可以计算出此时的声音频率为 120 Hz（误差范围±5 Hz）。

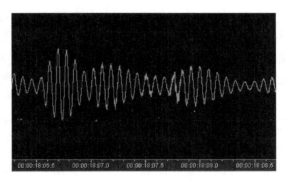

图 2

分别计算声音每隔2秒的多个时段的频率（如表1所示）。

表 1

时段/s	0	2	4	6	8	10	12	14	16
频率/Hz	80	80	90	90	90	100	100	110	115
时段/s	18	20	22	24	26	28	30	32	
频率/Hz	120	150	180	220	260	340	410	550	

用图像表示声音的频率随倒水时间的变化规律如图3所示：

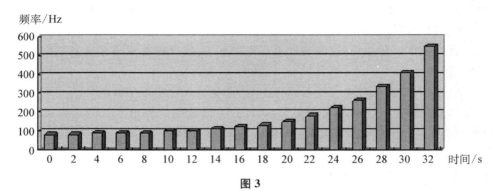

图 3

由图像可以看出，当液面在保温瓶身横截面积均匀的地方时，声音频率虽然有逐渐变高的趋势，但变化不大；而在靠近瓶口的地方，瓶身横截面积逐渐变小，这时声音的频率也发生明显变高的现象，这说明了音调发生改变的主要原因就是振动的水面面积变化造成的。

所以，这个题目的答案应该更改为：当小明的妈妈听到倒水声音的音调逐渐变高的时候就知道水要倒满了，这是因为当向保温瓶内倒水快要倒满的时候，瓶内水面面积越来越小，撞击后振动的频率就越来越高，所以声的音调就越来越高了。

从上述对"到底是谁在振动——向保温瓶内倒水音调变化的实验探究"可以看到，教育在充实人们知识结构的同时，还应当培养挑战权威的意识，而加强学生批判性思维的训练就是其中一个重要方面。尽管批判性思维和创造性思维各有侧重——创造性思维更侧重想象力、直觉判断的发挥，而批判性思维更注重逻辑分析和判断的作用，但批判性思维和创造性思维却存在着根本的联系——批判性思维是创造性思维的动力和基础，培养批判精神就是培养创新精神，没有对已有知识的批判就没有对其的创新；批判性思维和创造性思维构成了推进知识社会前进的主要动力。

（三）教会学生自己发现问题

作为人的素质的一个基本组成部分，发现问题与提出问题的能力十分重要，它是人的创造发明的源泉，同时也是促进人的终身发展的一个重要方面。然而，在目前教育教学过程中，很多教师发现，现代中小学生乃至大学生思想活跃、敢想敢干，但很少有问题意识，培养学生发现问题与提出问题的能力便成为摆在广大教师面前的一项极为重要和迫切的任务。

心理学研究表明：没有问题的思维是肤浅的思维、被动的思维；意识到问题的存在则是思维的起点。而所谓问题意识，是指学生在认识活动中意识到一些难以解决的、疑惑的实际问题或理论问题时产生的一种怀疑、困惑、焦虑、探究的心理状态，这种心理状态驱使学生积极思维，不断提出问题和解决问题[①]。在教学中强调培养学生的问题意识，有助于学生通过真实而又具体的问题解决活动储备丰富的知识信息和形成一定的思维方法，有助于通过积

---

① 姚本先. 论学生问题意识的培养[J]. 教育研究，1995(10).

极地探究一切自己感到怀疑的现象发展学生良好的个性,有助于通过"做中学"(高级学习)将学生解决问题的需要和强烈的内驱力转化为现实的创造力。

培养学生的问题意识,意味着要促使学生产生心理的不平衡或认知矛盾,为此,教师应充分利用语言、设备、环境、活动等各种手段,为学生创设符合需要的问题情境。苏联教育科学院院士马赫穆托夫根据实验教学的成功经验提出了一些常用的创设问题情境的方法[①]:① 激发学生去解释现象、事实以及它们之间的外部的抵触或矛盾;② 布置旨在解释现象、解释所研究概念的实质或探索其实际应用方法的问题性作业;③ 激发学生分析现实中日常生活概念与关于这些事实的科学概念发生矛盾;④ 让学生对事实、现象、结论、规则、作用等进行比较、对照和对比,并独立做出概括;⑤ 向学生介绍那些似乎是不可解释的但在科学史上却导致提出科学问题的事实;⑥ 组织学科之间的联系,其目的在于利用一门学科的规则、原则、结论解释另一门学科的结论或事实等等。基于人体的问题建构事实上就是为学生提问创设一个关于人体的熟悉情境。

有"现代科学之父"之称的爱因斯坦在更高的境界上阐述了发现问题与提出问题的重要性,他指出:"提出一个问题往往比解决一个问题更重要,因为解决一个问题也许仅是一个数学上的或是实验上的技能而已,而提出新的问题、新的可能性,从新的角度去看旧的问题,却需要有创造性的想象力,而且标志着科学的真正进步。"[②]从上面的分析可以看到,意识到问题的存在是思维的起点,也是发现问题与提出问题能力的生长点,但真正能提出问题还需要使学生的一次次问题意识逐步由模糊变得清晰,在深刻把握问题本质的基础上学会提问的技能。为使学生的提问具有明确的目的性、科学性、针对性,教师要让学生明了提问的种类(如就知识提问、理解提问、应用提问等低级认知提问和分析提问、综合提问、方法提问、评价提问等高级认知提问)及其内涵要求,并针对学生的身心特点和学科的教学内容,在课前、课中、课后的学习中分别提出从敢于提问水平、简单模仿水平、初具意识地思考后水平、带着问题钻研后水平,到融会贯通后提问水平的不同层次的要求,使学生产生不同水平、不同种类的问题,掌握提问的技能。

在物理教学过程中,教师可以结合具体的教学内容培养学生的提问方法与技巧。对于这一问题,何文明老师在《高中物理课堂教学中学生提问能力的培养》一文中所介绍的经验有一定的参考价值。

高中物理课堂教学中学生提问能力的培养[③]

在问题教学中,学生感到最困难的是不知道从哪里着手来提问题,因此问题的数量和质量均不高。作为课堂教学的组织者,让学生逐渐掌握提问的技巧是问题教学成功与否的关键,笔者在教学实践中用了以下方法来提高学生的设问能力。

① 郑文樾,[苏联]马赫穆托夫. 问题教学[J]. 华东师范大学学报(教育科学版),1989(2).
② [美]A. 爱因斯坦,L. 英费尔德. 物理学的进化[M]. 周肇威译. 上海:上海科学技术出版社,1962:66.
③ 何文明. 高中物理课堂教学中学生提问能力的培养[OL]. http://old. hzjsjy. com/expert/showexpert. asp?id=34.

1. 二维联想提问法

如图 1 所示,横轴表示相关物理量,纵轴为物体的运动形式或所处状态,二者的相交区域即为问题空间,这种确定问题的方向、进行联想提问的方法我们称之为二维联想法。如在《振动中的能量——共振》的教学中,先让学生认真观察实验,再出示图 1,然后教师指导:下面我们要进行联想提问,请同学们注意以下几点。

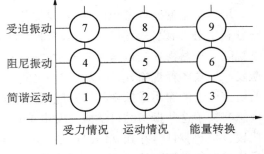

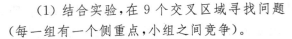

图 1　二维联想图

(1) 结合实验,在 9 个交叉区域寻找问题(每一组有一个侧重点,小组之间竞争)。

(2) 自己先思考及记录问题,周围同学可以相互讨论。

(3) 结合交叉区域联系实验装置与运动过程进行联想提问,并把问题记录在小纸条上。

在实际教学中,按不同的区域把学生提出的问题分列成表 1 所示。

表 1　各区域的问题

区　域	问　题
1	砝码的受力情况怎样? 物体为什么连续不断地上下振动?
2	砝码是在做简谐运动吗? 砝码是否会不停地运动下去? 振子的快慢与弹簧和其他因素有何关系?
3	振动能量的大小与振幅有何关系? 砝码的能量如何转化? 砝码在空气中摆动时,除克服空气阻力外弹簧系统是否有能量损失?
4	在水里的是不是简谐运动? 振子慢慢停下来因为受到阻力,阻力大小是否与振幅有关? 在实验中,水的作用是什么?
5	为什么将振子放入水中后,振幅会减小? 是不是因为在水中受到向上的浮力? 简谐振动在水中与在煤油、酒精中振动时间、频率是否相同? 第一个实验在空气中振动能振动这么长时间,水中为什么没那么长呢?
6	实验中重物振动减慢其能量损失转化为什么? 位移逐渐变小,能量如何转化?
7	为什么要使用偏心轮? 偏心轮的工作原理是什么? 振动的频率与驱动力的关系怎样?

续表

区 域	问 题
8	是否每个做简谐运动的物体到达一定频率后,都会产生共振? 浸在水中的物体一开始随着手摇偏心轮速度的加快,振幅变大,为何后来手摇加快到一定的程度后,振幅反而变小? 砝码振动的振幅和频率与手摇频率有什么关系? 驱动的频率大于或小于物体的固有频率,效果哪一个明显? 手转动与重物的上下运动的频率的时间差? 把柄转动的方向转变,物体的振动是否发生改变?
9	当加快手柄转速到一定值后,砝码振幅变小,在这一过程中能量跑到哪里去了?

2. 问题变式提问法

问题变式指为了实现一定的教学目的,变化问题的条件、情景、思考角度而形成新问题的一种教学策略,可用如图 2 所示的通道进行变式提问。

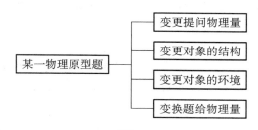

图 2

我在电磁感应的复习课《导体在匀强磁场中的运动》中,先复习实验——导体在匀强磁场中的运动,如图 3 所示,请学生画出等效电路图,如图 4 所示。引导学生根据这一物理情境设问,如:导体切割磁感线运动产生的感应电动势是多少? 除此以外,还可以用以下几种问题变式的方法重新提问:

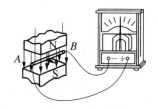

图 3 导体切割磁感线实验

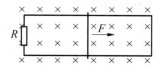

图 4

(1)变更提问物理量进行提问

变更提问角度提问一方面可以让学生全面认识物体的特性,另一方面可培养学生的发散性思维能力。如在上例中,还可引导学生提问:导体做什么运动? 安培力做功多少? 人损失的化学能到哪里去了? 要使导体以速度 v 做匀速运动,外力需多大? 等等。

(2)变更研究对象的结构形式进行提问

对研究对象的结构形式进行变换后重新设问,通常有两种方式:① 变形。如在上例中把框架变成斜面状,如图5所示;把框架变成竖直,如图6所示;或把框架变成如图7所示的形状。② 增减器材,如在上例中,电阻 R 上并联另一电阻、两导体在轨道上相向运动等等。

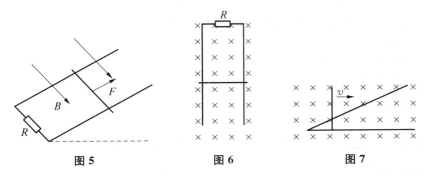

图5　　　　　　　　图6　　　　　　　　图7

(3) 变更研究对象的物理环境进行提问

周围物理环境指研究对象周围的物体或磁场。如把图5中的磁场方向变成与轨道平面成 β 角斜向下;导体固定,磁场以某一速度均匀增加;在图4中加一电阻,如图8所示,等等。

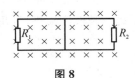

图8

(4) 变换题给物理量进行提问

变更物理量包括增加物理量、减少物理量、限定物理量的数值范围等。如图7中导体杆与轨道之间存在摩擦力,其动摩擦因素为 μ;导体杆具有内阻 r;撤去外力 F,导体以某一初速度 v 运动等。

在提出问题之后以及在提出问题的过程中,也常常伴随着对问题的评价。通过评价,学生既可以进一步明确问题的意义,进而找到问题解决的策略;也能够对原来的问题进行横向或纵向的拓展,使问题更具有发展性。与此同时,通过对所提问题价值的评价和成功解决一部分适度的问题,学生还能够透过事物的现象抓住问题的本质,并能从中尝到学习的甜头和亲自发现的喜悦、获得个体成功的体验。因此,形成问题意识、掌握提问技能、获得成功体验、养成提问习惯,这是教师培养学生发现问题能力的有效途径,也是学生自身科学探索精神和创造能力得以更好生长、发扬光大的理想方式。

(四) 发现问题的物理教学案例分析

在实际生活中,人们并不是很容易地发现问题。通常情况下,我们大多数人并未养成主动寻找问题的习惯——我们总是让问题来找我们,而不是我们主动地去发现问题。不容易发现问题的另一原因是人们未具备与问题相关的专业知识——缺乏相关的专业知识致使人们可能对某些问题会熟视无睹。当然,专业知识的积累需要人们在某一领域花费大量时间并经过亲身实践习得,而养成主动寻找问题的习惯则应在学生时代加以培养。本着这一思想,笔者以学生十分熟悉的自身人体作为切入点,通过开展基于人体的问题汇集、问题建构和对学生发现问题、提出问题积极引导的教学实践尝试,探索培养学生发现问题和提出问题能力的教学途径。

1. 相关问题的汇集

要建构问题,首先要发现问题;而发现问题的基础是了解问题和意识到问题的存在。为此,教师可以在教学中先确定某一内容作为研究主题,发动全体学生收集有关这方面的背景、问题和事例,然后,教师或师生共同在此基础上对收集到的资料加以汇集、分类、补充和整理,为进一步开展问题的建构做好准备。例如在基于人体的问题建构教学中,学生就汇集了关于人的反应时间、人的能量输出、人的空气消耗、人的感觉阈限、人体自身结构、人体综合知识等几十个问题,内容涉及力学、热学、电磁学、光学、原子物理学等相关学科,以下是其中的一部分。

[例题1]某驾驶员手册规定,具有良好刹车性能的汽车在以 80 km/h 的速度行驶时,可以在 56 m 的距离内被刹住;在以 48 km/h 的速度行驶时,可以在 24 m 的距离内被刹住。假设在这两种速率下驾驶员所允许的反应时间与刹车的负加速度都相同,则允许驾驶员的反应时间约等于_____秒。

人的反应时间是指人从大脑神经系统接受外界信号到身体做出反应的时间,它是人的神经及动作灵敏程度的标志。在现实生活中,每个人都需要反应灵敏,在遇到紧急情况时,能迅速采取相应行动,化险为夷。对战士和司机而言,由于就某些特殊情况需要立即做出判断,人的反应时间特别重要。实践表明,一定的训练可以缩短人的反应时间,提高人的灵敏度。

[例题2]已知奔跑中主要的功是随着每迈一步对腿的加速和减速完成的。腿离开地面时,腿从静止直到接近等于身体速率 v,然后再回到静止状态,循环往复。现考虑一个以 6 m/s 奔跑的 70 kg 的人,他每条腿的质量为 10 kg,设步子长度为 2 m。求两腿的输出功率。再设肌肉的效率为 0.25,求每秒人的能量消耗。

[例题3]人的心脏每跳一次大约输送 8×10^{-5} m³ 的血液,正常人血压(可看作心脏压送血液的压强)的平均值为 1.5×10^4 Pa,心跳约每分钟 70 次,据此估算心脏工作的平均功率为_____W。

在本题中,可把心脏压送血液的过程类比为等压膨胀做功(将过程建模)。于是,心脏工作的平均功率可从下式计算:

$$P_{功率} = \frac{W}{t} = \frac{p \Delta V}{t} = \frac{1.5 \times 10^4 \times 8 \times 10^{-5} \times 70}{60} = 1.4(\text{W})$$

在上述计算过程中,如果考虑心脏对外做功的效率不是 100%,心脏工作的平均功率要比上述计算结果偏大(5 W 左右)。

[例题4]试估算:正常人一生呼吸空气的质量约为_____kg,正常人一生饮用水的质量约为_____kg。设人的平均肺活量为 1 L,呼吸速率约为 15 次/分钟,人的寿命约为 70 年。

[例题5]关于眼睛:眼睛视觉效应的最小能量为 10^{-18} J。已知普朗克常数 $h = 6.63 \times 10^{-34}$ J·s,若进入人眼 3 个光子就可引起视觉,则进入人眼的这种光的平均波长为_____m。在人的眼睛中,有角膜、水样液、晶状体、玻璃体、睫状体等,引起视觉的部位是_____,人眼这个光学系统相当于一个_____。色觉正常的人能分辨绿、红、黄、蓝等颜色,不能分辨各种颜色或两种颜色的人,称为患色盲病,色盲病属于_____。

[例题6] 放射性同位素 ^{14}C 被考古学家称为"碳钟"，它可以用来判定古生物体的年代。^{14}C 的生成和衰变通常是平衡的，即空气中生物活体 ^{14}C 的含量是不变的；当有机体死亡后，机体内的 ^{14}C 含量将会不断减少。若测得一具古尸遗骸中 ^{14}C 含量只有活体中的 12.5%，则该具古尸遗骸死亡距今已有多少年？（已知 ^{14}C 的半衰期为 5 568 年）

威拉德·利比从 1930 年提出了碳 14 年代测定法的设想。为了检验碳 14 年代测定法的准确性，利比在考古学家和地质学家的配合下，曾经对埃及金字塔中的墓葬作过核对测定，取得了十分精确的结果。经过 12 年的努力，这种测定年代的方法终于为考古学家找到了一座追溯古代的"钟"。为此，1960 年，利比获得了诺贝尔奖。我国用此方法成功确定了在新疆楼兰发现的一具古代女尸的年代。在本题中，设古尸遗骸生前 ^{14}C 含量为 m_0，则现在古尸遗骸中 ^{14}C 含量为 $12.5\% m_0$，由半衰期公式 $\dfrac{12.5\% m_0}{m_0} = \left(\dfrac{1}{2}\right)^{\frac{t}{T}}$ 不难求得问题的结果。

[例题7] 试估算：一般成人头上头发数量约为_____ 根，一般成人体内细胞的数量约为_____ 个。假设人体头部可看作球形，一半的面积上覆盖着头发，头发密度约为 25 根/cm²；裸眼的最小分辨率为 0.1 mm，用放大倍数为 20 倍的放大镜可以看到细胞，人体组织的密度约为 1×10^3 kg/m³。

[例题8] 某人血液中血浆的体积份数为 55%，血浆与水比重为 1.03，而血细胞与水比重为 1.08，求此人血液密度。

此人心脏每收缩一次射血 70 ml，每射出 1 L 的血液心脏做功 1 875 J。现在他要在 2 分钟内爬上 24 m 高的塔，已知此人的体重为 50 kg，他运动时心脏所做的功的 40% 转移给 ATP 释放出来，则此人爬塔时心率为多少？

先设该人血液体积为 V、密度为 ρ，水密度为 $\rho_水$。由题意可知，血浆质量和血细胞质量分别为：

$$m_1 = \frac{55}{100}V \times 1.03\rho_水; \quad m_2 = \frac{45}{100}V \times 1.08\rho_水$$

则血液的密度为

$$\rho = \frac{m_1 + m_2}{V} = 1.05\rho_水 = 105 \text{ g/mL}$$

心脏每分钟做功为 $W_1 = \dfrac{70}{1\,000} \times 1\,875 \times 75 = 9.84 \times 10^3 (\text{J})$

人爬此塔需做功为 $W_2 = 50 \times 10 \times 24 = 1.2 \times 10^4 (\text{J})$

人在 2 分钟内心脏射出血体积为 $V = \dfrac{W_2}{W \times \eta_1} = \dfrac{1.2 \times 10^4}{9.84 \times 10^3 \times 40\%} = 16 (\text{L})$

爬塔时心率为 $n = \dfrac{16}{70 \times 10^{-3} \times 2} = 114 (\text{次 / 分})$。

……

2. 新的问题的建构

发现问题是问题解决的最困难和最富有挑战性的方面，因为它需要创造性和坚持性。

有些问题现在看来是很明显的,但当初发现它时并非如此。人们只有意识到问题的存在,才会主动地去建构问题,也才会有以后的一系列解决问题的行为[①]。在汇集了上述人体问题并进行有关分析的基础上,便可以在课堂教学中组织学生开展新的问题建构活动。

[例题9] 有关人的体能消耗问题的建构:一个成年人在睡着的时候,每秒钟大约消耗80 J的能量,即功率消耗约为80 W,才能维持其身体功能的运转,故这一功率消耗称为基本代谢率。当人醒着的时候,进行不同的活动和工作,其功率消耗是不同的。在进行一般脑力劳动时,例如学生在物理课中,消耗的功率约为150 W,其中约80 W为基本代谢率。在中等激烈的运动中,例如以5 m/s的速度骑自行车时,一个人消耗的功率约为500 W。在比较激烈的运动中,例如打篮球,消耗的功率约为700 W。在更激烈的运动情况下,例如百米赛跑中,一个优秀运动员所消耗的功率可超过1 000 W。

那么,人要维持生命和进行活动,就必须消耗能量。人在一秒钟内要消耗多少能量呢?为解决这一问题需要获取哪些信息?借助于什么模型?生物学、医学能否给我们提供一些有益的启示?

[例题10] 有关人的感觉阈限问题的建构:学生操场上的双杠是两条钢管制成的。如果给你一只卷尺、一块秒表、一只小铁锤,允许你的同学帮忙,并知道声音在空气中的传播速度。请你从理论上设计一个方案,以测出声音在钢管中的传播速度,并讨论这一方案的实际可行性。

本题期望学生采用声波在不同介质中传播速度不同、传播相同距离所需时间不同的这一事实来解决问题,具体方法如下:用卷尺量出钢管的长度 L,请同学用小铁锤轻击一下钢管的一端,记下耳朵在钢管另一端听到两次击打声的时间差 Δt,据 $\Delta t = \dfrac{L}{v_2} - \dfrac{L}{v_1}$ 可推得 $v_1 = \dfrac{L}{\dfrac{L}{v_2} - \Delta t}$。实际上,上述方法无法实现,这是因为只有当两个声音相隔时间 $\Delta t > \dfrac{1}{15}$ s 时,人耳才能将两个声音分辨出来,这要求钢管的长度大于25 m,而双杠钢管的长度大约只有2 m,人耳根本无法听到两个声音。即使能听到两个声音,但 Δt 的测量误差也很大,测量结果也没有多大实际意义。

[例题11] 有关人体血液总量的问题建构:为测量人体血液的总量,可设法利用人工放射性元素作为示踪原子的性质。把一定量的放射性物质(总原子数为 N)注入人体静脉,待稳定后再抽取5 ml血液,通过原子核的衰变以测量其中放射性原子数 n,于是可测出人体血液总量。试讨论是否还有其他方案。

[例题12] 在体育跳高运动中,运动员越过横杆时,其重心高度必然略高于横杆吗?根据这一分析,你认为跳高运动员采用何种跳跃方式才能取得最好成绩?为了跳得更高,运动员的身体结构怎样更为理想?

[例题13] 人从一定高度落地容易造成骨折。一般成人胫骨的极限抗压强度约为1.5×

[①] 皮连生.现代认知学习心理学[M].北京:警官教育出版社,1998:206.

10^8 N/m²,胫骨最小横截面积大多为 3.2 cm²,假若一个质量为 50 kg 的人从一定高度直膝双足落地,落地时其重心又约下降 1 cm,试计算一下这个高度超过多少时就会导致胫骨骨折?

[例题 14] 现代生理学表明,电现象与生命状态密切相关,生物电现象是生命活动的基本过程之一,人的每一项生命活动都会产生生物电现象,细胞就是人体里的"发电机"。现代医学已经能观察和记录人体主要生物电现象了,心电图、脑电图、肌电图等都已经在医院里广泛使用。那么,人体活组织所产生的生物电位差有多大? 生物电流有多大?

……

必须说明的是,学生所建构的问题可能并无新意,有些或者直接就是他们学习过程中遇到而未搞清楚的问题,但在这一过程中,大家能够围绕同一主题从不同视角进行思考和建构、在相互启发和思维碰撞中学会了倾听、交流与合作,而一些富有价值的新问题或许由此产生,学生提出问题的能力也将得到提高,其意义是十分明显的。

基于人体建构问题的教学启示我们,现实生活中存在着大量熟悉的素材或主题可供选择,例如宇宙爆炸问题、太阳问题、地球问题、月亮问题、环境问题、河流问题、体育运动问题等,都可以成为学生建构问题的情境依托。只要我们平日多加留心收集这样的主题及其相关资料,并适时组织学生开展丰富多彩的问题建构教学活动,让学生在学习中、在生活中、并在与他人的社会交往中自主进行问题的建构,这对学生问题意识的培养、问题本质的认识、提问技能的掌握、提问习惯的养成、并最终提高学生发现问题和提出问题的能力都必将产生积极的影响。

三、渗透学科前沿的物理习题教学

为了适应科学技术的突飞猛进和社会经济的可持续增长,为了提高学生的科学素养和促进学生的全面发展,物理教学内容的现代化已引起人们愈来愈多的关注。但在如何实现课程内容现代化、如何吸收科技新成果的具体途径上,指望一本新编的教科书担此重任是不切实际的,更何况科学本身就是一个不断发展的过程。鉴于此,在物理习题教学中渗透学科前沿内容倒不失为课程内容现代化建设的一条积极思路。

(一)渗透学科前沿内容的教育价值

数百年来,物理学的发展极大地扩展和深化了人类对物质世界的认识,也带动了其他自然科学学科、技术、文化、经济和社会的发展。20 世纪初以来,在以相对论、量子论为标志的物理学革命的推动下,信息技术、新材料技术、新能源技术、航空航天技术、生物技术迅速发展,导致世界经济、社会乃至人类文化的巨大变化,取得了极其辉煌的成就。在 21 世纪,物理学还将有一个更加辉煌的发展。李政道教授认为:"目前的情况与 20 世纪初很相似,同样面临两个疑问。其一,目前的物理理论都是对称的,而实验却发现了不少对称的破缺;其二,有一半基本粒子是至今一点都独立不出来的。"由于物理学研究对象的扩展(从宏观到微观、从传统物理过程到化学过程、从无生命到有生命),今天的物理学已代表着一套获得知识、组织知识和运用知识以解决问题的有效步骤和方法——把这套方法运用到什么问题上,这问题就成了物理学。从这一层面来讲,在物理习题教学中渗透学科前沿内容是物理学自身发展的基本要求和必然选择。

从目前世界各国理科教育改革实践来看,从强调知识内容向获取知识的科学过程转变、从强调单纯积累知识向探求知识转变、从强调单科教学向注重不同学科相互渗透转变已成为国际潮流。相比之下,我国中学物理教学有全国统一的教学大纲、教材、考纲、考试,教师不敢轻易地将有争议且尚未定论的或正处于发展之中的科技新成就、科学新思想介绍给学生,物理学的前沿知识排斥于物理教育之外,其结果是学生只了解物理学的昨天、不知道物理学的今天、更不懂如何去探索物理学的明天。为了改革这一状况,局部的改良或者彻底改造旧有课程内容已经成为课程内容现代化和吸收科技新成果的基本途径。根据我国国情和课程改革的渐进性特征,课程内容的现代化应该根据现代科学观点增加基础知识的比重来实现,此处"基础知识"的内涵已经发生变化——通过基础知识结构的不断同化和顺应,新的先进的知识进入了基础知识结构[①]。正是在这一点上,渗透最新的学科前沿内容于物理习题教学,不仅为师生共同探究新知准备了丰富而又真实的素材,而且为基础教育改革的课程资源建设提供了新的生长点。

从学生成长角度来看,如果在牢固掌握大纲规定的基本内容基础上适当了解现代物理的发展状况,在物理习题教学中渗透学科前沿内容,让学生通过具体问题解决活动接触和熟悉一些如超导技术、同步辐射、遥感技术、核磁共振、可燃冰、纳米技术等新概念、新结论,初步了解现代物理和其他学科及现代技术的关系以及它们的发展趋势,进一步感受物理学研究内容之广泛、之基础、之重要,进一步体会物理学是现代前沿科学中最为激励人心的学科之一并且在不断地向前发展着,这对破除类似"绝对真理""最终理论""唯一确定""理想线性"等形而上学思想,养成学生勤于思考、悟物穷理的良好学习习惯和不盲从权威、不迷信教条、敢于批判和想象、敢于实践和创新的健全人格都将会起到积极的作用。

值得提及的是,在量子力学的发展过程中,玻尔于 1921 年创立的丹麦哥本哈根理论研究所起到了关键作用,这当然与研究所民主的学术气氛有关,但更与玻尔不断追逐学术前沿的教学风格有关[②]。玻尔讲学有一个最大特点,自己知道的内容、自己已经搞清楚的问题不讲,讲的都是自己正在思考的问题。所以,来到哥本哈根理论研究所的学者们接触到的问题始终是学科前沿的问题,教学上的突破就可能预示着科学上的突破。尽管中学物理教学不可能如研究所讲学那样只关注学科前沿,但这种追逐学术前沿的教学风格对我们中学物理教学工作依然有一定的启发意义。

（二）渗透学科前沿内容的现实切入点

习题教学为渗透学科前沿内容提供了广阔空间,有关学科前沿内容的一些具体问题则构成了教学渗透的现实切入点。在适当介绍或提供有关学科前沿内容具体问题的背景知识、研究方法和简化物理过程及物理模型的基础上,完全可以将学科前沿问题变化为学生能

---

① 赵昌木,徐继存.我国课程改革研究 20 年:回顾与前瞻[J].课程·教材·教法,2002(1).
② 袁振国.教育新理念[M].北京:教育科学出版社,2002(3).

够处理的问题。例如,联系高中物理课本①,在习题教学中以宇宙速度、能量守恒和光子概念等为基础,渗透有关黑洞的最新研究进展,对开拓学生的科学视野、提高学生的探究兴趣和想象力无疑会起到积极的作用。

[例题1]黑洞,作为宇宙中一种特殊的"星",由于它不容易被看到但却能将其近旁物质无情地吸入和粉碎,从而牢牢地抓住了广大公众的想象力。从理论上讲,黑洞发现史的开端应该追溯到伊萨克·牛顿。在牛顿万有引力定律的基础上,法国著名数学家和天文学家皮埃尔·拉普拉斯以数学分析为工具,明确预言了宇宙中存在着黑洞。

一个密度均匀的球形天体,它的质量等于太阳质量 $M_日 = 2 \times 10^{30}$ kg,问:它的半径 R(这一临界半径就是黑洞的临界半径)最大为多少时,才会使它的第一宇宙速度大于光在真空中的速度?

[解与析]因为第一宇宙速度 v_1 是物体能环绕星体表面作圆周运动的速度。若 $v_1 = c$,则从星体表面发射的光子肯定到不了远处,因而从远处"看到"是黑的。设黑洞的临界半径为 R_0,据第一宇宙速度计算公式有

$$v_1 = \sqrt{\frac{GM}{R_0}} = c \longrightarrow R_0 = \frac{GM}{c^2} = \frac{6.67 \times 10^{-11} \times 2 \times 10^{30}}{(3.0 \times 10^8)^2} = 1.5 \times 10^3 \text{ m} = 1.5 \text{ km}$$

因此,对于质量等于太阳质量的天体,当其半径 $R < R_0$ 时便构成了一个黑洞。

[例题2]所谓黑洞,产生于某些类型的星体的最后演化阶段。当星体变得如此之小(相对一定星体的质量)以至于从它表面发射的光不再具有足够的能量离开它,它就成了一个黑洞②。有些黑洞问题可以利用守恒定律以及频率为 ν 的光子具有质量 $m = \frac{h\nu}{c^2}$ 的假定,求解到一个数量级的近似值。把一个星体看成质量为 M 的均匀球。当它们变成黑洞时,其半径的极限有多大?

[解与析]设一个频率为 ν_0、能量为 $h\nu_0$ 的光子从半径为 R、质量为 M 的星体射出。当它与星体中心相距 r 时,根据能量守恒定律和引力势表达式 $-\frac{GM}{r}$ 有

$$h\nu_0\left(1 - \frac{GM}{c^2 R_0}\right) = h\nu\left(1 - \frac{GM}{c^2 r}\right)$$

这里 G 为引力常数。当光子脱离星体的引力场(r 趋于无穷)时,我们得到

$$\nu = \nu_0\left(1 - \frac{GM}{c^2 R_0}\right)$$

ν 必须是正的,因此星体的半径极限是

$$R_0 = \frac{GM}{c^2}$$

---

① 人民教育出版社物理室. 高中物理课本(试验修订本·必修)第一册[M]. 北京:人民教育出版社,2000:110.
② [美]W·H·Jarvis. 国际奥林匹克物理竞赛示范题解[M]. 宣桂鑫,等译. 上海:上海交通大学出版社,1984:12.

对一个具有太阳质量的星体,这个值约为 $R_0 = 1.5$ km(用这种方法推导出的表达式同根据爱因斯坦理论引力理论得到的表达式相差一个 2 的因子,但这并不影响结果的数量级)。

[例题 3] 黑洞产生于某些类型星体的最后演化阶段,有些黑洞问题可以利用频率为 ν 的光子具有质量 $m = \dfrac{h\nu}{c^2}$ 和光子作匀速圆周运动条件的假定,求解到一个数量级的近似值。一个质量为 M 可看成均匀球的星体,当它变成黑洞时其半径的极限有多大?

[解与析] 星体对光子的引力提供光子绕星体运动的向心力,并注意到光子的速度为 c、质量为 $m = \dfrac{h\nu}{c^2}$ 容易得

$$G\frac{Mm}{R_0^2} = m\frac{c^2}{R_0} \longrightarrow R_0 = \frac{GM}{c^2}$$

[例题 4] 天文学家根据天文观测宣布了下列研究成果:银河系中可能存在一个大黑洞,距黑洞 60 亿千米的星体以 2 000 km/s 的速度绕其旋转;接近黑洞的所有物质即使速度等于光速也被黑洞吸入。试求黑洞的质量及其最大半径。

[解与析] 研究距黑洞 60 亿千米的星体以 2 000 km/s 的速度绕黑洞旋转,根据万有引力定律和牛顿第二定律容易得黑洞质量;再根据卫星(设质量为 m')在"近黑洞轨道的速度"等于光速可以算出黑洞的最大半径 R_0

$$G\frac{Mm}{r^2} = m\frac{v^2}{r} \longrightarrow M = \frac{v^2 r}{G}$$

$$G\frac{Mm'}{R_0^2} = m'\frac{c^2}{R_0} \longrightarrow R_0 = \frac{v^2 r}{c^2}$$

代入数据得黑洞质量为 3.6×10^{35} kg,黑洞的最大半径为 2.7×10^8 m。

[例题 5] 假设我们的宇宙就是一个黑洞,即我们不可能把光发射到宇宙之外。所以即使在宇宙之外还存在空间、还存在天体的话,那么,外面的天体看我们的宇宙就是一个大黑洞。试从这一假定出发估算我们的宇宙半径。设宇宙是密度均匀的球体,宇宙的平均密度约为 $\rho = 10^{-26}$ kg/m³ 的数量级[①]。

[解与析] 设宇宙质量为 M,半径为 R_0,则

$$M = \frac{4}{3}\pi R_0^3 \rho$$

由于黑洞的临界半径

$$R_0 = \frac{GM}{c^2}$$

所以

---

① 江苏物理学会. 物理奥林匹克[M]. 南京:南京大学出版社,2000:458 - 459.

$$R_0 = \sqrt{\frac{3c^2}{4\pi G\rho}} \approx 10^{26} \text{ m}$$

事实上,通过变换,上式也可写成

$$\rho = \frac{3c^2}{4\pi GR_0^2}$$

这意味着黑洞半径愈小,黑洞的密度愈大;而黑洞的密度愈小,黑洞半径则愈大。例如,对半径为 1 km 的黑洞,其密度大到 10^{20} kg/m^3 的数量级;对平均密度约为 $\rho = 10^{-26}$ kg/m^3 的宇宙,其半径应为 10^{26} m。目前,对于宇宙的天文观测表明,宇宙的大小为 100 亿—200 亿光年,数量级恰好为 10^{26} m,这是否仅仅是一种巧合还说不清楚,或者这又是一个新的关于"黑洞"的物理问题[①]。

(三)渗透学科前沿内容的教学目标

渗透学科前沿内容的习题教学,其教学目标具体表现在以下几个层次或方面:

1. 相关具体问题的解决

渗透学科前沿内容于物理习题教学,其基本目标是根据学生的现有知识水平,通过建模、简化和近似处理等手段促进学生圆满完成具体问题的解决任务,这也是帮助学生进一步建构相关学科前沿知识意义的前提。例如,在有关"黑洞"问题的习题教学中,学生正是利用中学物理的有关匀速圆周运动、人造卫星的宇宙速度、能量守恒(引力势能表达式)、光子概念、引力红移等物理知识来解决有关"黑洞"的半径、密度等具体问题的。

2. 学科前沿意义的建构

作为课程内容现代化建设的一条基本途径,渗透学科前沿的物理习题教学就不能仅仅停留在具体问题的解决上,而应当在具体问题解决的基础上引导学生就相关学科前沿进行广泛和深入的研究、探索,努力向学生介绍有关这一问题的最新研究进展,提高学生的学习兴趣,开阔学生的科学视野,进而完成学科前沿知识的意义建构。

3. 发展学生的学习策略

现代社会是一个学习化社会,教会学生学会学习是教育促进学生终身发展的一项根本性任务。因此,渗透学科前沿知识于物理习题教学应当充分利用学生的观察和经验,切实帮助学生在具体问题的解决活动中拓展自己的解题思路、获取新的推理方法和提高自身的信息素养,并促进学生通过问题解决过程中的顺应作用优化自身的认知结构、提升自己的学习策略化水平。

4. 培养学生的健全人格

科学是一个不断发展的过程。学科前沿知识的不断更新和发展决定了渗透学科前沿知识于物理习题教学在发展学生主动性、批判性、创造性和培养学生主动适应社会变化等方面有特别的要求。建构主义学习理论指出,学习者在学习中应该积极地做一定的事情,渗透学

---

① 这一思考受到钱振华老师有关现代宇宙学概说报告的启发,特此说明.

科前沿知识于物理习题教学恰为学生提供了许多富有挑战性、要求学生批判性思考的任务，这些任务有利于激发学生的学习兴趣和发挥学生的主体精神，有利于学生形成主动学习的内驱力和批判性思考的性向，这是开展有效物理教学的内在根据，也是促进学生知识生成和人格丰满根本的方面。

事实上，上面所述"具体问题的解决、学科前沿内容的意义建构、学生获取学科前沿新知识能力的培养、学生健全人格的养成"等教育教学目标既表现出一定的层次递进性，又有机地联系在一起：具体问题的解决有助于基于问题解决来建构学科前沿内容的意义，但从根本上来说，发展学生获取学科前沿新知识的能力并最终促进学生人格的健康成长更为重要，因为它关系到学生对科学发展的认识和对迅速变化社会的适应，关系到学生未来的可持续发展。

（四）渗透学科前沿内容的教学对策

习题教学为渗透学科前沿内容提供了广阔空间，具体问题为渗透学科前沿内容提供了现实切入点。在具体教学实践中，转变教育观念、关注学科前沿、选择合适问题、开展教学实践等构成了更好实现学科前沿内容教学渗透的基本策略。

1. 转变教育观念

在前沿性教与学问题上，也许心理上的障碍比科学上的障碍更难跨越——有时候不是能不能的问题，而是敢不敢的问题。传统观点所固守的"中学物理教学内容是物理学科基础中的基础、是经典物理学中的一些基本概念和基本规律、中学物理与现代物理发展之间存在着巨大的鸿沟"的认识是片面的。事实上，只要我们转变观念、善于挖掘、正确处理"直线教学"与"散点教学[①]"的关系，于中学物理习题教学中渗透现代物理发展的前沿内容、思想和观点，是大有必要也是大有可为的。

2. 关注学科前沿

要实现在物理习题教学中渗透学科前沿内容的教学，仅有观念的转变是不够的，还需要对学科前沿发展前景的关注。由于历史的原因，目前绝大多数中学物理教师是在狭窄的专业模式中培养出来的，教师在大学时代学习的知识很多已经陈旧、过时，靠吃老本的做法是绝对行不通的。"要想给学生一杯水，教师就得有一桶水"，从发展变化的视角看，我们更应当有一桶流动的水——永远新鲜、富有营养、受学生欢迎、富有时代气息、不断更新的高质量的水[②]。为此，积极参与物理教育科学研究、追踪物理学现代前沿发展、努力提高自身学术水平等应当成为广大中学物理教师专业发展的一个永恒主题。

3. 选择合适问题

关注学科前沿并不是不考虑学生的现有水平，选择合适问题才能保证在物理习题教学中更好地渗透学科前沿内容。随着"3＋X"高考模式在全国的普遍推广，关注学科前沿发展和学科之间渗透的物理问题也日益增多，这为完成物理习题教学中渗透学科前沿内容选择合适问题带来了方便。

---

① 袁振国. 教育新理念[M]. 北京：教育科学出版社，2002：31-37.
② 俞培阳. 中学物理教师与物理学前沿[J]. 中学物理教学参考，2001(11).

4. 开展教学实践

仔细检视渗透学科前沿内容于物理习题教学的基本目标不难发现：提高学生的科学素养、养成学生的健全人格、促进学生的全面发展是物理教育教学的根本任务，而开展教学实践则是实现这一目标的根本途径。

前沿性（现代物理）与基础性（经典物理）是一对矛盾体，正确认识和处理这一矛盾关系是渗透学科前沿内容于习题教学的一个基本前提。现代物理是在经典物理的基础上逐步发展起来的，但它并不否定经典物理，而是使经典物理成为特定条件下的近似理论；另一方面，经典物理学本身内容也在不断地丰富和发展，有些内容同样构成了学科前沿。在物理教学中，我们在传授知识、打下扎实基础方面较西方教育有一定的优势，但在促进学生接触学科前沿、勇于探索和创新上却较为保守。因此，除了在习题教学中渗透学科前沿内容之外，如何拓展中学物理教学和现代物理发展前沿相互联系的其他途径，如何指导学生开展追逐前沿的研究性学习等，还需要我们更多的研究和探索。

四、物理问题解决自我提示卡的教学实践

物理习题教学是整个中学物理教学的一个重要组成部分，求解物理问题也是学生熟练掌握物理知识、方法和思想的一项十分重要的活动。尽管物理问题形式有很多，各种不同形式的物理问题也有其独特的问题解决特点，但在问题解决的思维程序上存在着共同的规律性；尽管从根本上来说问题解决活动还是一种个体的行为、不同的人对于同一问题也常常有不同的解决方法，但作为一种心理活动，它仍然具有一些共同的特征。正是这一问题解决思维程序上的共同规律性和问题解决心理活动所存在的共同特征，使我们有可能在物理问题解决的教学过程中，通过教会学生熟练应用"物理问题解决思维策略自我提示卡"这一具体途径，提高他们的元认知水平，进而最终促进学生独立解决物理问题能力的发展。

（一）物理问题解决前的自我提问

要解决问题，首先要识别问题，读题与审题也就是明确问题的过程。所谓读题，就是读题目——对问题的文字和附图要阅读几遍，发觉问题表达的字面意义；而审题，也就是审察问题的条件和目标——通过先粗后细、由整体到局部再回到整体，即先对问题全貌有一个粗略的认识，然后再细致地考察各个细节，最后对问题整体建立起一幅比较清晰的物理图景（即经过简化和纯化之后的物理对象，在一定的规则联系下按照一定的时间顺序和空间联系，在研究者头脑中形成的静态或动态形象）。读题与审题的过程就是对问题信息的发现、辨认、转译的过程，它是主体的一种有目的、有计划的知觉活动，并伴有思维的积极参与。下述问题清单有助于学生判定自己是否仔细、深入地分析了题意，是否明确问题本质所在直至头脑中形成一个清晰的问题解决计划：

物理问题解决前的自我提问单

1.1 已知什么、要求什么——已知的是具体数据（是否国际单位制），还是字母已知量？隐含的条件是什么？是否有多余信息？

1.2 **研究对象如何选取**——是选取一个物体、一个微元,还是选取一个系统(整体)作为研究对象?

1.3 **物理过程怎样确定**——是选取一个过程,还是几个过程?是全过程还是一个微元过程?

1.4 **以前解题经验有无利用价值**——过去解决过这类问题吗?是否见过相同的问题而形式稍有不同?是否知道一个与眼前问题类似的但更简单点、更熟悉点的问题?

1.5 **能否构造出待求问题的物理情境**——能画出一张图来说明问题或表征问题吗?例如:物体受力图、受力分解图、物体运动过程示意图、气体状态变化过程图、电路图、光路图、实验设计流程图等。能否引入(假设)适当的符号例如物体的质量 m、斜面的倾角 q 等来帮助自己分析?能否选择出相关的物理概念、规律、方法及同类型问题的解决经验来解决问题?

在问题解决之前的读审这一环节,建构物理情境十分重要——它通常要经历模式再认、合理想象、科学抽象、形象化思考等几个阶段,而其中物理模型(对这些研究对象的简化和纯化便形成了物理模型,它可以是研究物体的,如质点、轻杆、理想气体、检验电荷、薄透镜等;也可以是关于研究过程的,如匀变速直线运动、绝热膨胀、恒定电流、连续介质作用等;还可以是关于制约条件的,如光滑平面、缓慢移动等)的建构更为关键。此外,在读题审题环节还要教育学生不要急于猜测问题的解决方向,更不要盲目解题;利用认知结构中原有的问题结构图式虽然有助于识别问题,但一定要注意问题新的方面。

(二)物理问题解决中的自我提问

从物理问题解决的全程看,读题与审题阶段为问题解决确立了问题起点和目标,物理图景的建构为问题解决提供了背景框架,但它们仍然仅仅是问题解决的准备阶段。教学实践表明,制订解题计划亦即寻找物理问题的解决思路才是问题解决的中心环节,也是学生感到最为困难的一步。为了解决这一困惑,学生可以向自己提问:

物理问题解决中的自我提问单

2.1 **是否充分利用了已知条件**——在问题解决中是否充分利用了题给的已知条件?是否深刻挖掘出问题隐含的其他条件?是否大胆地虚设一些最后结果不必要但中间过程必需的物理量?

2.2 **选择和启用合适问题图式**——应用联想搜索策略解决问题实质上是利用原有的问题解决经验、选择和启用合适的问题图式以解决较为常规、较为熟悉的问题,它基于问题的相似性,其应用是以一定数量的问题结构图式为前提,它需要解决问题经验的长期积累。

2.3 **灵活且坚毅地进行双向推理**——逻辑推理的应用实质上是在已有知识和未知知识之间建立关联。实际问题解决中最好采用双向推理:利用顺向思维推理能知道更多的供选择使用的已知条件;使用逆向思维推理能更加明确思维的方向;而双向推理则结合了两方面的优势,它起始状态和目标状态的相互逼近。

2.4 学会克服思维定式障碍——当某些知识结构较之其他知识更容易使人想起时,就会发生定式效应。这些知识如果是问题解决的步骤或是问题解决所必需的,它就会促进问题的解决;如果不是必需的,就会阻碍问题的解决。因此,在实施问题解决中必须学会放弃不合适的想法,并努力尝试其他新方法。

2.5 思考问题解决的每一步——我已经做了什么?我正在做什么?我将要做什么?我能否清楚地看出每一步骤的正确性?我能否清楚地证明每一步骤的正确性?

物理问题解决过程是一个信息加工的过程,这些信息来自两方面,一是来自问题本身,是指通过读题和审题而获得的关于问题的条件和目标等方面的信息;二是来自大脑的长时记忆,这类信息包括物理事实、概念、规律、原理、方法和一定类型的物理问题结构。物理问题解决过程就是解题者为实现问题的目标状态而对题目信息进行充实、加工、增殖的过程,是问题本身的信息和解题者的原有认知结构相互作用的过程。人们正是根据问题解决的信息加工机制和一般问题的解决过程分析来选择和制订物理问题解决计划的。而确立物理问题的解决思路有两种基本的策略[①]——双向推理策略(顺向推理法、逆向反推法、双向逼近法)和联想搜索策略(联想法、相似思考法、提取类比物法)。在实际确立物理问题解决思路和制订问题解决计划的过程中,双向推理策略和联想搜索策略是共同起作用的;问题解决的一般策略与物理问题解决的学科专门方法也是紧密结合在一起的,它们在物理问题解决过程中都发挥着特别重要的作用。

物理问题解决思路的确立只是对问题的求解提出了一种假设,计划能否顺利实现还需要具体的实施,求解则是展开解题思路、构思解题步骤、实施数学运算的过程,也是对原来问题解决方案是否切实可行的检验、修正、补充、完善或重新制订新方案的过程。为此,在问题求解过程中,要明确研究的对象;要寻找解题的依据;要建立有关的方程,然后按照建立方程的逻辑顺序给出简明扼要的处理;要考虑方程是否合乎实际情况、方程的数目是否足够;要及时整合各推理步骤中所提取的公式以缩小问题的范围;要随时检验整个推理思路的有效性并努力寻找可能的其他推理步骤和发现问题中隐含的其他条件……

(三)物理问题解决后的自我提问

回顾与反思是物理解题过程中的最后一环,也是极为重要但又是解题者相对容易忽视和疏漏的一环。解题的目的不只是为了获得答案,而是要从中学到新的东西、促进认知结构的结构化、条件化、策略化的组织程度,因此,解答物理问题必须做到"举一反三",发展能力。要达到这一目的,最重要的是解题后的反思和回顾,因为只有通过反思才能使我们从具体的问题解决中概括出普遍适用的条件化、策略化知识。在物理解题中,应当回顾和反思的主要内容有:

---

① 刘电芝.学习策略(八).启发式解题学习策略[J].学科教育,1997(8).

物理问题解决后的自我提问单

3.1 回忆自己的问题解决的结果和过程,找出错处,明确正确的解题思路和方法——自己在哪些地方走了弯路?什么地方是思维的关键?这种关键在什么条件下可以运用于其他什么类型的问题?力图概括出条件化和策略化的问题解决思路。

3.2 分析解题过程中出现错误的原因,提出改进措施,防止以后类似问题再次发生——对问题中所涉及的专业知识是否理解?问题解决的依据是科学原理、直觉经验还是胡乱猜测?是否缺乏一定数量的问题结构图式以识别问题?在问题的表征方面是否还不够具体化等。

3.3 思考还有没有更简、更佳的问题解决办法,或思考变换问题条件将如何影响问题的解决——在问题解决中自己的思路是否混乱?在实施问题解决计划过程中是否能灵活放弃无效的思路?是否能坚持虽不太明确但却是正确的思路?在与他人比较和讨论中,能否确定最佳、也是最简单的问题解决方法?

3.4 反思自己是否通过问题解决学到了什么新的东西,与问题有关的认知结构是否得到了改善——能否把这结果或方法用于其他的问题?知识的条件化组织程度如何?问题解决方法的策略化水平如何?是否别人一说就明白、就是自己想不到等。这是反思总结过程的最为核心内容,也是应用反思总结策略的终极目标。

反思和回顾也是学生常常感到困难的一个步骤,因为它涉及学生的自我意识水平和有无自我评估的习惯。事实上,任何复杂的物理问题解决,都应伴随两种评价:对结果的评价和对过程的评价。从上述物理问题解决模式可以看出:对问题解决的回顾与总结(结果评价)是在物理问题解决之后,更是贯穿于物理问题解决过程的始终;而养成学生自我评估的习惯是促进学生主动发展的一个重要方面。

(四)物理问题解决书写的自我提问

规范化解题特别重要,它不仅仅停留在为学生考试争得分数、争得好的成绩这一极端功利性的目标上,也体现在对内容和形式相互关系的正确把握中。从便于交流的视角看,内容和形式相辅相成,漂亮整齐的形式不仅会给表述内容增色不少而且便于老师评阅试卷,更为重要的是,问题解决的规范化表述还有利于学生自己把握主次分明、规范有序的解题思想,分析自己在问题解决中的所得与所失及其原因,理解问题的本质,进一步优化自己的认知结构。

规范化解题在高考计算题的解答中有明确要求,例如要写出必要的文字说明、方程式和重要的演算步骤等,其核心主要体现在"思想方法的规范化、解题过程的规范化、物理语言和书写的规范化"等三个方面,而物理语言和书写的规范化是前两者规范化的具体展现。实践表明,为使学生的解题合乎规范化要求,除了要求学生首先在思想上重视和教师的规范化示范、指导外,教会学生应用下面"物理问题解决规范化表述自我提问清单"是一条十分有效的途径。

物理问题解决书写的自我提问单

4.1 我指明研究对象、研究状态和研究过程了吗？（如取××为研究对象、或对××物体、在 A 点、从 A 到 B 有）

4.2 我明确物理根据或解题方法了吗？（如根据物体的平衡条件 $Fx_合=0$ 可求、根据法拉第电磁感应定律 $E=BLv$ 可求）

4.3 我合乎规范地画出图示了吗？（是否按比例、虚实等规定进行画图、是否标字母、是否有角标、是否与文字说明相一致）

4.4 我规定了正方向（对矢量规律、力矩）、选取了参考点或参考平面（例如标量电势、势能等）了吗？

4.5 我的主要方程式标号（并对齐）、主要的运算过程例如联立①、②、③式等说明了吗？是否合乎规范地进行代数运算（字母、代入、结果三步）了？

4.6 我的计算结果合理吗？计算结果有实际意义吗？有效位数和科学计数法规范吗？结果有单位吗？

4.7 对某些解的取舍理由充足吗？指明结果中出现的正、负号（表示大小还是方向）的意义了吗？

4.8 最后的结论明确告诉别人了吗？是否需要对各种情况加以讨论和总结？

（五）物理问题解决自我提示卡的应用实例

物理问题解决在思维程序上的共同规律性和物理问题解决心理活动所具有的共同特征，为我们教会学生应用"问题解决思维策略自我提示卡"提供了坚实的理论基础，而要使学生真正学会应用"问题解决思维策略自我提示卡"来反思问题解决，并将这一认知策略①从外在要求到逐步内化、进而达到自动化的水平②，还需要学生进行适度的物理问题解决练习，并在具体的教学活动中给学生以适当的帮助和指导。下面所给的例子是物理习题课上教师应用"问题解决思维策略自我提示卡"对学生的提问和学生的回答，其实这些问题完全可以（或者更应该）由学生自我提示、自己发问、自己回答、自己反思。

[例题] 一传送带装置示意如图1，其中传送带经过 AB 区域时是水平的，经过 BC 区域时变为圆弧形（圆弧由光滑模板形成，未画出），经过 CD 区域时是倾斜的，AB 和 CD 都与 BC 相切。现将大量的质量均为 m 的小货箱一个接一个在 A 处放到传送带上，放置时初速为零，经传送带运送到 D 处，D 和 A 的高度差为 h。稳定工作时传送带速度不变，CD 段上各箱等距排列，相邻两箱的距离为 L。每个箱子在 A 处投放后，在达到 B 之

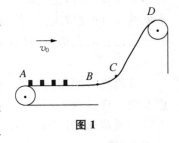

图1

---

① [美]R. M. 加涅. 学习的条件和教学论[M]. 皮连生，等译. 上海：华东师范大学出版社. 1999：193.

② 张建伟. 基于问题解决的知识建构[J]. 教育研究，2000(10).

前已经相对于传送带静止,且以后也不再滑动(忽略经 BC 段时的微小滑动)。已知在一段相当长的时间 T 内,共运送小货箱的数目为 N。这装置由电动机带动,传送带与轮子间无相对滑动,不计轮轴处的摩擦,求电动机的平均输出功率 $P_{平均}$。

[教学过程]

教师:这是一个什么问题(明确问题的范围,确定解决问题所需要的相关知识经验,以减少大脑能量消耗)?

学生:这是一个力学问题,是一个关于传送机械与要传送的物体之间能量相互转化的问题(确定问题性质从而便于回忆与搜索解决问题所需的知识和经验)。

教师:在物体从 A 传送到 D 的过程中,每一个传送物体增加了多少能量? 是什么形式的能量?

学生:在物体从 A 传送到 D 的过程中,每一个传送物体增加了势能 mgh,还增加了动能 $\frac{1}{2}mv_0^2$。

教师:在物体动能表达式中,速度 v_0 表示的是物体的速度还是传送带的速度? 已知吗? 能用题目所给的已知量表达出来吗? 怎样表达(提示学生要交代每一个物理量或字母的意义)?

学生:在物体动能表达式中,速度 v_0 是未知的,但能用题目所给的已知量表达出来,即根据 $v_0T=(N-1)L$ 可求出 v_0。

教师:在求解速度 v_0 的上述表达式中,为什么是 $v_0T=(N-1)L$ 而不是 $v_0T=NL$?

学生:速度 v_0 还是应该根据 $v_0T=NL$ 求出。

教师:你现在可以写出传送机械与传送物体能量相互转化的数量关系式了吗?

学生:能。传送机械与传送物体能量相互转化的数量关系式应为 $PT=N\left(\frac{1}{2}mv_0^2+mgh\right)$。

教师:且慢。传送带上的物体其动能是如何获得的? 传送带在把能量传送给小货箱的过程中是否有机械能的损耗? 是否转化为其他形式的能(提示学生分析物体的受力和物体的具体运动过程)?

学生:物体放在水平传送带上受三力(画受力图、略);物体相对于地面向右运动,但相对传送带向后打滑(分析运动过程、确定参照系)……

学生:摩擦力对传送物体做正功,起动力加速作用,而物体对传送带的摩擦力则做负功,在物体和传送带达到相等速度时,两者对地位移不等……

学生:对系统而言,摩擦力做的净功为负值,即系统克服摩擦力做功转化为热 Q(这才是本题的关键);$Q=f\times s_{相对}$……

……

……

教师:最后,请你们反思一下,在解决这一问题的过程中,你自己在什么地方被卡住了? 你自己的最大收获是什么? 你的认知结构有了哪些改善? 你还能解决哪些与此相关的物理问题？在具体的书写表达中还要注意哪些规范化的要求等？① ……

　　需要说明的是,为使学生更有效地应用"物理问题解决思维策略自我提示卡"帮助自己解决问题,在教学中使学生对物理问题的一般解决过程知识有初步了解是很有必要的,因为正是物理问题解决过程中的读题与审题、理解与建构、解题计划制订、解题计划实施、回顾与反思等连续思维序列构成了这一提示卡的核心内容,也正是在"物理问题解决思维策略自我提示卡"帮助下通过对物理问题解决结果和物理问题解决全过程的概括性反省和调控,才使学生能够从具体的问题解决过程中概括出普遍适用的结构化、条件化、策略化知识,并进一步使他们原有的认知结构得到改善、元认知水平得到提高,与此同时,独立解决物理问题的能力也将得到更好地发展。

---

　　① 附例题参考解答:以地面为参考系,设传送带的运动速度为 v_0,在水平段运输的过程中,小货箱先在滑动摩擦力作用下做匀加速运动,设这段时间为 t,小货箱通过路程为 s,小货箱受到传送带的滑动摩擦力为 f,加速度为 a。则对小货箱有

$$s = \frac{1}{2}at^2 = \frac{1}{2}(0+v_0)t \qquad ①$$

$$v_0 = at \qquad ②$$

$$v_0 T = NL \qquad ③$$

则传送带对小货箱做功为

$$W_1 = fs = \frac{1}{2}mv_0^2 \qquad ④$$

在这段时间内,传送带的位移为

$$s_0 = v_0 t \qquad ⑤$$

容易看出,$s_0 = 2$ s,即小货箱相对于传送带向后打滑

$$s' = s \qquad ⑥$$

因摩擦力对一个小货箱和传送带组成的系统做净功(即传送带对小货箱摩擦力所做正功与小货箱对传送带摩擦力所做负功之代数和,是负功,意味着系统要克服摩擦力做功)而产生的内能(热量)为

$$Q = fs' = fs = \frac{1}{2}mv_0^2 \qquad ⑦$$

设电动机的平均功率为 P,在 T 时间内电动机输出的功用于增加小货箱增加的动能、势能和克服摩擦力产生的热,即

$$PT = N\left(\frac{1}{2}mv_0^2 + mgh + Q\right) \qquad ⑧$$

联立上述等式有

$$P = \frac{Nm}{T}\left(\frac{N^2L^2}{T^2} + gh\right) \qquad ⑨$$

第八章 物理教师成长与教师学习

专业是立业之本,专业成长是每一位教师的发展诉求。自 20 世纪 80 年代以来,教师专业发展已成为教师专业化的方向和主题,也是我国教育改革实践提出的一个具有重大理论意义和实践价值的课题。教师专业发展发展什么,教师专业发展的基本特征,教师专业发展怎样发展,在知识经济时代教师专业发展又应该怎样应对这一挑战,这是一些需要我们直面的问题。

一、教师专业发展的意义蕴含

教师专业发展的首要问题是发展什么的问题。物理教师也必须直面这一专业发展的基本问题,它不仅涉及教师专业发展的具体框架的确立,也包括重点发展领域的选择以及物理教师专业发展的特殊性问题。

(一)教师专业发展的基本维度

一般地说,"教师专业发展"有两种解释:一是"教师专业的发展",二是"教师的专业发展"。前者把教师职业本身视为专业,因此也就可以把"教师专业"作为一个独立的术语来解释,它指的是"教师职业专业"。后者的意思就相对宽泛,它不只是指称教师职业专业,也包括了教师所学所教的学科专业。从这一层意义上说,教师天然地具有双专业性——教师职业专业和教师学科专业。在更为宽泛的意义上,教师专业发展还包括教师职业道德发展。

我们自古就有的"学高为师"的说法,说的是教师必须有学问,或者说学问高的人才可以做教师。自近现代以来,教师学问就分化得比较细了,或文史哲,或理化生,或音体美,这里的学问就有了专业划分,它指的是教师所学所教的学科专业。正是这一学科专业的要求,为教师教学提供了本体性知识的保证。深究起来,教师的这一学科专业要求因循着"教人一杯水,自己应该有一桶水"的思维路向,教师专业发展主要还是以学科专业知识量的增加为尺度。但是,过于强化对学科专业的执着,可能会导致我们对教师专业本身的冷漠。

与学科专业知识量的增加这一教师专业发展维度不同,教师职业专业发展以胜任教师职业为目标,构成了教师专业发展的又一维度。譬如,我国曾经的中等师范教育,就堪称中国师范教育史上的一座里程碑,它培养的小学教师虽然学科专业只相当于高中水平,但教师专业水平却很突出,他们中的绝大多数在小学的实践岗位上教书育人,比高中生甚至大学生都有明显优势。自 20 世纪 60 年代以来,发达国家的中小学教师规格陆续发生了新的变化,变化的标志就是并列地重视学科专业与教师专业。值得提及的是,我国的教育硕士专业学位教育,实际上就是培养与教育学硕士同一层次但是不同规格的硕士,它在大学里没有优势可言,但在中小学校实践领域,它比教育学或者其他什么学的硕士都有明显优势。这一优势与其培养方案同时关注所教学科专业最新发展和教师职业专业课程的平衡以及重视专业实践能力培养有着非常紧密的联系。

作为教师专业知识结构最为基础的层面是有关当代科学和人文两方面的基本知识以及工具性学科的扎实基础和熟练应用的技能、技巧,这是教师所必需的,也是教师随着时代和科学的发展而不断学习、不断自我完善和发展的基本条件。其次,具备一两门学科的专业知识和技能是教师专业知识结构的第二个层面,这是教师胜任自己教学工作的基础性知识的专业素养要求。教师承担的工作和角色的丰富性决定了教师专业知识结构的第三层面——教育学科知识,它突出表现在教师对教育对象的认识、教育哲理的形成、教育教学活动的设计方法、现代教育教学技术手段的应用技巧、教育研究能力等方面。教师专业知识结构的多层复合性,还体现在以上提及的三个层面知识及教师的"个人实践知识"的相互支撑、渗透与有机整合上。此外,强调教师对教学设计、教学组织、专业素养和课堂智能进行整合,这是对教师专业发展提出的更高要求;同时也为教师的专业发展提供了更加广阔的空间。

把教师的职业道德纳入教师专业范畴,不仅是传承了我们自己的"学高为师、身正为范"的教师文化精神,也是借鉴外国教师专业发展理论的一种创造。事实上,这也可以认为是中国特色和气派的文化精神的可持续发展。

对于教师专业发展内涵的理解,我们也可以从中学教师专业标准的基本理念、维度和领域的框架中做出自己的判断。

中学教师专业标准的基本理念、三个维度和十四个领域[①]

一、教师专业标准的基本理念

1. 师德为先

2. 学生为本

3. 能力为重

4. 终身学习

二、教师专业标准的三个维度

1. 专业理念和师德

2. 专业知识

3. 专业能力

三、教师专业标准的十四个领域

1. 专业理念和师德四个领域

① 职业理解与认识:依法执教,爱岗敬业,为人师表,团结协作

② 对学生的态度和行为:关爱、尊重学生

③ 对待教育教学的态度和行为:教书育人,因材施教,引导促进学生的自主发展

④ 对待自身:个人修养与行为,为人师表,内外兼修

---

① 教育部教师工作司. 中学教师专业标准(试行)解读[M]. 北京:北京师范大学出版社,2013:169-173.

2.专业知识四个领域

① 教育知识:教什么,怎么教,教得好

② 学科知识:有关任教学科的知识

③ 学科教学知识:学科知识与教育知识融合的产物

④ 通识性知识:自然学科、人文社会、艺术、信息以及我国教育国情的相关知识

3.专业能力六个领域

① 教学设计能力:以学生为本,目标、过程、导学等清晰

② 教学实施能力:环境创设、教学应变、有效教学、探究教学、现代教育技术能力;体现以学生为本的理念

③ 班级管理与教育能力:管理、育人、应对突发事件的能力

④ 教育教学评价能力:评价学生能力,引导学生自我评价能力,自我教学评价能力(发展性评价,以学生为本)

⑤ 沟通与合作能力:与学生、同事以及家庭社区的沟通交流合作能力

⑥ 反思与发展能力:教学教育反思、研究能力以及生涯发展规划的能力

教师专业发展中的"发展"不仅有发展的基本维度问题,还有发展中的不同境界、层次或者水平问题。[①] 关于教师职业道德发展的不同境界,可以分为规范道德、良心道德、幸福道德。由于规范道德本质上是遵守的、他律的外在道德,而良心道德作为体验的、自律的内在道德就是本质上升华了的新境界。至于幸福道德,它不是付出而是收获,不仅不居功而且心存感激,其自我已经以忘我为表征,这样的境界显然是更高的境界。关于教师学科专业发展的不同层次,可以分析为知识层次、智慧层次、创造层次。由于知识积累本质上是理解记忆掌握有限的知识,也就是局限于多少的加减法层次,而智慧张扬本质上就是与融会贯通相联系的层次,显然是追求高效率而非只限于好效果的提高层次,至于创造则以其在教与学的范畴之上的生成性为特征,所以就是更高的层次。关于教师职业专业发展的不同水平,可以分析为经验水平、科学水平、教育文化水平。科学水平可以视为从经验型教师向专业化教师逐步发展的过程,这必然是个漫长而有意义的过程。当我们逐渐地超越这个水平,步入教育的文化境界,追寻着教育中的人与自然、理性与性情的和谐,享受着教育诗性的质朴与流畅的时候,也就是所谓教育文化的水平了。

(二)物理教师的 PCK 知识构成

物理教师的知识构成是多元的,除了物理学科知识之外,还有课程知识、教学法知识以及关于学生的知识等。这些知识并非截然割裂,而是相互关联的,它们的交集就构成了一种教师所特有的知识,即学科教学知识(Pedagogical Content Knowledge,简称 PCK)。具体地说,教师先通过教学设计,将学科的知识转化成教学的知识;再通过课堂教学,使教学的知识转化为学生的知识。在这两次转化过程中,教师所拥有的学科教学知识起着举足轻重的作用。因此,PCK 是教师专业知识中最核心的知识,发展教师的学科教学知识也是教师专业

---

① 杨启亮.教师专业发展的几个基础性问题[J].教育发展研究,2008(12).

成长的关键。

PCK 这一术语最早出现于 1986 年著名的教育学家舒尔曼(Lee Shulman)教授在美国教育研究协会会刊《教育研究者》发表的一份研究报告中,文中舒尔曼教授首次提出学科教学知识(PCK)概念,并将其定义为"教师个人教学经验、教师学科内容知识和教育学的特殊整合"。20 世纪 80 年代,舒尔曼和他的同事们在斯坦福大学启动了一个被命名为"教师知识发展"的研究计划,并且在 1987 年提出了构成教学的知识基础的七类知识:一是学科内容知识,即教师作为一个专业性的职业所必须储备的特定学科的知识;二是一般教学法知识,即在学科内容本身以外的有关课堂程序的安排、组织和管理的知识方法和策略;三是课程知识;四是学科教学知识,指学科内容知识与教育专业知识、教学法知识的融合物,交叉产生的知识;五是关于学生及其特性的知识;六是教育情境知识;七是教育目标与价值的知识。在由这七种知识结合构成的教师教育知识理论的框架中,舒尔曼强调了 PCK 对于教师教育的重要影响,是教学知识的基石。

舒尔曼认为,传统的教师知识结构系统只是单方面地重视专业学科知识或者一般的教学法知识,更多的是忽视这两者之间的内在关系,从而割裂了教师学科知识与教学法知识之间的联系,他把这种现象叫作"迷失的范式"(Missing Paradigm)。针对这种长久以来教学中的"迷失",舒尔曼强调教师在教学过程中所应用的、自成一个框架体系的并与学科知识和教育知识不同的教学知识,即学科教学知识(PCK)。PCK 是综合了学科知识、教学知识和课程知识而形成的知识,是教师特有的知识,定位于"学科知识"与"一般教育知识"之间的交叉融合之处。国内外对于 PCK 的研究涵盖了 PCK 的内涵、成分结构、形成过程、在实际教学过程中的体现等等,所以关于 PCK 的概念还是一个不断厘清的过程。专家和学者们在研究中所表达的观点也是仁者见仁、智者见智,舒尔曼所说的"转化"(transformation),其他学者分别把它说成是"呈现"(representation)、"翻译"(translation)、"专业化"(professionalizing),而杜威把它称为"心理学化"(psychologizing)。虽然大家对于其理解的视角有所不同,但其核心内涵都是一样的,都是源自舒尔曼的理解初衷,就是将 PCK 看作是将学科知识转化为学生可学可理解的知识形式。

美国学者 P. L. 格罗斯曼将学科教学知识的内涵解析为四个部分:① 学科的知识。指学科中最核心、最基本的知识;学科的思想、方法、精神和态度;对学生今后学习和发展最有价值的知识。② 课程的知识。知道某一知识在整个学科体系中的地位和作用;上位知识与下位知识的联系;新旧知识间的联系;所学知识与儿童生活、经验的联系。③ 学生的知识。了解不同学生的认知基础、认识方式及差异;知道哪些知识学生容易理解,哪些问题容易混淆;学生常见的错误是什么,如何辨析和纠正。④ 教学的知识。指为了达到教学目标的要求,根据学生的心理发展水平,而采取合适表征内容的教学手段和策略的知识。需要指出的是,如上采用了还原解析的方法研究 PCK 的基本要素,但并不等于说 PCK 就是这几种知识简单叠加的结果。实际上,各种要素之间是相互嵌套、融为一体的,PCK 正是在它们基础上重组、整合而成的一种新的知识形态。基于这一分析框架,我们可以大致描述出物理教师的PCK 知识构成情况及其内在结构:

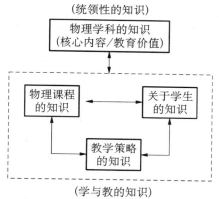

图 8-1 物理教师的 PCK 知识构成情况及其内在结构①

中学物理教师的 PCK②

参照格罗斯曼关于学科教学知识的内涵解析框架,物理教师的 PCK 主要包括:

(1) 物理学科的知识——关注知识的文化取向

我们关注物理知识的文化取向,其实就是要关注学生的发展,充分开发物理知识的育人价值。

著名物理学家陈佳洱院士说过,物理学不只是图表和数据,它能带给你很多更珍贵的东西:一种理性的思维方式、人生的哲学和人生的道路。他的话正是对物理知识价值的诠释:让学生终身受益的不是具体的知识,而是当大部分物理知识忘掉之后所剩下的东西,那就是一个人的思维方式和他的价值取向。……

于是,我们的教学应该从学术形态深入到教育形态,即在重视物理知识的科学内核的同时,还要注意挖掘它的文化底蕴,提升物理教学的文化品性。让学生在学习知识的同时,还能进一步去探寻知识的渊源,揭示知识的本质,体悟物理的美感,从而全面发挥物理知识的教育价值。

(2) 物理课程的知识——拓展课程的学科视域

所谓学科视域,指的是教师对所任教学科的内涵及本质的理解与把握。对于物理教师而言,他的学科视域主要取决于对"物理究竟是什么"这个根本问题的认识。

……

关于物理学科的本质,我们可从三个层面去解读。首先,物理是一门科学,这是不言而喻的;其次,物理又是一种智慧,它的一系列独特而卓有成效的思想、方法,已成为人类共同的财富;最后,物理还是一种文化,并且是集真、善、美之大成的高品位的文化。

……

如果教师关注的仅仅是物理知识层面,他充其量只能算是一名"经师";如果在教物理知

---

① 这一结构图引自吴加澍:中学物理教师的 PCK. 见 http://www.taodocs.com/p-59775286-2.html. 其实,这一结构图可以进一步转化为以物理学科知识、物理课程知识、关于学生知识、教学策略知识为顶点的四面体结构. 具体图示从略.

② 吴加澍. 中学物理教师的 PCK[OL]. http://www.taodocs.com/p-59775286-2.html(节选).

识的同时,还能突出物理思维,引导学生去领悟其中的思想和方法,从而提升智慧,他就是一位"明师";如果在教物理知识、思维方法的同时,还能潜移默化地对学生进行物理文化的熏陶,润泽他们的心灵,那才称得上是教书育人的"人师"。

（3）关于学生的知识——切合学生的心理特点

著名教育家杜威早就指出:"尽管科学家和教师都掌握学科知识,但二者的学科知识是不一样的,教师必须把学科知识心理学化,以便让学生能够理解。"学科知识的"心理化",其实就是"生本化"。这就要求教师以学生为基本立场,按照他们的心理特点和认知水平去审视并组织所教的知识,从而使学科知识转化为学生可学的形式。

……

另一种是基于"学生立场"的教学。教师重视学情的了解与把握,包括他们对所学知识已有的基础,尤其是典型的误解等,并以此作为教学的起点和依据。

……

（4）教学策略的知识——重演知识的发生过程

教学重演律告诉我们:学生的学习过程是对人类文化发展过程的一种认知意义上的重演;学生学习科学的心理顺序差不多就是前人探索科学的历史顺序。著名教育家玻利亚也曾提出,在教一个科学的分支（或一个理论、一个概念）时,我们应让学生重蹈人类思想发展中那些最关键的步子。

同样地,我们的物理教学也应做到:让学生重演物理知识的发生过程。即在教师指导下,让学生去揭示物理知识的发生原因、经历物理知识的形成过程,以及感受物理知识的发展方向等,使物理学习成为学生的"亚研究""再创造"的过程。

实践表明,教师的学科教学知识（PCK）的发展是一个不断建构的过程,在很大程度上是教师个人在自己所任学科的特定范围内,在不断将诸方面知识综合、创新的探究过程中得出的。对于一线物理教师来说,PCK 的建构必须坚持实践取向,即要强化实践意识、关注现实问题、注重个人经验。或者对典型课例的 PCK 解析,亦即结合教学中的案例,以 PCK 的视角和框架进行深入的剖析与反思,形成一个个鲜活的"话题PCK",通过不断积累形成并充实教师的 PCK 资源库;或者不断反思和总结自身的 PCK,"悟"出自己的行动理论,形成自己的教学主张,这是建构具有个性特色的学科教学知识的关键所在。

（三）物理教师的科学史哲素养

物理教育的根本目标在于提高学生的科学素养,科学素养不仅包括对科学知识的了解,而且包括对科学本质的理解。[1] 在要求学生理解科学本质时,物理教师自身必须先认识科学本质。因此,理解科学本质是物理教师专业发展的一个重要组成部分。

事实上,自 19 世纪初期科学开始在学校课程中取得一席之地以来,人们一直希望学生不仅要懂得科学,而且要通过内化科学精神,懂得与欣赏科学的本质,使科学教学对文化品质和个人生活产生有益的影响。近年来,鉴于科学哲学观点的演进,科学本质观已由以往的

---

[1] 蔡铁权,姜旭英.我国科学教师专业发展中的科学史哲素养[J].全球教育展望,2008(8).

逻辑实证主义转向当代主流的社会建构主义。

　　在关于科学知识的认识上,科学史哲所蕴含的当代科学本质观反对把科学知识看作是绝对客观真理,同时也批判了单一的、客观的、纯理性的科学方法论。绝大多数西方当代科学哲学家和科学史学家像波普尔(K. Popper)、库恩(T. Kuhn)、拉卡托斯(I. Lakatos)、劳丹(L. Laudan)等都有这样的共识:不存在永恒不变的科学真理,科学在本质上是相对的、可变的,处在不断的修正和发展过程中。科学进步既体现在"累积式"的量变中,又体现在"革命式"的质变中。通过科学史哲教育,物理教师认识到所有的科学理论都不是最终的真理,原则上要接受变更和改进,当科学家们遇到与已有的解释不一致的新的实验证据时,他们的确要改变有关自然界的概念,而事实上他们也已经这样做了。物理教师在教学中,不再将知识仅仅作为绝对真理来呈现,这将有利于学生怀疑态度和科学精神的培养。

　　科学史上的每次重大进展和发现都离不开缜密、特殊的科学方法,科学史哲教育则为物理教师理解科学方法提供了又一个平台。伽利略(G. Galilei)是以论证的方式说明自由落体的速度与质量无关,当时真空技术尚未发展,伽利略的推理不是以实验数据为基础,而是运用假说、逻辑推理和数学推理相结合的方法揭示了自由落体定律的奥妙;欧姆(G. S. Ohm)应用电流与热传导相类比的方法总结出欧姆定律;法拉第(M. Faraday)由电生磁问题逆向思考到磁生电问题,通过反复实验研究最后得出电磁感应定律,等等。科学史哲教育使物理教师既了解科学家是怎么做的,也学会了自己应该如何去做,使科学方法的教育更具有可操作性,而且促进了物理教师对科学方法本质的理解。

　　相对于科学知识与科学方法的领悟与掌握,科学史哲教育对于物理教师正确理解科学发展还提供了新的契机。经典的科学观认为:自然界是真实和客观的;科学知识是有效的;科学知识的证据来自观察;科学知识的有效性可以通过实验加以检验;科学知识具有特殊的认识论地位;科学知识是一种不断增加的事实资源;科学共同体被认为必须具有一种学术上开放和普遍主义的规范结构。① 这种科学观认为科学发展从观察开始,科学认识的基本程序是通过观察、测量和实验,获得经验事实性的知识,然后通过归纳与假说,上升到定律,再逐渐形成理论。其基本认识程序是:事实—定律—理论。迄今为止,我国中学科学课程基本上一直采用这种科学观。近年来,由于科学实践哲学、科学知识社会学(SSK)和女性主义科学哲学研究的兴起,主张"科学研究始于机会"。这种理论认为,没有机会,科学家不会意识到问题;没有机会或者研究条件不具备,即便意识到问题,科学家也无法进行真正的研究。只有机会真正地反映了实际中的科学研究。观察、问题和机会共同形成一种科学研究的起点性链条,形成实践性的科学研究的解释学循环:① 通过机会性寻视,我们在评估自己和同行所掌控的资源的基础上,通过先前的实践寻找合适的研究项目或者问题;② 然后通过问题,我们去更加具体地实践,并且观察到新的差异和推进原有的研究;③ 接着在原有研究推进的基础上,我们通过实验室中的科学家社会协商的实践,寻找研究的新机会。② 这一观点的合理性暂且搁置,但是显然,科学史哲揭示了科学发展的内在规律,可以有效地促进物理教

① 周丽昀.当代西方科学观比较研究:实在、建构和实践[M].上海:上海社会科学院出版社,2007:46-48.
② 吴彤.科学研究始于机会,还是始于问题或观察[J].哲学研究,2007(1).

师对科学发展本质的理解,从而正确地把握科学教学。

科学史哲素养不仅之于物理教师的科学知识获得、科学方法掌握以及科学发展理解等方面具有专业发展的教育价值,在促进教师学会从哲学和历史的维度思考物理教育教学问题则更具有根本的意义。例如,中学物理教学的根本价值究竟在哪里? 换言之,学生学习物理究竟有什么用? 对于这些问题的回答,更需要物理教师的哲学思维素养。

中学物理教学的价值究竟在哪里?[①]

美国数学教育家波利亚曾有一个统计:中学生毕业后,研究数学和从事数学教育的人占1%,使用数学的占29%,基本不用或很少用数学的占70%。看到这个结果,完全出乎我的意料之外。原本以为,我们今天教给学生的知识,尽管会忘掉一些,但绝大部分都是终身有用的,想不到现实的反差是如此之大。

......

至此,一个尖锐的问题就摆在了面前,逼着要我做出回答:"既然只有1%的学生今后会用物理,为什么今天却要100%的学生都学物理?"它的实质,就是要追寻物理教学的价值究竟在哪里?

诺贝尔奖获得者劳厄曾经说过:"重要的不是获得知识,而是发展思维能力。教育无非是一切已学过的东西都遗忘掉的时候,所剩下来的东西。"这位物理学家一言道破了教育的真谛,即教育的终极追求并不是知识,而是在于学习知识过程中积淀下来的东西,亦即人的素质;而素质的核心又集中反映在人的思维方式和价值取向。

同样地,物理教学的最终目的也是为了提高全体学生的素质,尤其是他们的科学素养。正如《面向全体美国人的科学》一书指出的:"教育的最高目标是为了使人们能够过一个实现自我和负责任的生活作准备。"对于大多数学生来说,今天学习物理并不是为了明天去进一步研究物理,而是有助于他们去正确面对和决策今后所遇到的大量的非物理问题,从而为一生文明、健康、高质量的生活奠定基础。

学习物理有什么用? 面对这个学生经常会提出的问题,笔者的回答可以归结为三句话:第一,物理是有用的。作为一个生活在现代高科技社会中的公民,相关的事例俯拾皆是,不胜枚举。第二,物理也是无用的。因为绝大多数学生今后从事的都不会是物理专业,今天所学的物理知识到以后大多数都派不上直接的用场。第三,学物理最终是有用的。因为物理是一门科学,你学了更有知识;物理还是一种智慧,你学了更加聪明;物理又是一种文化,你学了更有品位。可以这样说,一个人在学生时代,有没有受到过系统且良好的物理教育,最终将会直接影响他的人生或事业所能达到的高度。

我们论说物理的有用与无用,其实已经涉及了一个重要的教育哲学命题,即教育的有用性与无用性。容易被人们误解的正是它的无用性。其实,无用性恰恰是教育重要的基本属性,也是教育本身无法估量的价值之所在。

通过对"为何教"这个问题的深入思考,使笔者进一步厘清了物理教学的价值取向——

---

① 吴加澍.从优秀走向卓越:物理教师的三项修炼探微[J].中学物理教学参考,2011(6).

从知识本位回归到三维目标；同样地，对其余几个本原问题，我也在学习、思考的基础上做出了相应的回答："为谁教"——把属于学生的东西还给学生；"教什么"——从学术形态深入到教育形态；"怎么教"——让学生重演物理知识的发生过程。上述这些对于物理教学的理解与主张，实际上也就构成了笔者的物理教学观。

当物理教师拥有了明晰的、符合教学本真的教学观念，就等于为自己的教学实践找到了主心骨、定向标。但是，这并非一件容易的事，正是这种不容易，愈发显得学会哲学思考以及历史思考的价值。换言之，也唯有及早抓住教学的本原问题进行深刻的审视与反思，方能使自己成为一个有思想、有主张的物理教师，从而使自己在教师专业发展的道路上走得更快、更远、更好。

二、教师专业发展的基本特征

教师专业发展是教师个体不断更新知识结构、增长专业能力和提升专业道德的过程，也指教师通过接受专业训练和自身主动学习，经历新手阶段、优秀新手阶段、胜任阶段、熟练阶段、专家阶段逐步成为一名专家型和学者型教师，不断提升自己专业水平的持续发展过程。教师的专业发展主要表现出以下一些基本特征。

（一）专业发展自主是专业人员的必然要求

许多学者认为，自主（autonomy）是专业的最基本特征之一，专业发展自主是专业人员的必然要求[1]。对于教学专业，教师专业自主也是教学专业的一个基本特征，教师专业发展自主意味着教师对自己的专业发展负责，是教师专业特征的具体体现。

教师个人专业自主不仅包含传统意义上的教师依其专业知能来从事教学工作时的自由做决定、不受他人干扰控制的内容，而且包括教师专业发展自主——教师能够独立于外在的压力订立适合自己的专业发展目标、计划，选择自己需要的学习内容，而且有意愿和能力将所订目标和计划付诸实施。在此过程中，教师表现出了一种较为强烈的自主意识，并明确意识到教师应当成为自身专业发展的主人。

教师的专业发展自主意识，按照时间维度划分为三方面内容：对自己过去专业发展过程的意识、对自己现在专业发展状态和水平的意识、对自己未来专业发展的规划意识。教师的专业发展自主意识是教师真正实现自主专业发展的基础和前提，它既能将教师过去的发展过程、目前的发展状态和以后可能达到的发展水平结合起来，使得"已有的发展水平影响今后的发展方向和程度""未来发展目标支配今日的行为"[2]，又能增强教师对自己专业发展的责任感，从而确保教师专业发展的"自我更新"取向。

教师专业发展自主能力是在教学专业活动中形成并得以发展的，它需要教师一定时间的专业生活的积累，也是教师进一步专业发展自主的现实基础。在教师的专业发展过程中，教师的专业活动尽管有多种形式，如与学校领导的互动交流、同事之间的相互合作、与学生家长的

① 白益民.教师的自我更新背景、机制与建议[J].华东师范大学学报（教育科学版），2002(4).
② 叶澜.教育概论[M].北京：人民教育出版社，1991：218.

接触等,但从总体上看,教室才是教师在学校的基本活动场所,课堂教学才是教师的最基本的专业活动形式,因此,对教师专业发展机制的探寻也应该根基于教师课堂上的专业生活。

相较于教师的专业发展自主意识和专业发展自主能力,教师专业发展尊重并重视教师个人已有经验,这是教师专业发展自主的又一体现,教师的专业发展带有明显的个人特征。它不是一个把现成的某种教育知识或教育教学理论学会之后应用于教育教学实践的简单过程,而是蕴含了将一般理论个性化、与具体的应用场景相适应、并与个人的个性特征相融合的过程。实践表明,教师的专业发展不是一个把现成的某种教育知识或教育理论学会之后应用于教育教学实践的简单过程,这一事实决定了教师的专业发展不仅需要教师积极参与富有共性的"理论知识"的学习,更需要尊重并重视教师个人已有的教育经验和观念,并能把一般的教育教学"理论知识"与教师个人的"实践性知识"加以整合,完善个人的教育观念,而能够做到这一点的只有教师自己。

教师专业发展需要外力的支持,但在根本上是靠教师的自主发展来实现的。换言之,教师专业发展更多的是自主专业发展,是教师个体的一种自我修炼,它需要教师的专业发展自主意识和专业发展自主能力作为保障,同时也需要尊重和重视教师个人已有经验,更需要教师具有不断超越自我的精神。因此,不断追求卓越的愿景修炼便成为教师专业自主发展的一项基本功。

愿景修炼:不断追求卓越[①]

物理教师的专业成长之路要跨越三个台阶,即教学技能——教学模式——教学境界。

首先是攀登第一个台阶,就是要练好教学基本功,熟悉物理教学常规,使自己具备较扎实的教学技能,能够站稳三尺讲台。接着,要深入探索教学规律,不断积累教学经验,进而彰显教学个性,凝练教学风格,构建具有自己印记(而不是照搬照抄)的教学模式,从而跨上第二个台阶。

教学从"无模"到"有模"固然是个进步,但我们应清醒地认识到,任何一种教学模式,哪怕当时看起来尽善尽美,也都不可避免地带有自己的局限性,一旦面对复杂多变的教学情况,它又会出现新的不适应。因此,正确的态度不是抱残守缺,而是放弃原有的模式,将其打破、重构。这样一来,我们似乎又从"有模"回到了"无模",但这并非倒退,而是一种进步。因为教学模式的发展逻辑就是如此:先从无模到有模,再从有模到无模,又从无模到有模……如此交替变化、循环不止,这也正是辩证法的"否定之否定"规律的生动体现。

怎样的教学模式才是最好的呢?我想,最好的模式大概并不存在,然而对此的最好回答倒是有的,那就是:无模之模,乃为至模。这也意味着教学模式并非是教师专业发展的最高阶段,超越于教学模式之上的,还有更高的目标值得我们去追求。作为一名有所抱负的物理教师,理应学习前辈那种高远的眼光、博大的气度,去追求物理教学应有的境界,使自己的教学理念和行为更加逼近物理教学的本质,从而跨越教师成长历程中的第三个台阶。

具体而言,理想的物理教学应该达到这样三重境界:一是"求真",即科学境界,通过科学教育,使学生形成科学的世界观;二是"向善",即人文境界,体现人文关怀,使学生树立正确

---

① 吴加澍. 从优秀走向卓越:物理教师的三项修炼探微[J]. 中学物理教学参考,2011(6).

的价值观;三是"臻美",即艺术境界,注重审美熏陶,使学生养成积极的人生观。这三重教学境界的目的,就是为了培养学生,使他们学会做事求真、做人求善、人生求美,最终步入一个真善美的人生境界。

物理教学的三重境界犹如三棱塔的三个侧面。当我们还处在底部时,科学、人文、艺术似乎相去甚远,但随着高度的不断提升,三者之间的距离就会越来越近,如若到了塔顶,它们也就完美地融为一体了——这正是理想的教学境界之所在。

真正的名师只能是教师自己修炼而成的,换言之,众多名师的成功之路正是通过自身长期的修炼而铺就的。当然,仅有愿景修炼还是不够的,物理教师在专业成长过程中还需要学术修炼和心智修炼,即不断提升学术素养,使自己成为一名孜孜不倦的学者,并学会哲学思考,使自己成为一名慧眼独具的智者。

(二)教学实践在教师专业发展中有重要作用

教师的专业发展更多是在教师的教育教学实践中实现的。一方面,学校中实践性问题的存在反映了教师专业发展的需要;另一方面,实践性问题的解决则是教师专业水平发展的标志。教师专业发展的主体是实践中的教师,教师首先关注的主题是自己置身于其中的教育情境的改善和教育教学实际问题的解决,并以解决实践性问题为旨归,"为了实践、关于实践、在实践中"构成了教师专业发展的一条主线。

教师的专业发展更多是在教师的教育教学实践中实现的,因此也决定了教师的专业发展与其工作的学校环境密切相关,学校的组织文化成为影响教师专业发展的重要因素。教师专业素养中最为核心的实践性知识和个人化的教育观念正是教师依存于特定的背景,以特定的教室、特定的教材甚至特定的学生为对象,在真实的教育教学场景中形成的,是在充满情感、理想和特定的组织文化环境中逐步发展的。正是由于学校的特性如此深刻地影响着教师的专业发展水平,所以,欧洲各国的教师专业发展研究人员都一致强调,教师的专业发展"必须与各中小学的学校改善及其全员发展一体化"。[①]　其实,我们也可以从南京师范大学附属树人中学"基于成长共同体的初中物理教师专业发展"的实践中验证这种一体化的教师专业发展。

基于成长共同体的初中物理教师专业发展实践研究[②]

教师专业发展的过程,实质就是文化意义建构的过程,是自我价值认同和追求的过程。共同体成员通过系列活动,在改变中不断成长。

1. 教育心态的转变

在目前教育市场化、教师心生浮躁的情况下,共同体成员坚持挤出时间参加活动,五年以来开展了形式多样的170次活动。共同体成员摆脱只看成绩不看过程,只看眼前不看将来的教育陋习,认真研究全国著名物理教育专家的教育思想,本着以"我(教师)的成长来成就学生"的教育心态来研究物理教育,从教育工作者的角色转化为教育思想者角色。

---

① 张贵新.欧洲教师教育的现状与改善方向[J].教育研究,2001(1).
② 朱文军,梅亚林.江苏省教育科学"十二五"规划课题《基于成长共同体的初中物理教师专业发展实践研究》结题报告[R].参见 http://zpmjdz.blog.sohu.com/308696543.html.

共同体汇聚了一帮会思考的人,共同体成就着一个共同梦想——专业成长。思考带来的是科研的结晶,带来的是造成智慧型教师,成就智慧型学生。

曲阜师大李新乡教授在看到共同体成立仅一年就积累了10多万字的材料时说:"心情很激动,在当前形势下,形成这么一个优秀的共同体,并且做了这么多工作,实属难能可贵。"……浙江著名物理特级教师郑青岳来信中写道:"在浏览你们的成果的同时,我也深深地被你们所感动。在这个物欲横流的社会,你们这班年轻人能够有如此单纯的追求,真的非常难得。"

2. 教学行为的优化

"基于学,改进教"是共同体成员形成的共识。物理学是一门实验学科,实验是物理学科的特点之一,实验是物理教学的重要基础,加强实验教学是我国物理教学历来的主张,实验是物理教学的重要内容,实验是物理教学的重要手段和方法。新课程倡导科学探究的教学思想,实验作为科学探究的重要思想和方法,在新课程教学中占有重要的地位。

在重视实验的思想指导下,寻找学生学习障碍点(开展学生错题研究),编辑《南京物理教师成长共同体错题集》,寻找学生喜爱的学习方式。

共同体成员在学习物理教育专家教育思想的基础上,加强实验教学和实验创新教学。注重实验在物理教学中的应用,开足开齐学生分组实验,创造性地开展综合实践活动,引导学生动手制作实验器材,开选修课,举办学科活动。

3. 教育主张的形成

共同体的建立,完成了从"我"到"我们",从"我"到"你、我、他"形成一个团队。

新课程理念要求学生在合作中成长,在探究中进步。共同体通过活动提高了教学高度,提升了教育境界,完成了从教知识内容到以知识学习为平台,教学科方法论,直到最高境界,在知识学习和方法论意识的培养中育人,实现学科教学向学科教育的跨越!

幸福是一种有德行的实现活动。对教育道德价值的认同,让共同体成员增强责任感,更富有使命感,在创造活动中体验到幸福的意义,由此去发展自己,超越自己。智慧型教师成就的是智慧的学生,由学生学会到学生会学。让老师教的幸福,学生学的幸福。

教学实践在教师专业发展中有重要作用,我们还可以从知识论的视角来分析。一般而言,教师知识可以分为两类:理论性知识和实践性知识。理论性知识包括教师的本体性知识(所教学科的内容)、条件性知识(教育学、心理学以及学科教学法的基本原理)、一般文化知识(如文史哲、社会科学和自然科学的一般原理)。理论性知识通常呈外显状态,停留在教师的头脑里和口头上,是教师根据某些外在标准认为"应该如此的理论"(信奉理论)。实践性知识则包括教师在教育教学实践中实际使用和(或)表现出来的显性的或隐性的知识。除了学术界常说的"行业知识""情境知识""案例知识""策略知识"等以外,还包括教师对理论性知识的理解、解释和应用。它通常处于内隐状态,但却是教师内心真正信奉的、在实际工作中"实际运用的理论"(使用理论),支配着教师的思想和行为,体现在教师的教育教学行动中。[①] 这里的实践性知识是源于实践、服务于实践并体现于实践的。

---

① 陈向明. 搭建实践与理论之桥:教师实践性知识研究[M]. 北京:教育科学出版社,2011:2.

相较于理论而言,实践更具有优先性,这也能在一定程度上解释教育教学实践对于教师专业发展的特别价值。理论和实践是社会科学研究中的一对基本范畴,两者之间的关系一直颇受争议。由于理论话语在人类话语中占强势地位,使得实践话语一直受到贬抑。但事实上,实践更具有第一性或者说是优先性,实践的完整性并不依赖于理论。同样,教育实践是第一位的,而理论只是反思实践所产生的结果。理论自身并不能控制实践,教育的任何科学理论总是在实践中发展出来的。理论只是在实践完结时才有了自己的空间。正是在这一层意义上,教育教学实践对于教师专业发展具有原初的价值。

此外,教师专业发展的阶段性与二次发展特征,以及网络时代的教师专业发展特征等,有兴趣的读者可以参考相关研究资料。

三、教师专业发展的内在机制

就教师专业发展的途径和方式而言,包括两个大的方面:一是外在的影响,是指对教师进行有计划有组织的培训和提高,它源于社会进步和教育发展对教师角色与行为改善的规范、要求和期望;二是教师内在因素的影响,是指教师的自我完善,它源于教师自我角色愿望、需要以及实践和追求。某种程度上说,教师内在因素的影响对于教师专业发展起着关键作用。

(一)教师专业发展中"关键事件"的作用

当把目光瞄向教师的课堂专业生活时,我们发现:教师的的确确要担负许多重复性的工作,教师并非能从专业生活经历的时时、事事中发现对自身专业发展的意义,只有课堂专业生活的某些特定事件(又称"关键事件")以及特定时期和特定人物,对教师的专业发展才会产生重大的影响。在教育教学过程中,相互听课、研讨、说课、学生意见调查等,都更容易成为教学中的关键事件而为教师的专业发展提供契机。

"关键事件"是指个人生活中的重要事件,教师要围绕该事件做出关键性决策,并导致教师朝着特定方向发展。"关键事件"的概念是沃克(Walker, R.)在研究教师职业时提出的,后来其他研究者又做了进一步的发展。从教师专业发展的过程来看,专业发展既有渐变发展的过程,亦有突变的发展过程。在突变的发展过程中,关键事件扮演着重要角色。多数教师所体验到的专业发展过程是一个渐进的过程,但这并不意味着他们没有对他们的专业发展曾有重大影响的经历。当然,这里的"关键事件"不仅具有宽泛的意义,而且在教师的专业成长过程中,不同阶段的教师所面临的教育"关键事件"的主题不同。例如,初入职教师面临的"关键事件"主题一般为课堂教学的技能和班级管理,有经验教师面临的"关键事件"的主题一般为课堂中学生的自主学习和有自身特点的教学,专家型教师面临的"关键事件"主题一般为课堂教学的创造性、艺术性和学生个性的发展。因此,教师应该对自己课堂教学中碰到的关键事件及问题进行梳理,确定具有典型意义和普遍意义的"关键事件"和关键问题加以理性的思考,作为自己专业成长的课题。但不管哪一个发展阶段的教师,"关键事件"一般都具有典型性、自我体验性、情境依赖性、创生性等特征。

教育活动中的"关键事件"对教师专业成长具有重要意义。一方面,"关键事件"可以触动教师"灵魂深处"的隐性教育观念,改变教师的教学行为;另一方面,"关键事件"可以促进缄默知识与外显知识之间的相互转化。作为一种思想积淀,教师的隐性教育观念是个体的教育知识背景或教育知识图式的一个组成部分,是教师解释教育现象,规范自己的教育实践,解决教育问题的一个内隐的解释性框架。隐性教育观念是一种缄默知识,教师不能清晰地意识到它,因此无法对其反思、检讨、澄清和更新。如果不是有意识地去揭示它,原有的实际支配教师教学行为的教育观念就无法受到触动,教师可能无意识地、习惯性地进入误区而不自知。通过教育活动中的"关键事件",帮助教师认识新旧教育理念的本质区别以及操作上的差异,触动和揭示教师的隐性教育观念,特别是缄默程序性教育知识这一盲点是必不可少的一步。教师更喜欢观摩课示范课、公开课,更喜欢直面课堂教学中有感染力的真实事件或真实问题,以学科教研活动为操作平台,通过教师亲自体验、实践、反思和专家教师、同伴的"临床"指导、切磋的互动中,洞察并揭示教师教育行为背后的缄默教育知识,提高自我观察的敏感性,并用语言表达,使内隐的教育观念清晰化,进而对其进行梳理、澄清、更新,获取隐性知识,生成实践性智慧,实现对具有基础地位与强势作用的教师隐性教育观念进行改组、改造,促进缄默知识与外显知识之间的转化,本质上就是借助于"关键事件"及"关键问题"的解决,实现教师对自我长期累积所形成的教育教学经验的体悟,引发教师的自我澄清过程、个人思维的清晰化过程,促进了包括教师个人教育观念在内的教师专业结构的解构和重构。

教师要从关键事件中得到发展,仅有关键事件本身还是不够的——它对教师的专业发展虽然具备潜在的意义,教师自身还必须要有一个自我澄清的过程——对自己过去已有专业结构的反思、未来专业结构的选择和在目前情境下如何实施专业结构修改、调整或重新建构的决策,只有这样才构成一个教师专业发展的基本循环。

教师成长:对"关键事件"的反思至关重要①

在教师专业成长中,"关键事件"经常发生在教师的变化和选择时期,是对教师的职业产生自我挑战的事件,教师通常用这些关键经历来建构其职业生涯故事。判断关键事件有两个标准:第一,教师本人提及的非常有意义的事件。比如"这对我来说太重要了""我一直没有忘记那种痛苦的感觉"。当教师从过去的记忆中回忆起并表达出来的事实被当作有意义的事件时,上面的话语就是一个清晰的关键事件的暗示。第二,当有意义的事件与教师的职业发展、主观的教育理论及职业行为相联系时,那些被教师归因于对自我或职业行为产生影响的事件。

……

然而,某个事件能否成为关键事件并不取决于它本身,而是在于由其所引发的自我澄清过程、个人思维的清晰化过程,也就是包括教师个人教育观念在内的教师专业结构的解构与重构,这即是教师的反思过程。那么教师如何对关键事件进行反思呢?第一,要确定关键事件,在此基础上对其加以思考和分析。第二,要记录关键事件。教师要及时、客观地记录关键事件出现的情境、情节描述、相对完整的事件过程、事件的结果、当时这么做的原因、自己的情绪反应。记录关键事件最简单的方法就是回答这样几个问题:"我碰到了什么问题?""我是怎样碰到这个问题的?""我怎样解决这个问题的?""这个问题留给我的思考是什么?"第三,要分析关键事件。分析关键事件中遇到的问题,掌握整个事件的因果联系,把各种因素

---

① 鱼霞.教师成长:对"关键事件"的反思至关重要[J].人民教育,2012(5).

都考虑进去,尽可能对事件进行多视角、深层的解读,改变教师的思维定式。教师要多问自己"为什么我会这样看待它?""我还能怎样对待它?""我处理它的方法是否正确?"教师多视角的提问会让问题更深入,思维更清晰,分析更透彻,判断更准确。这对提高教师本人的专业判断力,进行有效的专业实践非常重要。第四,行为调整与改变。通过分析,寻找相关的理论并以此检验教师自己在处理关键事件中的得失以及他人处理相关事件的比对,并将这些经验凝练成自己的理论;重新设计类似事件的处理策略;再付诸实践,调整自己的教育教学行为。从而在反思的基础上,教师逐渐积累、形成富有个性的教育实践的见解、观点和思想。

可以说,面对每一个关键事件,教师是否有"反思"的参与以及"反思"的成效如何就显得尤为重要。在这个过程中,外在的影响因素与教师自我的教育信念和知识之间的矛盾更加明晰化和尖锐化,再经过对各种作用因素之间关系的反思,来作出判断和选择,并对原有的内在专业结构做局部修改、调整或全部更新,从而获得专业发展。

这样,我们可以把教师每经历一个关键事件而获得专业发展的过程,称为一个教师专业发展的基本循环。此后,教师会在众多因素的作用下,遭遇新的冲突情境和关键事件,进而开始新一轮的专业发展过程。如此循环往复,最终实现教师专业的不断发展,在这一过程中,教师专业发展的自主性水平也得到了提高。

(二)在教育实践中开展行动研究

教师专业发展自主为教师成长注入了生命活力,教育教学专业活动中的"关键事件"及自我澄清过程为教师专业发展提供了现实的契机,但是,鉴于旧有知识包含的价值规律与今天的认识不完全一致、教师的自我分析和反思又必然受到自身"惯性"的影响,教师成长如果完全依靠自我的努力而不借助于外在的培训或帮助是非常困难的。为了解决这一困难,我们必须寻找促进教师专业发展的更为理想的途径和模式,而教育行动研究的成果——注重观察、强调反思和提倡合作等特点给我们提供了有益的借鉴。

"行动研究"作为一个术语出现最初始自美国的柯利尔(J. Collier),它是一种以"参与"和"合作"为特征的研究方式,而非一种研究方法。"行动研究"强调由实际工作的人员在实际的情境中进行研究,并将研究结果在同一个情境中来应用。在目的上"行动研究意在帮助实践工作者省察他们自己的教育理论与他们自己的日复一日的教育实践之间的联系;它意在将研究行为整合进教育背景,以使研究能在实践的改善中起着直接而迅速的作用;并且它意图通过帮助实践工作者成为研究者,克服研究者和实践者之间的距离"。[①]

教师可以针对教育改革中的热点、难点问题和教育教学中面临的各种矛盾开展行动研究,一线教师和学校管理人员在教育专家和专业研究人员的指导下,面向学生、面向教育实践提出问题,制订研究方案,确定研究目标,实施研究计划。实践表明,通过"经验移植"和"反思性探究"的行动研究是促进教师专业知识和自身素质成长的有效途径。

"经验移植"是借助于研究别人行动进而改善自己,亦即对他人经验的移植和整合。教师从事教学,就其前提条件而言,除了具备坚实的专业理论和有关教育科学知识以外,还应

---

① 施良方,崔允漷. 教学理论:课堂教学的原理、策略与研究[M]. 上海:华东师范大学出版社,1999:381.

该具备具有个人特色的教育风格、教学智慧等教育实践性知识,它需要教师不断地积累。相对于教师个人的长期摸索、总结而形成经验,以听课为重要形式的经验移植——研究和借鉴具体而鲜活地存在于身边的他人经验——则显得更为便捷。

"移植"本来是一个生物学上的词汇,在此用来表示把别人的经验运用到自己的教学实践中,或借用别人的理论来分析、理解和改进自己的教学实践的过程,这是教师专业行为中一种较为常见的活动,也被看作是教师专业发展的一条重要途径。当然,经验移植的过程绝不是对别人思想、经验的生搬硬套,它必须随教学情境的不同而做相应调整,并通过与教师个人经验的整合而变为自己认知结构的一部分。离开了自己的经验来研究别人是一种不合理的学习方式,要形成自己独特的个性化的教学风格,就必须通过借鉴他人思想以引发或整合——对新信息进行加工使之与原有认知结构发生对接的建构——成为自己的教学智慧,只有这样才能使教师以更为理性的目光审视以往的教学。

必须强调的是,经验移植注重运用别人经验于自己的教学实践,但这种运用绝不能仅仅停留在移植的表面;那种只是为了熟悉教材内容的听课行为也最多能达到"依样画瓢"的程度。为了使经验移植概念下的听课行为取得理想效果,教师还必须掌握科学且合理的听课方法:听课前充分准备;听课时实录评点;听课后及时讨论、对比研究、总结积累。

"经验移植"是教师专业行为中一种较为常见的活动,如听课、观摩授课的音像制品、阅读"教案选编"等都是基本的经验移植形式。但是无论采用何种形式,若能将经验研究与脚踏实地的教学实践紧密结合起来,必将会取得更好的效果。

与他人的经验移植和整合不同,"反思性探究"则从研究自身的专业活动出发——把自己的专业活动作为教师专业发展中的"关键事件",为丰富教师个人的教育教学智慧展现了又一条更为可靠、更有价值的思路。

图 8-2 反思性探究促进教师专业
发展的内在机制(基本循环)

"反思性探究"源于对"教案"的进一步研究,又称"教历"研究。[1] "教历"研究为促进教师专业发展的反思性探究提供了原始资料和物质依托,而反思性探究的行动模式则更加明确地揭示了其在促进教师专业发展方面的内在机制。

在这一模式中,理想的教师对自己专业活动的反思包括五个环节:① 行动:教师上课、专家听课;② 对行动反思:教师反思、专家评课;③ 自我澄清:教师意识关键所在、专家分析问题原因;④ 改进或创新:教师提出其他方法、专家提供备择方案;⑤ 新的尝试:其本身又是

---

[1] 相对于对"教历"的研究,我们也可以开展对"学历"的研究,它对教师专业发展特别是如何促进学生发展具有重要作用.

一种新的行动，它实际上已成为新一轮循环的起点。其中，自我澄清环节是反思性探究促进教师专业发展的核心环节。

作为反思性探究的物质依托，"教历"中有关教学过程的记载可以有详、略两种不同的方法。详式可以通过微格教学系统录制，然后整理成实录；也可约请听课老师详录或通过回忆而加以整理。略式教历便捷，着重记录实际教学过程与教案设计的差异和教学中的灵感、机智。课后反思则应是"教历"中的最关键部分，它是教师对自己教学过程和教学结果的评定和解释、并在此基础上形成对下一步行动的新的判断和构想，因而它是反思性探究促进教师专业发展的精髓。

一般说来，教师自己的反思性探究可以包括：我的专业活动在什么样的场景下？我想做什么？学生想做什么？我做了什么？学生做了什么？我意识到了什么不足？学生还有什么问题没有解决？我的感觉如何？学生的感觉如何？我从实践中悟到了什么道理？这些切身体验能否与一般的教学理论联系起来？我的专业任务完成得怎样？学生是否得到了现实的发展？

当然，从更为理想的目标看，教师的专业发展应当是一种"造血机制"，而不应该是一种"输血机制"，这就意味着作为教师专业发展的"反思性探究"还需要完成从专家评课向自我评价、从外控的教师专业发展向内控的教师专业发展转变。对于刚刚接触新教育思想和观念的教师而言，他们经过学习可能了解新的教育思想，但不知道在教学实践中如何操作，专家的"捉虫"非常必要。教师通过对自己的教育行为、教学方法等进行不断反思和改进，对自己正在做的事将会有更清楚的认识，观念将不断更新，目标更加明确，思维更加活跃、且更具批评性。需要特别强调的是，促进教师专业发展的反思性探究有两个不同的层次：指向教师专业活动本身的反思和指向教师专业发展过程的反思，而正是指向教师专业发展过程的反思构成了促进教师专业自我发展的根本方面。

长期以来，教师只是被动实验者和被要求者，教师的创造性缺乏普遍的尊重，只有建立起充满活力的教师专业发展的内在机制，使教师变成教育教学的积极参与者、研究者和实践者，才能使教师的教育智慧充分发挥。随着教师将自我专业发展作为一种新的专业生活方式渗透于日常专业行为的方方面面，教师便可以逐渐脱离专家的帮助而自行完成自身的专业发展任务，从而使教师的专业发展走向独立自主的轨道，这是教师专业发展的最佳境界。

四、以专家型学习促进教师专业发展

在世人的眼中，教师是"有文化的人"，作为"文化人"的教师应该是社会成员中最爱学习的人。细心的教师也常会发现，几乎所有的特级教师都有一个共同的爱好，那就是他们对学习的热爱，那些充满智慧和灵气的课堂正是得益于他们广博的知识积累和深厚的文化底蕴。要给学生一杯水，教师要有一桶水，而且是一桶有着涓涓细流不断汇入其中的活水，这一桶活水从哪里来？一个很重要的途径就是学习。在知识经济已经走向我们的今天，最重要、最紧迫、最直接的任务就是要求我们进一步重视人的学习，养成人的一种学习自觉，并在学习过程中学会学习，逐渐使自己成为一位专家①型的学习者，这是时代赋予每一位教师的必然

---

①　本文中的专家，不仅是(或者说主要不是)指那些在他们擅长的领域比别人知道得更多，同时是(或者说更多是)指在他们不擅长的领域能够比别人学得更快、更好的人，即比别人更会学习的人.

要求。教育部最新颁布的《幼儿园教师专业标准(试行)》《小学教师专业标准(试行)》《中学教师专业标准(试行)》都强调教师要"具有终身学习与持续发展的意识和能力,做终身学习的典范"①,无不体现了人们对于教师学习的关注。

(一)专家型学习的内在价值

在教师所应承担的诸多角色中,教师的"学习者"角色似乎经常被人们遗忘或者被人们误读。教师是教别人学习的人,但自己必须首先是一个学习者,是一个爱学习、会学习的人。这是一个基本常识。在知识已成为主要的经济资源和占支配地位甚至可能是唯一竞争优势之源泉的时代,学习已经成为一般社会成员的基本要求,更是教师——以教别人学习为己任的人——这一特殊群体的必然要求。事实上,世界经济合作与发展组织早在20世纪90年代就发表了题为《以知识为基础的经济》的报告,明确指出人类的发展将更加倚重自己的知识和智能,知识经济将取代工业经济成为时代的主要形式。这是人类面向21世纪的发展宣言,凸显了知识对于社会发展和个人发展的价值与地位。工业社会和农业社会虽然也离不开人类的知识与经验,但经济的增长和社会的进步更多地取决于能源、原材料和劳动力,而知识经济的关键则是知识生产率。相对于"以物质为基础的经济"而言,以知识为基础的经济发展模式更倚重于人的学习能力和创新能力,因此也更突显学习与创新对于社会发展以及个人发展的重要性。

在以知识为基础的经济和社会发展模式中,"知识"概念本身已经得到了进一步的拓展和丰富。这里的知识不仅包括关于事实的知识(Know-what),关于自然原理和规律的知识(Know-why),关于技能和诀窍方面的知识(Know-how),还包括关于人力资源方面的知识(Know-who),即知道知识在哪儿的知识(Know-where)等。特别是,随着人类认识方式的变化和交往途径的丰富,知识的产生、加工、传播、储存、转化等整个面貌与传统有很大的不同,加之知识范围的扩大、知识类型的拓展、知识更新速度的加快和知识总量的增加,使得教育领域中的课程内容、教师教学、学生学习、教学组织形式和教育教学评价等发生了相应的变革。为了适应时代的变革,教师自然面临着转变教育教学观念、完善教育教学专业知识、提升教育教学能力、丰富教育教学情意的专业发展任务。相对于以往更多来自于地方教育主管部门组织的外在培训和强调教师在传递知识中的工具价值所导致的教师专业自主性的丧失,我们更应关注以校为本的教师专业发展方式和教师在专业领域里的自我发展诉求。正是在这一层意义上,教师学习,而且是"崇尚科学精神,树立终身学习理念,拓宽知识视野,更新知识结构"的教师终身学习②成为中小学教师职业道德规范中的必然选择。

知识是人类认识的结果,也是人类认识的方法,同时还是人类认识世界所伴随的情感体验。与知识这一具体概念不同,知识性质(知识观、知识类型)的研究则丰富和加深了人们对知识的产生、内涵、功能、价值、传播方式、学习方式、理解与应用等问题的理解。与个人的意见或缺乏证据支持的主观信念相区别,同时也与没有根据的幻想、猜测、迷信或无根据的假

① 中华人民共和国教育部.关于印发《幼儿园教师专业标准(试行)》《小学教师专业标准(试行)》和《中学教师专业标准(试行)》的通知(教师[2012]1号)[EB/OL].http://www.gov.cn/zwgk/2012-09/14/content_2224534.htm.
② http://www.edu.cn/jiao_yu_fa_gui_767/20080903/t20080903_322345.shtml[EB/OL].2012-11-10.

设相区别,"陈述性知识"或"命题性知识"表现为一种具有客观基础的、得到充分证据支持的真实信念。对于回答"怎么办"和"如何做"的程序性知识,是否满足知识的"信念条件"和"证据条件"需要具体分析。相对于那种往往表现为一套明确阐述的技术规则、可以言传、在书本中可以找到的"技术性"程序性知识,"实践性"程序性知识往往不可能用明确的规则阐述出来,也不可言传(还没有达到可以言传的境界),它仅存在于实践中并只能以实际操作的方式加以表演或演示。这正契合了实用主义的知识观点:知识是一种行动的工具,因而具有实践性和能动性。也就是说,衡量实践活动的只能是实践本身,而不是"知道什么"。① 从知识的真理性来看,并非所有的知识都具有绝对的确定性和必然性,绝大多数经验知识和科学知识都体现出某种程度的不确定性。实用主义哲学的认识论从自然主义的进化论出发,坚决反对先验的、静止的和固定不变的真理观,承认真理的具体性、暂时性、开放性和有条件性,承认知识的猜测性、假设性、相对性、不确定性和未完成性。从知识的所属对象而言,知识不仅仅体现了它为人类所拥有的公共性一面,还表现为个人直接经验以及辅助性的、从属性的、无定型的、难以名状的和被缄默地使用的"印象主义的知识"的个人性质。② 而一个人缄默认识的潜在范围越大,基础越宽厚,各种类推与观念就愈是可能从中涌现出来,新的理论与发现就愈是可能从中产生出来。正是人们对知识性质问题的深入了解以及建构主义关于学习如何发生、意义如何建构、概念如何形成、理想的学习环境应包含哪些主要因素等学习规律的揭示,人的精神世界引起人们愈来愈多的注意,学会学习也就自然地成为人们的普遍期待。

社会的建构总是以知识为基础的。知识不仅为一种社会形态的建构提供智力的工具,同时也为这种社会形态的建构指示方向和进行辩护。没有了知识的根基,整个社会的大厦就会坍塌,人类将重新回到动物时代。每一种社会职业都有其相应的知识基础,每一个人的社会身份也都由其所拥有的不同知识体系所赋予,社会关系、机构、制度和活动的合理性也都以其知识基础的合理性为前提。③ 所有这些都对人的学习提出了更高的要求。然而,相较于社会发展和知识进化的外在要求,学习对于人类延续与个体发展更具有生存论的意义。学习是适应环境的一种重要工具,它可以作为天生的体内平衡机制、反射、至少在非人类动物身上具有的非习得的适应行为的一种补充。④ 从发生学意义上讲,学习与生活、生存本是融为一体的,学习与人的生存具有内在的同一性,两者之间存在着一种积极的、富于建设性和开放性的关联。事实上,作为人的生存方式,作为人与世界相处的方式,学习就是学习者学会自己命名世界、参与世界并改造世界,就是超越现实创造可能生活,在学会自我否定和自我生存中学会生存——不是简单地指人的"生命的存活",而是指人作为生存者是"生存着的存在",是人"走出模式化、表浅化、庸常化的生活层面,全面了解自己的生存境域和生存可能性,在与各种对象打交道的过程中,既依赖外在对象,又不断地否定和超越它们"。⑤ 正是

---

① [英]吉尔伯特·赖尔.心的概念[M].徐大健译.北京:商务印书馆,1992:42-43.
② 夏正江.论知识的性质与教学[J].华东师范大学学报(教育科学版),2000(2).
③ 石中英.知识转型与教育改革[M].北京:教育科学出版社,2001:32-33.
④ [美]B. R.赫根汉,马修·H.奥尔森.学习理论导论[M].郭本禹,等译.上海:上海教育出版社,2011:9.
⑤ 李丽.生存学习论[M].上海:华东师范大学出版社,2009:8-9.

这种向着未来、向着新的可能开放人的生存状态,使得人类学习具有生命发展的本体价值,从而也使教师学会学习,学习做专家型学习者,进而成为专家型教师上升到人生意义的高度。

(二)专家型学习者的具体特征

在人类早期教育中,人们更多注重具体知识内容和技能的获得,对学习结果的关注胜于对学习过程的关注。随着认知心理学的兴起,人们开始研究学习者的思维过程和认知结构的改变机制,因此超越了只重视学习结果的简单线性思维方式。而人本主义心理学的发展则使学习的工具价值逐步拓展到关注个人潜能充分实现的发展价值,人的情感态度价值观之维也就进入了人们的视域。在这一背景下,养成学习自觉,实现学习所内蕴的生存论意义,进而使自己成为一个专家型学习者,便成为众多教师努力实现的目标。于是,专家型学习者具有怎样的知识结构,专家型学习者的学习过程、行为动机与一般学习者又有着怎样的不同,便成为广大教师在努力成为专家型学习者进而成长为专家型教师的过程中不得不思考的问题。

实践表明,专家型教师不仅具有丰厚的理论性知识,还具有大量的实践性知识,他们不仅能够灵活地进行理论知识和实践知识的转化,还能够在实践过程中不断创制新的知识,其知识结构是多元化的。专家型教师的这一知识结构特点也反映在专家型学习者所具有的心智图式中。美国教育心理学学者温斯坦等人指出,专家型学习者能够机智灵活地运用四种不同类型的知识促使自己学习更为有效[①]。这四种类型的知识分别是:① 对于学习者本人学习基础以及学习风格的自我觉知,例如,学习者的学习优势表现在什么地方? 什么时候学习者的学习精力最为充沛? ② 关于学习任务类型的知识,例如,学习只是记忆某些陈述性知识还是发现解决问题的规则或解决特定的问题? 为了成功地完成这项学习任务需要具有哪些先备知识和技能? 这项任务的完成效果又该如何进行评价? ③ 关于多种学习策略及其使用条件的知识,例如,哪些认知策略有助于回忆信息? 哪些认知策略有助于能力生成? 环境中哪些缺陷必须排除和抵消? ④ 关于学习内容或学习结果的知识,例如,将要学习的内容相关的旧知识和旧经验是什么? 为了成功地完成这项学习任务需要具有哪些先备知识和技能? 关于这个问题我懂得多少? 专家型学习者之所以能够获得一个综合全面的知识结构,关键在于他们的知识不是相关领域事实知识或公式的简单罗列,而是围绕着核心概念或"大观点"组织起来的结构性模块。

专家型学习者不仅具有一个综合全面的知识结构,而且拥有有助于达到人生主要目标的成功智力。研究发现,专家型学习者不仅在学习过程中能对自己学习进行监控,而且在学习完成后会对自己学习过程进行反思——或是总结自己知识上的不足以改进自己的知识结构,或是对自己的学习策略进行反思以创生适合知识类型及自身特征的学习策略。专家之所以成为专家,仅仅拥有专业知识是不够的,更重要的是具备丰富的实践能力和创新能力,不仅能够准确、迅速、自动化地解决专业领域内问题,而且能将已有知识创造性地运用到实

① [美]Peg A. Ertmer,Tim J. Newby. 专家型学习者:策略、自我调节和反思[J]. 马兰,盛群力,译. 远程教育杂志,2004(1).

际问题的解决过程中。专家型学习者敢于尝试新的途径，以更高的水平来解释问题，在"选择性编码、选择性联系和选择性比较"中创造性地解决问题，而不是试图将任何事情置于常规之下。也正是"分析性智力""实践性智力"和"创造性智力"的相互平衡保证了学习者学习的最大成功。

相对于专家型学习者的知识结构和能力构成，我们更为关注专家型学习者的学习行为特征，即什么样的学习行为使一般学习者成为专家型学习者。专家型学习者之所以成为专家型学习者，其原因在于他们对自己的学习能力充满信心，并因学习效能感而表现出充沛的学习活力，勤勉刻苦且足智多谋。作为一种个人的知觉和信念，学习效能感一经形成，便通过学习者对学习目标设定、学习动机、努力程度以及学习情绪等中介因素影响学习者的学习行为。高效能感的学习者倾向于选择既适合自己已有能力水平而又富有挑战性的学习任务，即使遭遇困难也能把失败归为技能和努力等可控制的因素，并能自觉监控和调节自己的学习行为，坚持不懈地完成学习任务。其次，具有责任意识，主动承担学习责任，对自己的学习负责，是专家型学习者不同于一般学习者的重要标志。专家型学习者认为，学习就应该是自己的分内之事，它本身就是一件快乐的事情，甚至可以美容，可以长寿，无须外在的强迫，因而无论是学习目标的确定，学习资源的获取，学习活动的选择，学习困难的克服，以及学习的自我评价等，都表现出认真负责和实现目标的执着，体现了学习者的自我监控与调节能力。其三，专家型学习者积极从事外界为之特别设计在更多时候更是自我设计的一些特别活动——刻意练习，在不断重复的刻意练习过程中使自己的技能（心智技能和运动技能等）更加精致与熟练，进而达到自动化和创造的水平①。也正是这种长期的、特殊的、有意识的刻意练习，保证了专家型学习者有更多的大脑能量去思考和解决新的问题。

从学习动机来看，专家型学习者逐步由外在激励走向自我驱动，进而终实现学习的自我主宰。这一专家型学习者的发展过程包括外部支持、由外而内的转化和自我调节等相互联系、前后相继的三个阶段，也是教师从新手走向熟手、从胜任走向骨干、最终成为教育教学专家的必经阶段。事实上，作为学习者的教师能够将学习活动控制由外部驱动逐渐转化为个人自觉，从他律走向自律，将学习作为一种个人自觉，他也就踏上了成为专家型学习者并进而成为专家型教师的道路。也唯有如此，教师专业发展才可能超越一切形式或符号、超越年龄或教龄、超越获奖或职称晋升的自欺欺人样态。

专家型学习者的另一特征是向实践学习的能力，或者换言之，是一种现场学习力，这里不仅有对实践的洞察，更有理论的提炼与创造。

现场学习力：教师最重要的学习能力②

在教师的学习历程中，什么是教师生命所在的地方？怎么才能让所学之物进入教师生命的内核？需要什么样的载体来安放教师的求知热情？

---

① 胡谊，吴庆麟.专家型学习的特征及其培养[J].北京师范大学学报（社会科学版），2004（5）.
② 李政涛.现场学习力：教师最重要的学习能力[OL].http://blog.sina.com.cn/s/blog_6d5eb6fe010145qx.html.

这就是"教育现场"。教师的学习能力,最重要的是现场学习力。

中小学教师不可能再像大学生、研究生或高校教师那样,可以坐拥书城,在书斋和图书馆中学习,他们大量的时间是在教育教学的现场。

对教师来说,至少有四种类型的现场:

——教师自己每天的教学现场。我们能否把自己的教学现场作为学习反思的对象,让这样的教学日日滋养自我?

——同行教师的教学现场。如其他教师的公开课、研讨课、观摩课现场,我们又能够从中学到什么?

——学校教研组、备课组日常教研活动现场。这是教师参加的最日常性的活动,包括集体备课、读书沙龙、专题研讨等多种活动形式。这样的学习活动到底对我们的教学有多大的提升?

——各种培训、讲座现场。如何避免"听的时候很激动,听完很平静,回去很麻木,一动也不动"?

同样置身于上述现场之中,不同教师的收获会大不相同,区别在于每个人的现场学习能力的差异。

良好的现场学习能力表现为专注力、捕捉力和转化力。有这些能力的人会带着两种东西进入现场。

一是钉子。我曾经陪同叶澜老师去听课。听课过程中,我的手机短信、电话不断。她马上提醒我,既然在听课现场,就要全神贯注。她听课时,手机处于关机状态,听课笔记从头记到尾,她的注意力牢牢"钉"住教师和学生在课堂上的一举一动,不放过每一个细节。这就是"专注力"。

二是钩子。努力把现场中涌现的有用资源"钩"出来,有的钩出的是珍宝,有的钩出的则是不值一提的草芥,此谓"捕捉力"。把有价值的东西"钩"到笔记本上和自己的脑海中,依然不够,还要"钩"到日后的教学过程中,变成具体的教学行为,这叫"转化力"。即把听到的上出来,把上出来的说出来,把说出来的写出来。这种"转化力"是教师现场学习力中最关键的能力,它集中体现了教师学习的宗旨:为转化而学习。

这种具有现场意识和现场自觉的学习,是最符合教师职业特性的学习方式:为现场的学习,在现场中学习,回到现场的学习。

(三)从专家型学习者到专家型教师

在学校中,教师是提升学生学习质量的关键。为了能以新的学习理论指导自己的教学工作,教师不仅需要有广泛的学习机会,更需要教师具有自我提高的学习愿望和熟练而有效的学习能力。做一个专家型学习者,并进而像专家型教师一样工作和生活,应当成为每一位教师专业发展的内在诉求。

在倡导教师成为专家型学习者并进而成为专家型教师的过程中,我们需要再次思考专家之所以被称为专家的理由,以及专家与新手在认知方式及行为方式上的差异。一般而言,专家是指那些掌握了特殊方法进行有效思维、科学推理与合理行动的人,他们既善于透过问题表面洞察问题的本质,更善于选择合理的问题解决策略并有效地解决问题。专家与新手间的差异不仅仅表现在一般记忆力、观察力等认知能力上,也不是一般策略应用上的差别,恰恰相反,专家所获得的广泛知识影响他们所关注的事物或事物的某些方面,也影响他们在问题解决过程中如何组织、表征和理解信息,并反过来影响他们记忆、思考、推理和解决问题的能力。对国际象棋、物理、数学、电子、历史等一些专业领域的专业人员研究发现①,所有的成功学习者都有相似之处,例如:专家能识别新手注意不到的信息特征和有意义的信息模式;专家的知识反映了知识应用的情境,它们是"条件化"的;专家能够毫不费力地从自己的知识中灵活地提取重要内容;专家应付新情境的方法灵活多样……这些研究发现为教师从专家型学习者到真正成为专家型教师指明了具体的努力方向。

在倡导教师成为专家型学习者并进而成为专家型教师的过程中,我们必须考虑到中小学教师学习内容——教育学知识的生命特征和教师职业——教育实践活动的智慧型特征。叶澜曾经指出,教育学知识(包含课程知识、教学法知识、评价知识、管理知识以及学科知识等丰富的内容)不仅仅是前人总结出来具有普遍适用性的"教育概念""教育范畴""教育规律""教育原理"等知识教条,而是富有知识建构者的生命气息及其个人生命特征的个人体验。与此相应,教育学知识的学习也就不仅仅是教师从别人那里直接接受和拿来的过程,对学习者个人而言它更是一个汲取、积累和不断丰富和充实提高的过程,并与作为学习者的教师的过去经验、现在行为以及将来可能实践样态发生直接或间接的联系。② 另一方面,教育学知识也不只是属于认知领域内冷冰冰的、纯粹客观和价值中立的东西,每一个概念、规则、原理的阐释无不富有价值取向、情感态度以及审美体验的特征。就每一位教师实际所拥有并以此作为教育教学活动抉择基础的教育学知识而言,它也不是外在于教师个人的客观、中立存在物,而是教师本人通过教育教学实践,在不断运用、验证、完善专业理论的过程中,结合个人经验而主动构建的、具有个人意义的价值体系③。正是教育学知识的生命特征决定了教师专业发展实践中那种单纯"外接式"的培训无法将外在的教育教学理论"内化"为具有教师个人特征的"实践着的理论";也正是教育学知识所具有的生命特征,决定了教师只有在真实的教育情境中,通过不断学习、运用和验证,来充实和完善教育教学专业理论,在体验教育教学实践的成功与失败过程中逐渐加深对教师职业(专业)角色的理解和热爱,并由此升华为教师自我人生价值与生命意义的期许,以实现生存论意义上的教师学习与发展命题。

相对于教育学知识所内含的生命特征,教育教学的实践领域则是更为真实也更为鲜活的生命存在,也因此突显出教师职业活动的智慧型特征。教育问题不仅仅是教育理论的问题,更是学校场域中的教育实践问题,是教师在教育教学实践中如何开展教育、教学和管理活动的行动问题,因而对教师的职业道德、专业学识与教育教学能力等提出了更高的要求:能够敏锐感知和准确判断在教育教学实践中可能出现的新情况与新问题;能够较好地把握学生发展的关键期及教育教学的最佳时机,转化教育教学中的学生认知矛盾和人际关系困

① [美]约翰·D.布兰思福特,安·L.布朗,罗德尼·R.科等.人是如何学习的:大脑、心理、经验及学校[M].程可拉,等译.上海:华东师范大学出版社,2002:33.
② 高芹.知识观的演变与教师学习文化的变革[J].教学与管理,2011(8).
③ 田宝宏,魏宏聚.浅析教师实践性知识研究中的几个问题[N].光明日报,2005-12-28.

扰;能够针对不同的教育教学情境及时做出科学合理的教育教学决策,改进与调整教育教学方案,引导学生充分参与教育教学活动,积极思考,大胆创新。这些要求充分反映或者说是阐释了教师职业所必须拥有的智慧型特征,也从而决定了教师学习的情境依赖特点,即教师学习不仅要求学习环境要与真实的教育教学实践相联系,而且要求教师必须在整体把握教育基本思想和基本理论的基础上形成正确的教育观念,努力将普遍、抽象而一般的教育理论与自身特殊、形象而具体的教育经验有机整合,在复杂、真实而具体的教育教学情境中灵活而卓有成效地解决各种教育问题和矛盾,进一步提升学生的学习质量。与此同时,有效的教师学习还需要教师努力丰富或提升面对各种成功、挫折、沮丧、自我激励等情感体验以及相互交往与合作等能力,以及教师作为一个教育教学示范者、班级管理活动组织者、学习研究者、沟通合作者、学校管理参与者、社区文化建设者等应有的素养,进而达成教师个人理论智慧、实践智慧以及情感智慧的有机统一。例如,对于"膝跳反射"的学习,通过查阅资料或者学习某一课程我们明确了"膝跳反射"是怎么一回事,也就是理解或掌握了"膝跳反射"科学概念;再用医生使用的小锤叩击自己的膝关节,检查自己的膝跳反射,这是一种有目的、有意义的知识验证行为,是一种实验行为。与上述学习情况不同,医生利用膝跳反射来检查病人的"膝跳反射"功能则是一种职业实践。显然,知道"膝跳反射"的学习者与正在从事"膝跳反射"检查病人职业实践的医生,两者对"膝跳反射"这个概念的理解深度有很大的不同。这一事例告诉我们,教师学习不能紧紧停留在关注"我们拥有的""知道"层面,更应该上升到关注"我们实践的""知道"水平。从这一层意义上说,专家型学习倡导教师从自身和他人的经历(经验)中学习①,在对自身以及他人经历的回忆、描述和解释中获得对教育教学实践更好的理解。

倡导教师要成为专家型学习者并进而成为专家型教师的过程中,除了考虑教师学习内容和学习途径的特殊性外,还需要注意教师学习的成人特性。在生命历程的不同阶段,人的学习具有不同的特征,并表现出不同的动机结构和看待学习、教育的不同视角。儿童想要捕捉他们的世界,因而寻求获得尽可能多的东西。青年则力求建构他们的身份,因而努力获取在事情中的发言权,并且部分地借此来构建自己的身份认同。为了追逐他们的生活目标,成年人的学习基本上是选择性的——不可能去学习所有的东西,工作、家庭或个人兴趣等控制着学习。成人探索生命的意义与和谐,以寻求创建一种对自己的价值观和经验的一致性理解。② 中小学教师学习属于成人的学习,而成人学习有成人学习自身的特点。相对于儿童、青年和成人的学习,成人教师学习特别强调和重视教师的既有经验③;强调和重视通过经验来提升教师的职业操守、学识水平和教育教学能力;强调和重视教师的自我引导、自我发动和自我激励;强调和重视学习与工作任务的结合,提倡在"做"的过程中学习,在"做"的过程中感悟体验;强调和重视学习的目的旨在解决问题、完成任务,更好地生活工作。由于成人学习者更愿意积极参与到学习的设计和实施中,更愿意通过人与人之间的相互作用、模仿和

① [美]R. 基思·索耶. 剑桥学习科学手册[M]. 徐晓东,等译. 北京:教育科学出版社,2010:261-262.
② [丹]克努兹·伊列雷斯. 我们如何学习:全视角学习理论[M]. 孙玫璐译. 北京:教育科学出版社,2010:229-230.
③ 邓友超. 教师实践智慧及其养成[M]. 北京:教育科学出版社,2007:162.

彼此之间的真诚互助,更愿意在真实任务的学习环境中借助实践反思自我探求,因而更有助于教师实现知识的意义建构和深刻理解,并进而在学习过程中形塑和完善教师个人的主体性人格。20 世纪 70 年代美国学者诺尔斯(Malcom Knowles)对成人学习特点的总结无疑为我们研究教师的学习,特别是帮助教师成为专家型学习者并进而成为专家型教师有着特别的意义。

不发展无以成为教师,不学习无以实现发展。正是在这一层意义上,教师学习已经成为教师专业发展的根本与精髓。诚然,教师学习乃至教师专家型学习也许并不能保证所有教师都百分之百地成为专家型教师,但是教师学习以及教师专家型学习无疑为教师专业发展提供了一个理想的捷径。在具体实践中,如果所有教师都能养成一种学习的自觉,如果众多教师能够成为专家型学习者并进而成为专家型教师,外人将再也不能随意地对教育教学说三道四,此时的教师职业也将成为地地道道的一种专业,那将是教师的幸福,更是学生的幸福。

结语:养育科学精神,欣赏物理之美

表面上看,科学与艺术是完全不同的两类学科:科学重理性,具有抽象性;艺术重感性,具有形象性。科学依靠归纳与推理,严谨;艺术依靠灵感与想象,浪漫。科学以逻辑思维方法为主,求真;艺术以形象思维方法为主,求美。然而,就是这两个存在明显差异的学科,彼此间又存在着共性和交融。科学与艺术的重要共性之一,就是对美的追求,也就是科学不但求真而且求美,科学家像艺术家一样追求美,是科学取得创新性成果的原因之一。科学与艺术之间的这种共性,不仅对于创造和科学创新有着重要的作用,而且对于物理教学也同样有着重要的作用。因此,养育科学精神,欣赏物理之美,便也成为物理教学最根本,也是最为永恒的追求。

一、科学精神养育策略

科学是文化的重要构成元素,主要包括科学知识、科学方法和科学精神三个方面。相对于科学事实、科学概念、科学规律、科学原理等具体科学知识和实验方法、模型方法、理想化方法等具体科学方法而言,科学精神则是从科学史、科学哲学、科学社会运行等过程中抽象出来的关于科学本性、科学方法论的一般性描述,也是对科学知识体系、科学探索活动、科学程序的基本界定。① 作为人类最珍贵的精神财富之一,科学精神具有重要的社会价值和个人价值,它不仅是一个社会走向自由、公正和繁荣的关键,而且也是个人自由地形成个人的生活目的、承担责任、形成道德自律的关键。科学精神需要社会层面的传承和弘扬,更需要个人层面的建构和养育。鉴于科学精神具有习得性和难获性的特点②,同时注意到个人科学精神建构和养育直接受他在中小学校所接受的科学教育影响这一事实,因而有必要就基础教育阶段科学精神养育策略问题进行分析,以期对当下中小学校科学教育以及国民科学素养提升有所助益。

(一)珍爱、保护、激励和引导学生的好奇心

好奇心具有"神圣的"性质。天生万物,人只是其中的一物,是人类的理性使人与动物区别开来。当面对未知时,人类会不断地提出问题,于是便产生探究求真的冲动,这就是人类的好奇心,它是人类理性觉醒和活跃的征兆。在好奇心的推动下,人类仰观天象,俯察地理,思考宇宙,探索万物,于是人类便有了哲学和科学,促成了人类"为知识而知识""为科学而科

---

① 刘华杰."科学精神"的多层释义和丰富涵义[A].参见王大珩,于光远.论科学精神[C].中央编译出版社,2001:207 - 218.

② 李醒民.科学的文化意蕴:科学文化讲座[M].北京:高等教育出版社,2007:279.

学"这一看似无用实有大用的精神追求。"智力和精神生活在表面上是一种无用的活动，人们之所以大量从事这种活动，是因为他们获得更大的满足。对这些无用满足的追求却往往能意外地得到梦想不到的有用效果"。① 由此丰富了我们对于人性的理解。

好奇心是人的最重要的智力禀赋之一，强烈的好奇心是出类拔萃者都享有的明显的性格特征。作为人的一种内在动机，好奇心既具有认知性特征，能够引发个体的探索行为，又具有情感性特征，可以使个体从探索中获得愉快的体验。在儿童的精神世界中，这种需求特别强烈，如果不向这种需求提供养料，即不积极接触事实和现象，缺乏认识的乐趣，这种需求就会逐渐消失，求知兴趣也与之一道熄灭。就是在成人世界中，好奇心也是一种强大的力量。从事基础研究工作的原始动力只是好奇心，而不是出自于经济利益的考虑，②他们能够全身心地投入到自己的研究中去，常年不懈，不太计较个人得失，热爱的是研究工作本身，着迷的是每一点点进步和发现，而不是这些进步和发现可能带来的财富与荣誉。对于从事科学的人来说，好奇心也比获奖重要得多，也许正是这一不为获奖只为发现着迷的求真精神，使他们赢得了一个又一个诺贝尔科学大奖。

就中小学生而言，神圣的好奇心是一株脆弱的嫩苗，它是很容易夭折的。爱因斯坦曾回忆自己好奇心险遭夭折的经历，爱因斯坦17岁时进入苏黎世工业大学，为了应付考试，他不得不把许多废物塞进自己的脑袋，其结果是在考试后的整整一年里，他对任何科学问题的思考都失去了兴趣。鉴于这段经历他如此感叹：现代的教学方法竟然还没有把研究问题的神圣好奇心完全扼杀掉，真可以说是一个奇迹。今天，我们的学校太不重视对兴趣的培养和保护了。试想一下，经过高中3年"填鸭式"的教学以及"夯土式"的复习，有谁还会对哪一门课怀有兴趣？或许有个别优秀学生会对学习感兴趣，那也只是对获得好分数的兴趣，是外在的和对于功利的兴趣，而非对学科内在的兴趣，哪门学问也无法成为让他心醉的事业。因此，好奇心这株嫩苗的成长首先需要我们创设能引起学生情感与认知倾向性的物质环境，更应该创设自由、宽松、民主和积极的心理氛围，包括教师热情洋溢的讲述、回答、鼓励性评价等言语行为和微笑、点头、凝视、倾听等非言语行为的情感互动，对学生的探索活动产生积极影响，让他们的思维火花迸发出耀眼的光芒。我们应允许孩子幻想，允许他们好奇，甚至允许他们恶作剧，这是他们的天性和权利，是创造力和想象力的显现。

在好奇心的养育上，我们还需要朝前再走一步，即从关注"好奇"到关注"志趣"，重视"志"与"趣"的有机结合。事实上，正是个人兴趣从某种角度构成了科学精神的情感基础，③也正是个人能否将自己的"个人兴趣"转化为"个人志趣"，构成了天才和功利投机者的分野点。马斯洛曾经指出："自我实现的人相对来说更不惧怕未知、神秘、令人迷惑的事物，倒是常常被它们吸引住；也就是说，把它们挑选出来，苦苦地研究思索它们，沉浸于其中。"④他们把疑惑、试探、不确定，以及因此而暂停做出决定等看作是令人愉快的刺激性挑战，看作是生命的高潮而不是低潮。然而，在对待个人兴趣与好奇心的态度上，国内的状况不容乐观。中

① ［美］亚伯拉罕·弗莱克斯纳. 无用之事的有用性［J］. 陈养正，赵夕潮，译. 科学对社会的影响，1999(1).
② 丁肇中. 论科学研究的原动力：好奇心是科学研究的原动力［J］. 上海交通大学学报(哲学社会科学版)，2002(4).
③ ［法］加斯东·巴什拉. 科学精神的形成［M］. 钱培鑫译. 南京：江苏教育出版社，2006：5.
④ ［美］亚伯拉罕·H. 马斯洛. 动机与人格［M］. 许金声，等译. 北京：中国人民大学出版社，2001：203.

科院外籍院士、数学家丘成桐在反思中国人与诺贝尔科学奖无缘时说:"……坦白说,在中国很少看到年轻人夜以继日地为了某个科研项目去努力。"他说,他接触的中国当代青年科研工作者多数都很急功近利,稍有成就就很自满,不再努力了。他对本土中国人在不久的将来能够得到诺贝尔自然科学奖表示极大的悲观。[①] 这也许源于中国当代青年科研工作者在高中时代的立志阶段的功利性选择,他们很可能就是为了高考,为将来生活的舒适才选择自己的专业,根本上缺乏"为科学而科学"的求真精神和为人类谋福利的远大志向。因此,如何引导学生的好奇心,如何将学生的好奇心与远大志向结合起来,这是科学教育必须正视的问题。

(二)把情感态度价值观放在科学教育目标的首位

如果说,对人的好奇心的珍爱是出于我们对人类天性的尊重,那么,在科学教育中对于情感、态度、价值观目标的关注则是在尽我们自己的人力。作为一项人为的、也是为人的社会活动,教育教学总是以一定的目标来引领的,并在活动开始前已经预存在我们的大脑之中。在科学教育中,如何合理地设立教育教学目标并不是一件很容易的工作,它随着人们对于人的认识、人与社会关系的认识、基础教育的基础性的认识和科学教育的任务的认识等而不断地深入和全面。

长期以来,科学教育只注重科学知识的传递,忽视了科学方法和科学精神的传播。这种仅仅关注科学知识、科学技能的科学教育目标,明显与基础教育中强调"基本知识"与"基本技能"的"双基观"有关联,也是视人为社会的工具、片面理解人的理性能力、根本忽视人的情感和非理性因素等原因的结果,因而具有一定的局限性。

20世纪80年代以后,科学教育目标定位于传授科学知识;培养与发展儿童对自然界和自然科学的兴趣爱好,培养、发展儿童学科学用科学的能力;进行科学自然观的教育和科学态度的教育。它基本上可以简约为一个"科学知识、科学能力和科学态度"三级层次。在这个三级层次中,由于社会发展主要以经济发展情况来衡量,技术理性至上,在这一背景下,人们依然给予科学知识和科学能力以更多的关注。

随着社会发展和生产力水平提高,特别是"以人为本"思想的深入人心,人的主体地位得到了不断提升,主体价值得到了进一步凸显,人的情感、态度、价值观问题得到了重视,而全民教育和终身教育思想又促使人们对基础教育的基础观进行了深刻反思。新世纪初,科学教育"知识与技能、过程与方法、情感态度价值观"的三维目标再一次引起了人们的关注。与以往相比,教学中的情意因素被提高到一个新的高度。[②] 首先,在地位上,情感、态度、价值观是独立于知识与技能或者方法与能力的新的维度,构成课程目标的重要组成要素。其次,在内涵上,情感、态度、价值观目标更加丰富。情感不仅指学习兴趣、学习动机,更是指内心体验和心灵世界的丰富;态度不仅指学习态度、学习责任,更是指乐观的生活态度和求实的科学态度;价值观不仅指个人价值、科学价值、人类价值,而且指个人价值与社会价值的统一、

① 程路.志与趣:另一个角度作答"钱学森之问"[J].人民教育,2011(21).

② 钟启泉,崔允漷,张华.为了中华民族的复兴 为了每位学生的发展:《基础教育课程改革纲要(试行)》解读[M].上海:华东师范大学出版社,2001:275-276.

科学价值与人文价值的统一、人类价值与自然价值的统一。尽管如此,科学教育中科学精神的培养乏力问题依然存在,宝贵的科学精神在科学教育中常常白白地流失掉,许多学生接受多年的科学教育却领悟不到基本的科学精神,这是一个实实在在的问题。

事实上,基础教育阶段自然科学教育是全面发展教育的重要组成部分,担负着全面传递科学文化要素和提高学生素质的任务,它涉及科学知识、科学方法和科学精神等科学文化基本要素,这一认识本身并没有问题。科学精神的培养乏力归根结底还在于上述三维目标的结构顺序安排以及实践中情意目标难于把握、难于实施和难以评价上。以往的教育目标优先重视获得科学知识,以学会学习、学会生存为目标,没有注意到"知总要从属于人们对现实和事实的某种态度或某种特定关系"①这一"态度第一、知识(智识)第二"的教育学事实,更没有注意到"人只不过是情感的大海之中小小的一粒理性(Man is a speck of reason in an ocean of emotion)"②这一对于基本人性的把握。事实上,"由于情感的活动,我们的理性才能趋于完善。我们所以求知,无非是因为希望享受;既没有欲望也没有恐惧的人而肯费力去推理,那是不可思议的"③。正是基于这一理由,课程知识才需要与人建立特定的意义关系,科学教育的三维目标(知识与技能、方法与能力、情感态度价值观)也才需要一个新的三级层次④,即把作为科学本性所要求的各种价值观念、思想观念、行为准则、意志品质等科学精神这种情意目标放在第一位,并把学会做人、学会关心、学会思考、学会负责放在目标的中心,以突出学习者的行为养成。之所以对三维目标的顺序进行这样调整或改变,一方面源于我们对科学态度、科学能力和科学知识三者之间关系理解上的变化,即三者之间是一种超越——包容而非否定——的关系:科学能力是对科学知识的超越、科学态度更是对科学能力和科学知识两者的超越;另一方面则源于教育思想的深刻变革,即从"知识本位"到"人的发展"的转变。基于此,我们也就不难理解"做中学"科学教育项目秉持"以培养儿童科学兴趣和科学态度为目的,相关科学知识学习是达成这一目的载体"⑤这一基本教育理念。

表 9-1　科学教育的三维目标

教育目标的传统的三级层次	教育目标的新的三级层次
1. 知识(知识与技能)	1. 态度和技能(情感、态度、价值观)
2. 实用技术(过程与方法)	2. 实用技术(过程与方法)
3. 态度和技能(情感、态度、价值观)	3. 知识(知识与技能)

---

① [日]中村雄二郎.活着 思考 知识:明天的哲学.沈阳:辽宁大学出版社,1991:99.转引自郭晓明.知识与教化:课程知识观的重建[J].华东师范大学学报(教育科学版),2003(2).

② [美]卡尔·R.罗杰斯.个人的形成[M].杨广学,等译.北京:中国人民大学出版社,2001:285.

③ [法]卢梭.论人类不平等的起源和基础[M].李常山译.北京:商务印书馆,1982:85.

④ [伊朗]S·拉塞克,[罗马尼亚]G·维迪努.从现在到2000年教育内容发展与全球展望[M].马胜利译.北京:教育科学出版社,1992:146-147.内容略有改动,其中表格中括号部分是笔者所加.

⑤ 上海市静安区教育学院.需要探究的不仅仅是知识:从知识、方法的传授者到科学精神的培养者[J].人民教育,2003:15,16.

（三）知识教学从"静态孤立"到"连续贯通"

精神并非是一种纯粹的抽象观念，它是在相应的知识方法基础上"生长"出来的，而不是从外部强加进去的。反过来讲，离开了一定知识、方法和文化基础，把（科学或人文）精神绝对化，推崇到极端，就会走到这种精神的反面。[①] 那么，科学精神的养育需要什么样的科学知识？换言之，科学精神养育需要什么样的课程内容？是否只是那些被我们视为完全正确的科学结论？答案当然是否定的。

课程是学校教育的灵魂。科学教育的课程设计、编制等问题涉及我们对于知识的理解，即我们所拥有的知识观。就知识本身而言，它是思维的产物，是智慧的结晶，在形式上可能表现为简单、呆板、现成的结论；就知识的发现或建构而言，知识包含着深刻的思维过程和丰富的智慧要素。我国目前科学教育课程强调学科体系，它向学生呈现的是自然科学各学科的基本结构、概念及符号系统，具有逻辑顺畅、结构严密等知识的静态性特点。但是，知识的动态性、发展性明显薄弱：课程内容体系较为陈旧，与科学发展的现状相脱离；直接传授事物的规律、原理和结论，无法让学生经历科学发现的思维过程，更不能理解它是怎样从扬弃旧理论中发展起来的；没有强调理论的适用范围，更没有介绍理论存在的内部矛盾以及现在面临的挑战和未来的发展趋势等。其结果是学生对科学知识仅仅做静态的理解，养成一种对科学的敬仰和崇拜的态度，即科学结论是永恒的真理，科学家的发明是一成不变的，学习是对人类最伟大的科学财富的继承，任何对它确定性的怀疑和探讨都是不必要的。如此"科学教育"不仅在一定程度上扼杀了学生的怀疑精神，致使学生不用动脑，毋庸置疑，完全是在一种死记硬背的状态下完成科学知识的学习任务，把教学过程庸俗化到无须智力的活动过程。这种科学教育无疑是摧残人性，摧残人类的发展；更为严重的是，学生养成一种对科学的错误态度——盲目崇拜、唯书是从，忽视科学的不稳定性和发展性。

培养任何科学文化都必须从净化智力和情感入手。而随后的任务最为艰巨，那就是使科学文化时刻处在整装待发的状态，用开放、活跃的知识取代封闭静止的知识，辩证地对待所有的实验变量，最后使理性获得演变的理由。[②] 事实上，对于一门学科而言，过程表征该学科的探究过程与探究方法，结论表征该学科的探究结果，两者相互依存、相互作用、相互转化。任何概念原理体系，不论暂时看起来多么完备，它总是一种过程性、生成性、开放性的存在，总是需要进一步检验的假设体系，总是需要进一步发展为更完善、合理的概念框架。另一方面，探究过程和方法论又内在于概念原理体系之中，并随着概念原理体系的发展而不断变化。任何一门学科，学科的探究过程和方法论都具有重要的教育价值，学科的概念原理体系只有和相应的探究过程与方法论结合起来，才能使学生的理智过程和整个精神世界获得实质性的发展和提升。[③] 如果学生所接触到的只是一些看似确定无疑的、风平浪静的、一帆风顺的、不存在任何对立和冲突的"客观真理"，学生在经历教育过程后，只是熟悉了一些现

---

① 杜时忠.科学教育与人文教育[M].武汉:华中师范大学出版社,1998:57.
② [法]加斯东·巴什拉.科学精神的形成[M].钱培鑫译.南京:江苏教育出版社,2006:14.
③ 钟启泉,崔允漷,张华.为了中华民族的复兴 为了每位学生的发展:《基础教育课程改革纲要（试行）》解读[M].上海:华东师范大学出版社,2001:275-276.

成结论并形成对这些结论确信无疑的心向，那么这种教育的功能就不是对个性的发展与解放，而是对个性的控制与压抑。

要领悟和力行科学精神，也实在没有捷径可走，因为没有什么公式和程序可以遵循。也许最好的做法是皮尔逊建议的，用两三年时间学习和研究科学的一个分支，阅读伟大科学家的经典名著。还有一个办法，就是尽可能多读一些科学史和科学哲学方面的著作……研读一些历史上的原始科学文献，体会一下科学家是怎样寻找和发现问题的，他们是怎样与之进行智力搏斗的，他们在山重水复疑无路之时，又是如何豁然开朗，望见柳暗花明又一村的胜景的。① 在科学教育中，科学史能告诉人们科学思想的逻辑行程，不仅有助于科学理论的学习及研究，更有助于学生科学精神的养育，有助于人们克服对科学的固定化、教条化、技术化等片面认识，形成具有批判性、发展性和统一性的科学形象。② 更进一层来说，科学史教育有助于人们理解科学的社会角色和人文意义。正是基于这一理由，对于结论与过程相统一的科学教育课程，过程性的科学史教育更应该加强，那种认为基础教育阶段的科学教育教科书一定要限制在多少多少页码之内，否则会加大学生学习负担的简单思维方式，也需要我们进一步地加以研究和反思。

事实上，变静态孤立的知识教学为连续贯通的知识教学，不仅需要打破纵向上的知识"断层化"问题，而且涉及改善横向上的知识"蜂房化"问题。为此，我们既需要打破学科之间的壁垒，通过设置综合性科学课程或综合性实践活动课程，以此提高学生解决问题的能力，养育学生严谨的科学态度和社会责任感，同时也需要建构一个美国教育学者派纳所说的"动态课程"③，即强调个体自身对他或她的自传性历史进行概念重建，想象并创造他或她自身未来的可能方向，实现从静态知识到动态知识的教学变革。用一个例子也许有助于我们更好理解这一思想，比如让学生去欣赏一幅画，如果能够让学生了解这位画家画这幅画的背景，或者是画这幅画时的灵感与情感触动，以及作画过程中画家思想的变化所引起的作品的变化，了解作者赋予这幅画的思想以及其他欣赏者赋予这幅画的不同意见，然后了解这幅画现在所具有的意义和价值以及联想这幅画在将来会被赋予怎样的意义，肯定有益于学生获得属于自己的对这幅画意义的解读和体验。画不是静止的客体，而是有生命的艺术。如果学生仅仅是从现在的角度去看这幅画，也许它仅仅是一幅布满颜料的画布。科学又何曾不是这样。

（四）加强理性、实证与想象相结合的实验教学

恩格斯说："世界不是既成事物的集合体，而是过程的集合体。"④按照过程哲学家怀特海的理解，所谓过程，就是事物各个因素之间在时间上和空间上构成的联合体而进行的内在的、复合的运动。过程是事物的存在方式，离开了过程，事物不可能存在，也无法变化和发

① 李醒民.科学的文化意蕴：科学文化讲座[M].北京：高等教育出版社，2007：293-294.
② 吴国盛.科学的历程（第2版）[M].北京：北京大学出版社，2002：4-11.
③ [美]帕特里克·斯莱特里.后现代时期的课程发展[M].徐文彬，等译.桂林：广西范大学出版社，2007：62.
④ [德]马克思，恩格斯.马克思恩格斯选集（第4卷）[M].北京：人民出版社，1995：244.

展。同时,世界的实在性正在于它的过程性,过程就是实在,实在就是过程①。事物内部要素之间的相互联系、相互作用都是在鲜活而客观的过程中发生的,事物的变化和发展是在过程中实现的,过程是事物变化与发展并走向目的的必经环节和途径,离开了过程中的变化、价值延伸和价值拓展,任何事物发展目标的实现都只能是空谈。因此,相对于教育情境创设、教育目标确定和教育内容选择而言,教育教学活动作为一种过程性的存在,对于学生科学精神的养育则具有更为根本的价值。②

作为一种过程性的存在,教育教学活动价值的实现必然涉及它的形式问题。什么样的活动形式有助于学生科学精神的养育?什么样的活动形式有助于学生切实地去求真、求实、求新和求善?为了回答这一问题,我们有必要从科学教育的学科特点出发进行思考。我们自然要问:科学/科学教育不同于数学/数学教育、更不同于人文学科和社会科学/人文学科和社会科学教育的根本特点是什么?它们之间的根本差异在哪里?稍加分析不难发现,科学/科学教育根本的特点是实证,是实验,是科学探究,他们与数学/数学教育、人文学科和社会科学/人文学科和社会科学教育的根本差异也就在于是否是实证,是否有实验,是否有科学探究或科学探究的教学。

科学探究、科学实验、科学实证是科学学科本身的特点,它包含着两方面的含义:一是科学探究的基本程序;二是探究的基本精神即科学精神。可以这样说,前者是科学探究的"形",而后者是科学探究的"神",两者之间相互联系、相互依存,缺一不可。③ 相比之下,科学探究有一定的规范性,或者说有固定的程序,例如提出科学问题、进行猜想和假设、制订计划和设计实验、获取事实和证据、检验和评价、表达与交流,因而比较容易操作和实施,而对于科学探究中科学精神的养育既没有硬性规定,也不容易操作。更为极端的是,某些科学探究教学已经演变成了对智力进行徒有形式的机械训练,走入了形式化的误区,使科学教育从重视知识的传授变成了重视关于方法的知识的传授,完全背离了科学探究教学的初衷。

科学探究、科学实验在科学教育中具有基础的地位,经验性科学方法是获取经验材料或科学事实的一般方法,但它还不是科学教育的全部内容。无论是科学实验方案的设计,还是科学实验结果的分析,都需要人们思维的积极努力,需要人们进行分析、综合、归纳、演绎、类比以及假设、思想实验、理想化处理等。在这一层意义上说,科学本质上就是理性的思维活动。著名科学家巴伯指出,科学不单单是一条条零散的确证的知识,而且不单单是一系列得到这种知识的逻辑方法。科学首先是一种特殊的思想和行动。"在人类社会中,科学的幼芽扎根于人类那根深蒂固的、永不停息的尝试之中,试图靠运用理性的思考和活动来理解和支配他生活在其中的这个世界。"④这意味着,实证并不是科学精神的全部。

"科学必须既是理性的又是经验的。"⑤在科学研究和科学教育中,仅仅强调实证和理性

① 杨富斌.七张面孔的思想家[A]参见[英]怀特海:过程与实在:宇宙论研究[M].杨富斌,译.北京:中国城市出版社,2003:28.
② 张天宝.试论活动是个体发展的决定性因素[J].教育科学,1999(02).
③ 项红专.科学教育新视野[M].杭州:浙江大学出版社,2006:181.
④ [美]B·巴伯.科学与社会秩序[M].顾昕译.北京:三联书店,1991:6.
⑤ [美]B·巴伯.科学与社会秩序[M].顾昕译.北京:三联书店,1991:8-9.

依然不够，我们还需要关注科学的创新问题，关注科学创新研究及学生学习中的想象力问题，并将想象、实证和理性等综合地加以考虑。在考察这一人类所独有的想象力①——根据自己看到或者没有看到的东西做出结论或预测的能力——的时候，我们自然会关心想象力与具体个人的原有知识和经验之间的关系问题，或者提出想象力与原有知识经验哪一个更为重要的问题。从某种程度上说，想象力其实就是还在发展与有待验证的知识；知识其实就是已经实践也结晶化的想象力。想象力和知识其实就是一体两面，是我们飞行所需要的两翼。只有知识而没有想象力，飞不远；只有想象力而没有知识，飞不高。② 想象力或知识任何一翼的虚弱无力，都使我们难以如自己所希望地那样飞行。

儿童单靠动脑，只能理解和领会知识；如果加上动手，他就会明白知识的实际意义；如果再加上心灵的力量，那么知识的所有大门都将在他面前敞开，知识将成为他改造事物和进行创造的工具。科学教育要真正起到"教育"而不仅仅是"训练"的作用，即从根本上提高科学教育的质量，就必须加强科学精神的养育。但是，从本质意义上说，科学知识可以普及，科学精神却是无法普及的。科学精神不是脱离具体活动的抽象观念体系，它是在科学研究及科学学习等科学活动中体现出来的人的精神气质，离开具体的活动抽象地谈论科学精神就失去了现实基础，因而也就毫无意义。因此，只有科学教育的课程充满趣味性、开放性，给予学生探索的空间，才能使学生充满好奇心、新奇感和不由自主的探索欲望，只有科学教育的教学更多地开展"做中学"、动手实验，让学生经历实际的科学探究活动，才能使学生懂得科学知识的真谛，同时获得求真、求实、求新和求善等科学精神的滋养。

（五）倡导注重科学精神的教育教学评价

科学教育不应仅仅是面向"物"的教育，更应首先被看作是面向人的教育。在科学教育中，落实素质教育所要解决的最根本问题就是完成从只注重"物"向首先注重人的转变。而要实现这一转变，则又必须从科学教育评价改革入手。英国学者贝尔纳在《科学的社会功能》中曾经指出，只要考试制度原封不动，我们就永远不可能有合理的科学教学。③ 长期以来，我国科学教育特别是中学阶段科学教育受制于升学的压力，教师为升学而教，学生为升学而学，追求高分。"为评价而教"的文化氛围十分浓厚，评什么以及怎么评，直接影响着教师教与学生学得的内容与方式，特别是考试制度中追求统一标准答案的导向势必使学生养成死记硬背的学习方法和习惯。学校教育当然不能完全排除外部的强制性考试，我们不可能也不应该走入极端，完全取消外在于个体的科学教育评价④，我们只是想变革那种传统的、机械的、不合时宜的教育教学评价，改变一直主要用来分类学生和对学生分班、判断学生学习知识的正误、赋予限制学习的机会合法化的评估方法⑤，施行以倡导科学精神为主的评价方式，真正实现评价对于科学精神的养育价值。

---

① ［美］雅·布伦诺斯基.科学进化史[M].李斯，译.海口：海南出版社，2002：42.
② 郝明义.想象力、知识和飞行[N].南方周末，2011－02－10，B13.
③ ［英］J. D. 贝尔纳.科学的社会功能[M].陈体芳，译.桂林：广西师范大学出版社，2003：291.
④ ［美］卡尔·R. 罗杰斯.个人的形成[M].杨广学，等译.北京：中国人民大学出版社，2001：267.
⑤ ［美］美国科学促进协会.科学教育改革的蓝本[M].朱守信，等译.北京：科学普及出版社，2001：23.

　　精神的养成是一个以行为影响思维的过程。它首先是一种行为习惯的养成,进而形成一种思维习惯,最后升华为精神品质。[①] 为此,对于培养中小学生科学精神的科学教育的评价,尤应注重对学生学习过程及行为的综合测评,对符合科学精神的行为予以强化,对违背科学精神的行为予以纠正,以使中小学生养成科学的学习行为,进而形成科学思维和科学精神。这种不同于传统考试的评价方法即为学习行为评价,着力考察学生的学习过程,注重学生平时的课堂学习表现,注重学生在学习过程中的精神状态,例如学生是否积极参与和独立思考,是否勇于批判和质疑,在探究过程中是否表现出不达目的誓不罢休的品格和毅力,是否坚持不迷信,不盲从,唯真理是论等。教师对学生的这些行为不但要给予高分,而且还要给予更多的赞赏、表扬和强化,使学生在潜移默化中养成科学的精神、态度和行为。

　　另一方面,我们也不能忽视对纸笔性作业与考试的改造。相对于课堂教学过程,中小学生花在纸笔性作业与考试上的时间不可谓不多,因此,如果将课后习题与考试题更多的与日常生活联系,与科学发展史联系,与技术创新和社会经济发展联系,与其他生物和自然界相联系[②],不仅仅有助于提高学生的科学兴趣和社会责任感,而且有助于培养学生实事求是、开拓创新的科学精神。

　　在具体操作路径上,科学教育评价如何更好地关注科学教育过程,如何从单一的纸笔考试向多元评价改革,如何克服纸笔考试不能评价实验操作能力的局限,如何加强实验在科学教育中的重要地位,香港高级程度会考实验评价中推行高考中的教师评审制,下放评价权力,关注科学探究,倡导校本评核等成功做法[③]值得借鉴,它对于我们重视高考理科实验评价作用、发挥教师评价主体作用、寻求纸笔方式评价与表现性方式评价的张力平衡、积极探索适合我国内地国情的科学教育评价途径有一定的启发价值。

　　在今天这样一个实践生活已经"去价值"的时代,我们到处都能听到养育科学精神、弘扬科学精神的呼声,根本原因还在于科学精神所具有的内在价值。传统的强制主义和蒙昧主义教育任意地剥夺人的自由、贬抑人的自尊、否认人的权利、任意处置人的心智和身体,其后果是在个人生活和公共生活中科学精神的缺失:个人的他治状态——个人认命、趋附和屈服外在的强制和奴役;道德狂热、政治狂热及其必然导致的暴戾;盲从、迷信、失去自主精神、缺乏理性判断力;蒙昧、偏执、霸气、排斥异己、打击异端的心态;逆反和虚无;诉诸暴力、迎合或趋附于暴力等。当然,科学精神的养育并非仅仅是科学教育的任务,它也是社会科学及人文学科教育的任务,更是整个社会(媒体、舆论等)共同的责任。理想的情况是,科学精神的养育还需要人文精神的滋养,因为在本质和最后指向上,科学精神与人文精神是相互融通的。最后,笔者只是再次强调,人并非天生地具有科学精神,只有通过教育和自我教育,科学精神才得以生成、成长、发展和丰富。这是一个教育性的过程,它需要科学的启蒙,也依赖于在生活实践中公开运用科学的机会和环境。我们可能有种种的理由批评唯科学主义,但是从具有科学精神的人的形象可以看出,我们的教育不但无法拒绝培养具有科学精神的人,而应该

　　① 曲铁华,马艳芬. 论当代中小学生科学精神的培养策略[J]. 中国教育学刊,2005(2).
　　② 崔鸿,文静. 如何对科学态度、情感与价值观进行评价:基于新加坡《交互作用的科学》的思考[J]. 课程. 教材. 教法,2007(3).
　　③ 许雪梅,郑美红,杨宝山. 香港高考实验评价改革:实地考察与启示[J]. 课程. 教材. 教法,2010(2).

以养育人的科学精神作为教育培养人的重要内容之一。

二、欣赏物理学中的美

物理学固然不是美学，但物理学中包含着美。物理学美是科学美的一种形式和具体体现，其主体成分是理性美，它是自然界的固有结构与人的认识、人类心灵深处的渴望在本质上的吻合，并通过科学的理想化、抽象化，以概念、定理、公式、理论的方式显示出来的。它集诸多基本形式美与内容美于一体，不仅向人们提供了对物质世界规律性的认识，同时也把一种令人心旷神怡的美景奉献给了人类。只要步入这个"和谐的宇宙"，就一定能使人领略和体味到这种理性美。因此，物理教学在帮助学生欣赏物理学中的美这一主题上担负着重要的责任。

（一）充分认识物理教学中美育的教育价值

美的事物总能使人产生一种愉悦的情感体验，带给人们欢乐、愉悦、兴奋的心理感受。物理学的美也能使人们从中获得精神上的满足和美的享受。因此，我们要充分认识物理教学中美育的教育价值，积极发挥物理教学中科学美的教育功能。

第一，激发学生的学习兴趣。"兴趣不是美感"，但美感可以激发兴趣，进而提高学习效率，减轻学生学习负担，反过来促进对美的追求。例如，在九年义务教育物理教材中，我们广泛地注意到了美对提高兴趣的作用：以前教材中的插图、实验，包括学生实验在旧教材中因只注重严谨而显得单调，今天的教材活泼、生动，实验、设计具有美感，且具体、形象。在平面镜成像一节有制作万花筒的实验，不仅能使学生从中学到严谨科学的规律和物理知识，而且能从万花筒中反映的形象美中激发出探索物理现象本质的兴趣，有利于使学生在美的引导下，自觉、主动地探索科学的奥秘。

第二，加深学生的科学理解。物理学方法也具有美的价值，教师应不失时机地向学生展示物理学方法之美，以加深学生的科学理解。例如，力的合成将几个力等效合成一个力，而力的分解则把一个力等效分解为几个力；复杂的实际电路等效简化为标准的简单电路；复杂的物理现象过程等效分析为几个简单的物理现象、过程进行分别处理，然后再进行综合，这都无不闪烁着多样统一美、对应和谐美。再如将电流类比水流，电压类比水压，还可将电流与电阻的关系类比为街道上人流与路况的关系，抽象和直观和谐统一，物理和生活融为一体，可激发学生欲透过物理世界去发现美、追求美的激情。正是运用类比、联想、置换的手段，将难以理解的、抽象的内容转化为学生丰富优美的联想，将知识置于学生常见的美的想象中，让学生始终在美的氛围中获取知识。

第三，促进学生的智力发展。美学是一个哲学体系，可以促进学生思维能力、想象能力的发展，可以加深学生对物理知识的了解和激发学生深入研究物理问题。心理上的认同和激励才能使学生在探索物理规律、培养能力上有更强的自主性。教师在教学中要充分认识到美对智力发展的作用，有意识地去阐释物理科学的美，使学生在物理科学的殿堂中感受到美，在美感的激发下，以良好的心态，愉悦的心情去思考问题，使思维能力、想象能力得到发展。比如在高中教学《万有引力》一节时，可以充分参考各种卫星、行星、恒星的数据，描绘人类从"天圆地方说"走向"太阳中心说"然后再认识到太阳率领太阳系的成员在银河中沿一条美丽的曲线运动的历史,在人类探索"真"与"美"的感受中,进一步提升学生以万有引力所引发的椭圆轨道和圆轨道的美感认识,激发学生探索这些美的科学规律和源泉,使学生对这些知识有更深的理解。

第四,培养学生的思想品德。培养学生的思想品德不只是班主任工作,也应在物理教育学中得到体现。追求美、追求真是物理美学的特点,也正是学生品德培养的目标。素质教育也要求我们不仅要培养学生的能力,而且要培养学生的品德,物理教师同样担负这样的责任。例如,古今中外的著名物理学家对科学的不懈追求和为捍卫真理而献身的精神均体现了人格美,他们大量动人的生平事迹就是一部绝好的美育教材。教师将物理学家的美德转化为教师教学之美,让学生在美的教学中陶冶情操,美化心灵,树立起刻苦学习、顽强拼搏的精神面貌和美德,在美的氛围中培养学生健全的人格。

(二)挖掘物理课程中蕴含的丰富美育素材

物理学是从表面向深层发展的,表面有表面的结构,也有表面的美。就如对"虹"的认识,它是"42 度的弧,红在外紫在内";对"霓"的认识,它是"50 度的弧,红在内紫在外"。进一步的研究可以发现深层次的美,物理学家逐渐了解到这 42 度与 50 度可以从阳光在水珠中的折射与反射推算出来,此种了解显示出了深一层次的美。更深入的研究表明折射与反射现象本身可从一个包容万象的麦克斯韦方程推算出来,这就显示出了极深层的理论架构的美。有了许许多多科学家这种对美的执着的追求,才能一步步地发现更深层次的美。它启发我们,欣赏物理学的美,必须挖掘物理课程中蕴含的丰富美育素材。

物理科学的美归纳起来就是爱因斯坦所描绘的"简单、和谐、完善、统一"。

第一,物理科学的美在于它的简单。爱因斯坦认为,评价一个理论美不美,标准是原理上的简单性。这里的简单性是指科学理论、定理、公式的简单形式与其深刻内涵的统一。作为反映物体运动变化规律的物理学来说,那种最简洁的物理理论最能给人以美的享受。比如,一切物质都由最简单的粒子组成;光沿着最简单的直线传播;行星沿着简单的几何曲线——圆、椭圆、抛物线或双曲线运动等。物理学家把研究对象一一分割,忽略次要矛盾,抓住主要矛盾,抽象出最简单的物理模型。诸如质点、弹簧振子、单摆、理想气体、点电荷、光线等等,以这些优美的理想模型概括出物质运动的基本规律,变复杂为简单,既简洁又合理。简洁美还表现为理论结构和理论描述的简单性。譬如,牛顿第二定律表述为"力等于质量与加速度的乘积",这是牛顿对力学现象规律性的高度抽象。他的叙述非常简单,而在当时的背景之下,又非常准确。爱因斯坦的质能关系方程 $E=mc^2$,其反映的质量与能量之间的联系及其数学表达形式简洁无比,却深刻地揭示了自然界微观、宏观、宇观领域质能变化的规律,成为指导人们进一步对核反应规律的认识和从核反应中去获得巨大能量的基础理论,具有很高的审美价值。自然界喜欢简单,不爱用多余的原因夸耀自己。爱因斯坦的狭义相对论只有两条基本假设却建立了相对时空观,揭示了质量和能量的统一,简单的真显示了丰富的美。

第二,物理科学的美在于它的和谐。物理学的形式和内容分别具有和谐性。形式的和谐是物理概念、方程、现象的和谐,内容的和谐指出了物理规律的无矛盾性,亦即自洽性。物理学的发展也是在由发现和改变物理规律的不和谐性中前进的,例如,在宏观世界中和谐的经典力学和电磁理论，但在迈尔克逊实验中指示了经典力学和经典电磁理论的不和谐，导致了量子论和相对论的诞生。和谐性还包括对称性、守恒性和有序性。对称美是客观世界的一种典型的美态，物理学中的对称美处处可见，正、负电子，南、北两极，平面镜成像，力矩平衡，波动性和粒子性，对称美还是探索物理新规律的动力，发现正电子后，就引导人们去探索反物质就是一个例子；守恒的美也是一种和谐美，物理学中的质量守恒、电量守恒、能量守恒、动量守恒均是一种守恒的美；有序的美远超过无序的美，波动的能级轨道就是有序美的表现。

第三，物理科学的美在于它的非缺陷性。艺术上常把维纳斯的雕像作为残缺美的代表，但由于科学的美的基础是"真"，因此物理科学的美就是一种完善的美，牛顿的经典物理学就是宏观世界的一个完美科学，爱因斯坦说过，自然界是完善的，人类得到这个规律时间不会太久了。例如，物理学家法拉第一直致力于把自己获得的实验结果上升为法则和理论。他十分欣赏电磁力转换定律那"简单而又美丽"的公式，他在研究环绕磁极分布的电场线时，感到它如同环太阳运行的行星轨道一样，也表现出大自然和谐而又简单的设计，令人神往和迷惘。为此，法拉第一直期望能用这种观念把电磁理论建成一个和谐、统一的体系，尽管最终他没有成功。麦克斯韦是一位擅长数学并喜欢诗歌的物理学家，他决定用数学方法来弥补这方面的问题。他根据法拉第、库仑、安培、奥斯特等人由实验总结出来的电磁学定律，逐步建立了统一完美的经典电磁学理论，并以麦克斯韦方程组表示：

$$\oint_l H \cdot \mathrm{d}l = \int_s J \cdot \mathrm{d}s + \int_s \frac{\partial D}{\partial t} \cdot \mathrm{d}s \qquad ①$$

$$\oint_l E \cdot \mathrm{d}l = -\frac{\mathrm{d}}{\partial s}\int_s B \cdot \mathrm{d}s \qquad ②$$

$$\oint_s B \cdot \mathrm{d}s = 0 \qquad ③$$

$$\oint_s D \cdot \mathrm{d}s = \int_s \rho dv \qquad ④$$

上述积分形式的麦克斯韦方程组是描述电磁场在某一体积或某一面积内的数学模型。微分形式的麦克斯韦方程是对场中每一点而言的。应用 del 算子，可以把它们写成：

$$\nabla \times H = J + \frac{\partial D}{\partial t} \qquad ⑤$$

$$\nabla \times E = J + \frac{\partial B}{\partial t} \qquad ⑥$$

$$\nabla \cdot B = O \qquad ⑦$$

$$\nabla \cdot D = \rho \qquad ⑧$$

麦克斯方程组最重要的意义是它揭示了电磁场的内在矛盾和运动。不仅电荷和电流可以激发电磁场，而且变化的电场和磁场也可以互相激发，并在空间中运动传播，形成电磁波。

它从理论上预言了电磁波的存在,而且光波也是一种电磁波,电磁场可以独立于电荷之外存在,它是一种物质波。

第四,物理科学的美在于它的多样统一。物理科学的美在于它的多样性,换句话说亦即它的奇异性。物理学中的奇异美比比皆是,主要表现在物理概念、理论、模型等的新颖与新奇,表现在它们能够巧妙地解释物理现象。古代人们认为圆与球是和谐的、美的,所以,托勒密、哥白尼等就用天体的圆形轨道来建立和谐的宇宙图景。而开普勒创立的宇宙和谐则是椭圆,与哥白尼的圆形轨道相比存在着奇异,因而比圆更美。爱因斯坦的相对论揭示了水星近日点轨道进动的原因,运动的椭圆与椭圆相比又存在着奇异,但运动的椭圆更具动态之美。再如德布罗意的物质波、泊松亮斑、量尺在运动方向上的缩短、时钟的延缓、光线的弯曲,等等,都大大出乎人们的意料,使当时的科学界为之惊愕。这些新颖、奇特、大胆、富有创造性的结论,无不使人们在惊奇之余产生奇异又不失和谐的美感。物理世界的千姿百态,反映了物理事物的特性及其规律的物理知识也是丰富多彩的。随着物理学的不断发展,人们对自然现象及规律认识的深入,不同的学科领域也变得密切相关,甚至融为一体,千变万化的物理世界形成了一幅和谐统一的完美图景。例如,牛顿力学把运动统一起来,麦克斯韦把电磁现象统一起来,光电效应把波、粒二象性统一起来,质能方程把质量和能量统一起来,这就是统一的美。每当一个新理论统一了旧领域,这个理论就成为物理学发展的历史转折点。

(三)彰显物理学作为实验科学的美育特色

物理实验对物理学的发展起着重要作用。许多美妙的实验解决了一个个物理难题,启迪了人们的思想,给人一种形象的直接美感。当我们步入物理实验室,那千姿百态的仪器和由此而装置的实验,给人们以内容和形式上直接的美感,把人们带入美妙的境界。

物理实验中有着丰富的美的因素。物理实验的现象美、物理实验的设计方法美、物理实验的结论美,在科学发展及人类进步的历史舞台上闪耀着艺术的光辉。一个精通教学艺术,讲究教学效果的教师一定会在备课中充分挖掘物理实验的科学美的因素,在提高学生的实验技能同时,培养学生的科学审美能力。

第一,以生活情境为蓝本体现物理实验的自然美。自然美是客观世界中自然物、自然现象的美。物理学是一门自然科学,是以观察和实验为基础建立起来的,物理学中涉及大量的物理现象和自然现象,无不体现物理科学的自然美。例如,除前面的举例之外,还有电子的绕核运动、天体的和谐运动、结晶体的多样化、液体的表面能、高压放电、摩擦起电、磁石吸铁、电磁感应、四季变更、风、雨、雷、电的形成等,物理实验教学中,必须以观察实验为基础,尽量从现代日常生活中寻找物理现象,创设物理环境,让学生获得翔实、直观、具体的感性美,使实验教学更加贴近生活、贴近社会。使学生感受到物理实验就在身边,物理科学的自然美就在现实生活中,从而提高学生的学习兴趣。

第二,在实验技术合理性前提下突出实验艺术性。实验技术与实验艺术既有联系又有区别互为补充。技术是本,艺术是花,实验的程序规章与艺术融合在一起,也是物理教师对美的追求的具体表现,同时又是增强实验效果的具体途径。实验是探寻物理规律、验证物理定律的重要方法,同样的实验不同的处理方法会得到不同效果。设计一个好的实验不容易,其中实验的艺术加工也非常重要。比如,演示实验的色调问题。实验仪器不需要色彩丰富,色彩过多往往会分散学生的注意力,但一定的色调可以突出主题。像在演示微小形变实验中,用一个扁瓶子中装染红的水就比无色透明的水效果好得多。实验仪器中作为背景的颜色要冷一些,引起学生着重观察的部分要暖一些,主次各部分的对比要强一些等等。再如,实验的可见度问题,不能只让前面几个学生看得清楚就行。有的教师演示左(右)手定则实验,由于实物较小,就在用实物演示的同时,又用木制的大型模型加以解说;有的教师做单摆实验,用一个大球吊在天花板上,引起学生的极大兴趣,又看得非常清楚;演示用的示波器的荧光屏用大方形就比用小圆形的好得多,如此种种,增大可见度能增强表现效果。

第三,让学生体会实验设计、手段的方法美。在物理实验教学过程中,教师在设计教学内容时可以结合实验室条件对传统实验项目进行重新组合,尽量将有相似的刺激与反应的教学内容做系统编排。在编排时,教师可以以专题的形式呈现实验内容,每个专题确定一个主题,可以从实验方法的相似性上选题,如用测量玻璃的折射率,可用反射折射法、全反射法、折射定律法、视深公式法等实验编在一个专题;也可以依据实验仪器的相似程度进行选题,如将分光计、单色仪、摄谱仪等光谱仪器作为一个专题选择实验项目;也可以从对同一物理量的测量作为选题依据,如电阻的测量可将伏安法、半偏法、等效法、惠斯登电桥法等编在一起;这样学生在进行专题训练时很容易由此及彼、融会贯通,从而衍生出一系列值得进行比较研究的问题,实现知识与能力间的相互迁移。

随着科学技术的迅猛发展、许多边缘学科、交叉学科的兴起,学科互相渗透、互相结合的整体化发展日益迅速,某一疑难科技问题的解决不再仅仅依赖于某一个学科,而是多学科的综合化。为了培养学生的发散思维能力,提高探究能力,在物理实验内容的选择方面可涉及其他学科与物理学相联系的综合性问题。与综合性实验不同,设计性物理实验是在学生具有一定能力的基础上,运用有关物理实验知识、技能、科学过程与方法,独立(或在老师启发下)分析实验目的和要求,对实验的仪器、装置、步骤和操作方法所进行的一种规划。设计性物理实验对于发展学生科学研究能力、提高他们的实践能力和创新精神、培养学生的兴趣具有重要意义。例如,可以在经典实验内容之一———霍尔效应的基础上开设"用霍尔元件测地磁场"等带有一定应用性与设计性的实验。在物理实验中适当增加设计性和综合性的实验不仅可以提高学生的学习兴趣,拓展学生的视野,激发学生的学习动机,而且可以锻炼他们的实践能力,在完成实验的过程中学生可以充分体验实验的设计、手段的方法美与创造美。

(四)结合物理学史展现物理学的探索之美

物理学史告诉我们,近代物理学是随着文艺复兴运动的兴起而兴起的。文艺复兴运动也使得希腊的科学美学思想在欧洲复活,唤醒了一大批自然科学家。哥白尼、开普勒、伽利略、笛卡尔、牛顿等这些近代科学舞台上的巨匠都不同程度地接受了古希腊的科学美学思想,都相信自然界是按照和谐优美的数学方式设计的,自然界是合理的,简单的和有秩序的。因此,在探索自然界奥秘的过程中,他们往往是以科学美作为追求的目标,努力使物理理论在内容和形式上优美和谐。

伽利略是成功地研究出匀变速运动的物理学家。他所处的时代,技术比较落后,通过直接测定即时速度来验证一个物体是否作匀变速运动是不可能的。但是他应用数学方法得出 $s \propto t^2$,然后设计一个美妙的实验对 $s \propto t^2$ 进行验证,在他写的《两种新科学的对话》一书中说:

"像这样的实验,我们重复了整整一百次,结果总是经过的距离 s 与时间 t 的平方成比例……"后来多人重做了他的实验,都证实了他的结论的正确。伽利略的这种从假设出发,得出推理,再用实验检验推理的研究方法,对于后来的科学研究,具有重大的启蒙作用。开创了近代物理学所使用的方法,充分显现了物理实验的新奇美和创造美。

在历史上一段很长时间里,人们一直认为光的传播不需要时间。直到 17 世纪,物理学家才开始尝试测定光的速度。早先物理学家测定光速,必须利用很大的距离,用精巧的办法准确地测出很短的时间间隔,得到的结果误差较大。后来迈克尔逊设计了一个十分巧妙的实验,非常准确地测出了光的速度。他选择了两个山峰,测出两山峰间的距离。在第一个山峰上安装一个强光源和一个正八面棱镜及一个望远镜,另一个山峰上安装一面凹透镜和一个平面反射镜。通过调节八面棱镜的转速,测定光速。爱因斯坦称赞这一实验的优美和方法的精湛时说:"迈克尔逊是科学的艺术家。"是的,他的实验装置和方法是优美的。他使用的仪器是普通的,原理是众所周知的,然而得到的结果却是完美的。他后来又利用干涉仪做了一个更美妙的实验,从而否定了"以太"的存在,为相对论和量子力学的建立奠定了基础,引起近代物理学的革命,进而促进了新技术革命和产业革命的到来,物理实验创造了人类美好的未来。

现代物理学之美更为突出。由于物理学进入微观世界以后,不但需要高度抽象的逻辑思维,而且更需要发挥想象和利用比喻以借助形象思维来理解高度抽象的微观理论。因此,现代物理学的理论不但在内容上更接近真理,且形式美也比经典物理更突出。例如,物理学家在运用统一的数学方法去处理各种问题上的统一、物理观念上的推广与统一、物理实质上的统一、对奇性的探求、对称性分析与守恒定律等,无不表现出物理学家对于科学美的追求和努力。

物理学家在探索物理学发展过程中表现出的人生美德更是感人至深。面对罗马教廷的熊熊烈火,布鲁诺用响彻寰宇的"火并不能把我征服"的宣言,宣告了神学的毁灭,真理的永存,其捍卫真理的英名和美德,流芳百世。伽利略被终身监禁却矢志不移。富兰克林为了证明雷电与普通静电的一致,冒着生命危险做了用风筝"引"下雷电的著名的"费城实验"。而利赫曼则为同一目的惨遭雷击而死,他们都具有敢于献身的人格美;物理学之父牛顿构建了经典物理学的宏伟大厦,但他却谦虚地说"如果我比别人看得远些,那是因为我站在巨人们的肩膀上"。法拉第是最伟大的科学家之一,成名之后世界各国赠给他的各种学位头衔达几十个之多,但他却把所有荣誉奖章都收藏起来,连最亲近的朋友都未见过,当有人问他喜不喜欢这些荣誉时,他说:"我从来没有为追求这些荣誉而工作。"朴实的话语表达出他不图虚荣的高尚品德。中国现代物理学家王淦昌、钱三强、钱学森、邓稼先为了祖国的科学事业,放弃国外优越的生活条件,毅然回国,报效祖国,表现出伟大的爱国主义精神的美德。事实上,不论哪一套中学物理教材,都涉及近百名中外著名物理学家。这些物理学家虽然国籍不同,所处年代不同,个人经历不同,但他们都充分体现出为追求科学真理而不懈努力的美德,他们生平大量动人的事迹,尤其是不怕挫折的拼搏精神、爱国奉献的敬业精神和相互协作的精神都是一部绝好的美育教材,能激起学生心灵的震动。教学过程中,若能把物理学家勇于探索,实事求是的科学精神;视苦为乐,顽强拼搏的不屈精神;只图贡献,不求索取的奉献精神;

坚持真理，并为捍卫真理不怕牺牲的献身精神等生动事例穿插讲授，定能使学生深受感染，进而学习和仿效物理学家的这种崇高的精神风貌与美德。这无疑是最理想、最成功的情感。

（五）在物理教学实践中培养学生审美能力

众所周知，物理教学从来不是单一的抽象思维活动，在教学中师生的交流不应仅仅是作为知识概念的交流，还应该是心灵和感情的交流，即"真善美"的统一。因此，物理教学必须站在更广阔的知识背景上，挖掘教材中的美的因素，运用美学知识，激发学生的求知欲，增强学生的想象力和洞察力。

第一，创造美的物理课堂教学情境。情境是人的主观心理因素和客观环境因素所构成的情与境的总和，情境影响学生的学习效果，而学习效果又影响情境的形成。因此，在教学过程中就必须创造良好的情境，以激发学生的情感，启发心灵的窗户，点燃智慧的火花，使学生的品德、智力、能力在生动活泼的气氛中得到发展。美的物理课堂教学情境丰富多样，例如，借助于科技史料、人物轶闻创造美的物理课堂教学情境。自由落体运动教学，一张比萨斜塔的幻灯片，加上必要的文字说明就可以把学生带到当年伽利略实验情境之中。借助于生动有趣的小实验创造美的物理课堂教学情境。在液体表面张力中，一枚小钢针能放置于水表面上；力的合成中，两个同学用尽全力也不能把一根中间悬挂小石头的细绳拉直。对于这些小实验，学生感到既意外、惊奇、又深信不疑，从而为接受新知识做好准备。借助于学生头脑中的某些观念创造美的物理课堂教学情境。在力的合成教学引入新课时，首先提问"1＋1＝?"学生对此第一反应是不值一答，接着产生疑问：莫非有可能1＋1≠2? 由于这个问题与学生的旧知识发生冲突，从而激起了强烈的求知欲接下去演示实验、理论探讨便在一种良好的课堂情境中展开了。借助于与课堂内容相关的现代物理知识创造美的物理课堂教学情境。"宇航员在太空失重状态的生活"与失重现象，"低温世界的超导体"与影响电阻率的因素，"光导纤维通讯"与光的全反射等，都有助于在物理教学中创造多种美的氛围，再现物理学中的自然美，使学生得到美的享受和熏陶。

第二，采用具有和谐奇异美的类比教学法。类比是教学的重要方法。因而，采用比较、对比、类比教学的方法，可以同中求异，异中求同，使奇异的物理现象和规律达到更高层次的和谐，从而使教学进入和谐奇异美的境界。同一物理问题的解决，可以根据不同的原理，即使根据同一理论也可以用不同的方法，如用同一规律来解题可以用分析法，也可用综合法。当学生用多种思路完成一题多解时，对殊途同归的巧妙方法会产生和谐奇异之美感。例如，在《眼睛与眼镜》一节，学生很难理解"正常眼睛如何调节才能使远近不同的物体成像在视网膜上"，教师可以先让学生体验：近处看书本上的字，眼睛有什么感觉? 再远处看窗外的景物，又有什么感觉? 学生自然就会体验到眼球的紧张（瞪大眼睛）与放松（眯起眼睛），然后就很容易理解"睫状体的收缩使晶状体变厚，睫状体的放松使晶状体变薄"，再学习近视眼和远视眼的成因和矫正，就浅显易懂了。又如《液体压强》一节，学生很难理解"液体压力不一定等于液体的重力"，可以先画出底面积相同、高度相同而形状不同的三个容器，问学生"生活中的水桶是哪种形状"，学生很快答出"上粗下细"的形状，并能说出"这种形状容器比其他两种形状容器装的水多"的理由。老师趁机引导学生：这种形状的容器，不仅装的水多，而且水对底部产生的压力比水的重力小。然后结合液体压力公式和体积含义，根据图形形状引导学生分析不同形状的容器"液体压力和液体重力的关系",同时使学生对"水桶的形状"有了更进一步的认识。

第三,以整体结构教学追求多样统一美。知识的高度系统化和结构化是物理学的重要特点。物理学作为一个完整的系统,它是由相互作用联系的各个部分所组成的。各部分在体系、内容、方法以及发展的过程中都有其自身的结构。另一方面,物理教材编写的顺序是按照学生的认识规律,由感性到理性,由浅入深,由简单到复杂来安排的,是一个将知识展开的顺序。学完后如不加整理,对知识形不成整体感,不能从全局来认识各部分的地位和作用,更看不清它们的内在联系规律,所以对知识的理解必然不够全面。为此,必须引导学生对所学知识进行比较、分类组合,形成知识结构,从整体上把握知识,达到对知识的精化和深化。在物理教学中,特别是在复习阶段,启发学生将自己总结的知识结构,用对称齐整的图表展现出来,去鉴赏各部分知识内在联系的"韵味",必能深化对物理美的感受,使学生头脑中原来那些孤立、零星的知识串通为相互作用的系统知识,形成知识群纵横交错的完美的知识网络结构。教学中,将多样统一原理应用于掌握结构,培养能力的教学原则之中,无疑会使教学更添美色。

"爱心接力"——研究带电粒子在磁场中的运动

带电粒子在磁场中的圆周运动具有简单美、对称美、和谐美。然而要感受到这个微观世界非常困难。为此,我特地设计了一道习题让学生体会并通过动画演示给学生展示美丽的运动。

[例题1] 以直角坐标系的 x 轴为界的匀强磁场,上下两侧的磁感应强度大小之比为1∶2,正电荷的初速度沿 y 轴正方向,请你画出粒子运动的轨迹。

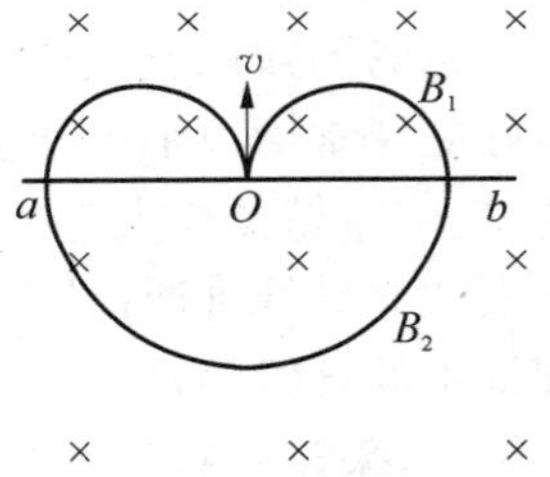

当学生逐渐研究和体会到了这几个圆周组成的"心形"图案并将之延续形成"爱心接力",从情感上彻底激发了学生对自然科学"完美"的赞叹。

图1 带电粒子在磁场中的
"心形"运动轨迹

紧接着我又用仿真物理实验将粒子运动的过程用动画展示出来,"哇""太帅了""cool",学生彻底被征服了!

第四,在教学语言和板书板画中体现物理学科之美。教学艺术也有它的外在表现。讲课不仅是师生的思想交流,也是师生的情感交流。物理课堂上,要让老师和学生撞出思想的火花不是一件简单的事情。如果让学生在听一堂课感到轻松而且不觉时间的漫长,教师更应在教学艺术上下功夫。

教师的语言要有科学性、启发性、教育性,但更要有丰富的感情色彩。在阐述一个物理定律、总结一个物理实验、解决一个物理习题时,如果只是语言准确,表述却平淡无味,很难提起学生的兴趣。因此,物理教学的语言要在通俗化的基础上增强表现力,抑扬顿挫,幽默风趣,时而清平和远,谆谆教诲;时而势如破竹刻意强化。自然的、真挚的、发自内心的语言才能在学生心中产生共鸣,物理教师的语言锤炼是一项基本功甚至可能是教学成败的重要环节。物理教师的语言与艺术语言应当有所区别,但科学语言经过艺术加工,就变得清晰流畅,情景交融,妙趣横生,也就能深入浅出通俗易懂。老师讲课时若词不达意,语病百出,那就成了"茶壶里的饺子"有知识也倒不出,怎么能取得好的效果?

板书板画艺术也能增强物理教学感染力。教学中的板画,是教学不可缺少的一种辅助手段,它能以特殊的力量集中学生的注意力。在多媒体教学中绚丽多彩的动画、立体图像都能给学生深刻的美的印象,它是多媒体教学相对于传统教学的突出优势。好的板画概括为"简、准、快、美",板画的核心是准,即符合科学原则、准确无误,但又必须简洁,忽略细节的描绘,突出主题,同时为省时又必须快。在简、快、准的基础上去追求美,增强艺术表现力。物理教师掌握板画艺术比使用教学挂图效果还好得多,因为课堂上可以边画边讲,自己决定取舍、选择视向,再与板书配合,做到整体布局的完美,完成一节课的艺术构思。同样,用板书形式美统领课堂,也是物理教师的一项基本功。

第五,在引导孩子进行审美创造中培养学生的审美能力。引导学生投身于美的创造活动中去,让他们像科学家一样去探索,以美学标准提出物理假说和模型,使他们在其中发现许多奇妙的事情,在美的感觉中提高联想、想象和直觉等形象思维能力,看到自己的力量和美的力量,这是培养学生美学思维能力的途径之一。例如,通电导体周围空间产生磁场,那么磁场能否产生电流呢?鼓励学生大胆假设、讨论,同时向学生说明,美学思维方法虽然是一种很重要的思维方法,但由此得到的结论具有或然性,正确与否需由实验和逻辑检验。当通过实验证实磁能生电时,学生抑制不住的兴奋转化为探求知识的动力,教师再因势利导,让学生总结出电和磁有许多对称关系(电场和磁场、电矩和磁矩、电通量和磁通量等),但学生发现美中不足的是正、负电荷可以单独存在,而磁体的南北极却似乎不可分离,难道电和磁在这一点上就不对称吗?这是个很有趣的话题,引发了激烈的讨论,不少学生甚至回家后查阅各种资料,并设计了实验进行检验,当然结果是可想而知的;历史上,狄拉克也坚信电和磁应该是对称完美的,有孤立的电荷存在,就应该有孤立的磁极,即磁单极子存在。他这一预言虽然至今未被确认,但物理学家正信心百倍地寻找磁单极子。学生这种探索性学习,正是素质教育与应试教育的不同,过程有时比结果更重要,因为研究的意识、精神和方法等就是在过程中形成的,物理美也是在探索的过程中才能品味到的。

以"美"求"真",用美学原则思考和处理问题,把繁杂无序的现象梳理、提炼得简洁明快、条理清晰,这是培养学生的美学思维能力的途径之二。例如,在做电磁感应实验时,学生发现五种情况可以产生感应电流,即变化着的电流,运动着的稳恒电流,变化着的磁场,运动着的磁铁和在磁场中运动的导体。这反映了产生感应电流的本质吗?没有,这只是现象的罗列。经过引导,学生发现这五种变化实则是磁通量的变化,这就可非常自然地概括抽象出本质:只要闭合电路的磁通量发生变化,闭合电路就会产生感应电流。同样,在对感应电流方向的研究中,学生发现无论是改变磁极,还是改变磁铁与线圈相对运动的方向,感应电流方向均会发生变化。怎样才能改变对现象的罗列呢?引导学生根据物理理论的简洁美原则,不是直接去概括感应电流的方向,因为那样必然会陷入无序的罗列,而是间接地从感应电流产生的磁场方向来表述感应电流的方向,体现出电磁感应现象中的能量的转化与守恒,这一简单明了的概括,表现了物理规律的简洁之美。学生从自己的探索中深深体会了物理内涵美的奥妙,其愉悦之情不禁溢于言表。

　　物理教学是物理教师的一种创造性的劳动,它带有科学和艺术两个方面的色彩。虽然物理学本身不是美学,但是,能否把摆在我们面前的物理教材从僵硬的铅文字变成闪烁着美的光彩的画册,从抽象的概念、公式变成动人的诗篇,关键要靠教师从教学内容中发掘出物理科学美,并通过美的设计,在课堂教学中充分展示出物理学科的美学特征和美的意境,使学生潜移默化地受到美的熏陶和美的培养,既能减轻学生的负担,又能提高教学质量。这对物理教师的专业发展又提出了新的挑战,因为教师的职业特点不仅要求自己懂得物理理论,更重要的是教会学生理解物理概念,掌握物理规律,学会研究物理问题的方法,教师没有艺术修养是难以完成这一任务的。当然,也要反对那种不求甚解,放弃科学的严谨和深思熟虑去一味追求华而不实的作风,让物理教学能从美学这一更高层次去展现它的未来。

参考文献

1. ［丹］克努兹·伊列雷斯. 我们如何学习：全视角学习理论［M］. 孙玫璐，译. 北京：教育科学出版社，2010.

2. ［法］加斯东·巴什拉. 科学精神的形成［M］. 钱培鑫，译. 南京：江苏教育出版社，2006.

3. ［美］Cecil D. Mercer，Ann R. Mercer. 学习问题学生的教学［M］. 胡晓毅，谭明华，译. 北京：中国轻工业出版社，2005.

4. ［美］国家研究理事会科学、数学及技术教育中心. 科学探究与国家科学教育标准——学与教的指南（第 2 版）［M］. 罗星凯，等译. 北京：科学普及出版社，2010.

5. ［美］B. R. 赫根汉，马修·H. 奥尔森. 学习理论导论［M］. 郭本禹，等译. 上海：上海教育出版社，2011.

6. ［美］E. 詹森. 基于脑的学习——教学与训练的新科学［M］. 梁平，译. 上海：华东师范大学出版社，2008.

7. ［美］G. 波利亚. 怎样解题：数学思维的新方法［M］. 涂泓，冯承天，译. 上海：上海科技教育出版社，2011.

8. ［美］R. M. 加涅. 学习的条件和教学论［M］. 皮连生，等译. 上海：华东师范大学出版社，1999.

9. ［美］R. 基思·索耶. 剑桥学习科学手册［M］. 徐晓东，等译. 北京：教育科学出版社，2010.

10. ［美］卡尔·R. 罗杰斯. 个人的形成［M］. 杨广学，等译. 北京：中国人民大学出版社，2001.

11. ［美］美国科学促进协会. 科学教育改革的蓝本［M］. 朱守信，等译. 北京：科学普及出版社，2001.

12. ［美］亚伯拉罕·H. 马斯洛. 动机与人格［M］. 许金声，等译. 北京：中国人民大学出版社，2001.

13. ［美］亚瑟·K. 埃利斯. 课程理论及其实践范例［M］. 张文军，译. 北京：教育科学出版社，2005.

14. ［美］约翰·D. 布兰思福特，安·L. 布朗，罗德尼·R. 科金. 人是如何学习的：大脑、心理、经验及学校（扩展版）［M］. 程可拉，等译. 上海：华东师范大学出版社，2013.

15. ［日］佐藤正夫. 教学原理［M］. 钟启泉，译. 北京：教育科学出版社，2001.

16. L. W. 安德森. 学习、教学和评估的分类学：布卢姆教育目标分类学修订版［M］. 皮连生,译.上海:华东师范大学出版社,2008.

17. 蔡铁权、姜旭英.我国科学教师专业发展中的科学史哲素养[J].全球教育展望,2008(8).

18. 陈刚.自然学科学习与教学设计[M].上海:上海教育出版社,2005.

19. 陈国平.数字化实验系统(DIS)在物理演示实验教学中的应用[J].中国电化教育,2012(2).

20. 陈琴,庞丽娟.论科学本质与科学教育[J].北京大学教育评论,2005(2).

21. 陈向明.搭建实践与理论之桥:教师实践性知识研究[M].北京:教育科学出版社,2011.

22. 崔鸿,文静.如何对科学态度、情感与价值观进行评价——基于新加坡《交互作用的科学》的思考[J].课程.教材.教法,2007(3).

23. 邓友超.教师实践智慧及其养成[M].北京:教育科学出版社,2007.

24. 丁肇中.论科学研究的原动力:好奇心是科学研究的原动力[J].上海交通大学学报(哲学社会科学版),2002(4).

25. 高文.现代教学的模式化研究[M].济南:山东教育出版社,2000.

26. 郭玉英,姚建欣,张玉峰.基于学生核心素养的物理学科能力研究[M].北京:北京师范大学出版社,2017.

27. 何善亮.教育的至善:让学生享有"自尊"——"自尊"的教育价值、生成机制与顺畅实现[J].教育理论与实践,2007(1).

28. 何善亮.物理问题解决过程中"思维策略自我提示卡"的应用[J].教育科学研究,2004(3).

29. 胡谊,吴庆麟.专家型学习的特征及其培养[J].北京师范大学学报(社会科学版),2004(5).

30. 江苏物理学会.物理奥林匹克[M].南京:南京大学出版社,2000.

31. 莱斯利·P.斯特弗,等.教育中的建构主义[M].高文,等译.上海:华东师范大学出版社,2002.

32. 李丽.生存学习论[M].上海:华东师范大学出版社,2009.

33. 李如密.教学艺术论[M].北京:人民教育出版社,2011.

34. 李森,于泽元.对探究教学几个理论问题的认识[J].教育研究,2002(2).

35. 李晓文,王莹.教学策略[M].北京:高等教育出版社,2000.

36. 李醒民.科学的文化意蕴:科学文化讲座[M].北京:高等教育出版社,2007.

37. 林崇德.21世纪学生发展核心素养研究[M].北京:北京师范大学出版社,2016.

38. 刘炳升.科技活动创造教育原理与设计[M].南京:南京师范大学出版社,1999.

39. 刘电芝.学习策略研究[M].北京:人民教育出版社,1999.

40. 刘华杰."科学精神"的多层释义和丰富涵义[A].参见王大珩、于光远.论科学精神[C].北京:中央编译出版社,2001.

41. 刘儒德.基于问题的学习在中小学的应用[J].华东师范大学学报(教育科学版),

2002(3).

42. 卢家楣.学习心理与教学:理论与实践[M].上海:上海教育出版社,2009.

43. National Academies of Sciences, Engineering, and Medicine. Science Literacy: Concepts, Contexts, and Consequences[M]. Washington, DC: The National Academies Press. 2016.

44. National Research Council. A Framework for K – 12 Science Education: Practices, Crosscutting Concepts, and Core Ideas[M]. Washington, DC: The National Academies Press. 2012.

45. 潘瑶珍.基于论证的科学教育[J].全球教育展望,2010(6).

46. 潘岳松.从习题编制角度看磁场中"动态圆"类问题[J].中学物理教学参考,2012(8).

47. 庞维国.论学习方式[J].课程·教材·教法,2010(5).

48. 乔际平,邢红军.物理教育心理学[M].南宁:广西教育出版社,2002.

49. 曲铁华,马艳芬.论当代中小学生科学精神的培养策略[J].中国教育学刊,2005(2).

50. 盛群力,褚献华.重在认知过程的理解与创造:布卢姆认知目标分类学修订的特色[J].全球教育展望,2004(11).

51. 施静翰.培养人文精神:综合理科不可或缺的教学目标[J].全球教育展望,2001(9).

52. 施良方,崔允漷.教学理论:课堂教学的原理、策略与研究[M].上海:华东师范大学出版社,1999.

53. 石中英.知识转型与教育改革[M].北京:教育科学出版社,2001.

54. 王慧,宁成,邢红军."电势差"教学的高端备课[J].物理教师,2013(7).

55. 王慧中.实用创造力开发教程[M].上海:同济大学出版社,1998.

56. 韦钰.探究式科学教育教学指导[M].北京:教育科学出版社,2005.

57. 吴国盛.科学的历程(第2版)[M].北京:北京大学出版社,2002.

58. 吴红耘,皮连生.试论与课程目标分类相匹配的学习理论[J].课程·教材·教法,2005(6).

59. 吴加澍.从优秀走向卓越:物理教师的三项修炼[J].中学物理教学参考,2011(6).

60. 吴彤.科学研究始于机会,还是始于问题或观察[J].哲学研究,2007(1).

61. 夏正江.论知识的性质与教学[J].华东师范大学学报(教育科学版),2000(2).

62. 项红专.科学教育新视野[M].杭州:浙江大学出版社,2006.

63. 邢红军.物理教学论[M].北京:北京大学出版社,2015.

64. 邢红军.密度概念教学的高端备课[J].教学月刊(中学版),2013(8).

65. 邢红军.原始物理问题教学:物理教育改革的新视域[J].课程·教材·教法,2007(5).

66. 熊川武.论理解性教学[J].课程·教材·教法,2002(2).

67. 许雪梅,郑美红,杨宝山.香港高考实验评价改革:实地考察与启示[J].课程.教材.教法,2010(2).

68. 阎金铎,田世昆.中学物理教学概论[M].北京:高等教育出版社,1991.

69. 阎金铎.物理典型课示例[M].济南:山东教育出版社,2001.

70. 杨启亮. 教师专业发展的几个基础性问题[J]. 教育发展研究,2008(12).

71. 姚本先. 论学生问题意识的培养[J]. 教育研究,1995(10).

72. 叶澜. 让课堂焕发出生命的活力[J]. 教育研究,1997(9).

73. 叶奕乾,何存道,梁建宁. 普通心理学[M]. 上海:华东师范大学出版社,1997.

74. 余文森. 核心素养导向的课堂教学[M]. 上海:上海教育出版社,2017.

75. 俞培阳. 中学物理教师与物理学前沿[J]. 中学物理教学参考,2001(11).

76. 袁振国. 教育新理念[M]. 北京:教育科学出版社,2002.

77. 张楚廷. 课程与教学哲学[M]. 北京:人民教育出版社,2003.

78. 张建伟. 基于问题解决的知识建构[J]. 教育研究,2000(10).

79. 张天宝. 试论活动是个体发展的决定性因素[J]. 教育科学,1999(2).

80. 赵石屏. 练习量·有效练习·重复度[J]. 中国教育学刊,2001(6).

81. 赵兴华. 到底是谁在振动:向保温瓶内倒水音调变化的实验探究[J]. 中学物理教学,2012(5).

82. 钟启泉,崔允漷,张华. 为了中华民族的复兴 为了每位学生的发展:《基础教育课程改革纲要(试行)》解读[M]. 上海:华东师范大学出版社,2001.

83. 钟启泉,崔允漷. 核心素养研究[M]. 上海:华东师范大学出版社,2018.

84. 钟启泉,崔允漷. 核心素养与教学改革[M]. 上海:华东师范大学出版社,2018.

后 记

在《物理教学基本问题研究》完成之际，本人衷心感谢给予笔者帮助的各位老师、同事、朋友以及指导的学生。

1983 年 6 月，笔者从华东师范大学物理系毕业，先后在农村高中、县中、中等师范学校、省示范高中担任物理教师，2007 年 9 月调入南京师范大学课程与教学研究所工作。其间，笔者先后在南京师范大学物理科学与技术学院、教育科学学院学习，聆听了刘炳升教授、陈娴教授、陆建隆教授等老师的物理教育类课程以及杨启亮教授、吴康宁教授、张乐天教授等老师的教育专题研究类课程。后因工作关系，笔者与顾建军教授、李广州教授、马宏佳教授、吴伟教授、仲扣庄教授等老师有了更多的接触与交流，因而能够向他们直接学习和请教。源于学术会议及课题研究等任务，笔者还先后向华东师范大学钱振华教授（为天体物理黑洞研究进展问题）、首都师范大学邢红军教授（多年前在杭州举办的物理教育年会）、江苏省中小学教研室叶兵教授、南京金陵中学朱建廉教授、南京师范大学附属扬子中学汤家合校长、南京市教研室杨震云老师、南京师范大学附属树人中学朱文军老师等，就学术研究、学科建设、物理教学、科学教育、教师成长等问题请教、交流和研讨。特别感谢陈娴老师和陆建隆老师安排我指导物理课程与教学论方向研究生，参与研究生的开题与答辩，讨论物理教育与教学问题，使我没有离开原有的物理教学专业。感谢庞志宁、于冰等同学在书稿校对过程中给予的帮助。没有师长的教育和朋友、同事以及学生的帮助，没有这样的学习经历和学术积累，完成这一著作是不可想象的。

在《物理教学基本问题研究》写作过程中，笔者参考了许多学者的研究成果及大量一线教师教学案例。例如，邢红军教授的原始物理问题和高端备课研究成果，陈刚老师的自然学科学习与教学设计以及问题图式理论，吴加澍老师的教师专业发展 PCK 观点，以及网络上的物理教学案例，这在正文中大多做了说明和注释，在此表示诚挚的感谢。种种原因也可能存在一些没有标示具体出处的观点或案例，还请相关学者和老师原谅。

限于笔者的时间与精力，《物理教学基本问题研究》一书还有一些需要进一步探讨的问题甚至错误。例如，研究主题对于物理事实性知识教学及物理学科思维没有给予专门阐述，在物理实验教学中对数字化实验教学关注不够，在物理教师专业成长部分没有就教师教学风格的形成进行专门讨论。所有这些，欢迎读者批评和指正，待有机会给予补充和修正。

最后，感谢南京师范大学出版社孙沁编辑，是他们的认真负责与细致耐心工作，提升了本书的质量，使本书更耐读，并更早与读者见面。

何善亮
2018 年 9 月 30 日于南京